本书由北京市博士后科研活动经费资助出版

矿山粉尘及职业危害防控技术

主　编　李　珏　王洪胜
副主编　牛东升　徐国良

北　京
冶金工业出版社
2017

内 容 简 介

本书共8章，主要内容包括：粉尘进入人体的途径、粉尘对健康的主要危害；粉尘的来源和分类、粉尘的物化性质；矿山粉尘物性、分散度、浓度、游离二氧化硅及煤尘沉积强度的测定；掘进工作面、回采工作面、巷道转载运输系统的防尘；尘肺病的发病机制、尘肺病的表现特征；矽肺、煤工尘肺、石墨尘肺、碳黑尘肺、石棉肺、滑石尘肺、水泥尘肺、云母尘肺、铝尘肺等的发病机制及临床表现；尘肺病的鉴别诊断；尘肺病的预防及治疗等。

本书内容丰富、深浅适宜，可作为安全工程专业、劳动卫生与环境卫生专业学生及职业卫生专业人员或矿山技术人员培训教材，也可供从事相关工作的工程技术人员参考。

图书在版编目(CIP)数据

矿山粉尘及职业危害防控技术/李珏，王洪胜主编. —北京：冶金工业出版社，2017. 10
ISBN 978-7-5024-7615-1

Ⅰ. ①矿… Ⅱ. ①李… ②王… Ⅲ. ①矽尘—防尘 Ⅳ. ①TD714

中国版本图书馆CIP数据核字（2017）第256444号

出 版 人 谭学余
地　　址 北京市东城区嵩祝院北巷39号 邮编 100009 电话 (010)64027926
网　　址 www.cnmip.com.cn 电子信箱 yjcbs@cnmip.com.cn
责任编辑 俞跃春 贾怡雯 美术编辑 吕欣童 版式设计 孙跃红
责任校对 郭惠兰 责任印制 李玉山
ISBN 978-7-5024-7615-1
冶金工业出版社出版发行；各地新华书店经销；三河市双峰印刷装订有限公司印刷
2017年10月第1版，2017年10月第1次印刷
169mm×239mm；14.75印张；284千字；222页
69.00元

冶金工业出版社 投稿电话 (010)64027932 投稿信箱 tougao@cnmip.com.cn
冶金工业出版社营销中心 电话 (010)64044283 传真 (010)64027893
冶金书店 地址 北京市东四西大街46号(100010) 电话 (010)65289081(兼传真)
冶金工业出版社天猫旗舰店 yjgycbs.tmall.com
（本书如有印装质量问题，本社营销中心负责退换）

前　言

随着矿山开采强度的增大以及机械化程度的提高，矿山尘害问题尤其是尘肺病日趋突出，主要表现为职业病人数居高不下，用人单位职业危害严重，这已成为制约矿山企业健康持续发展的重大问题之一。它不仅给社会、企业带来极大的经济负担，也给个人及家庭带来极大的痛苦和精神压力。因此，掌握矿山粉尘的来源、基本物化特性、侵入人体的途径、对人体可能造成的危害，了解尘肺病的相关知识、矿山企业常见的各类尘肺病及其发病机制、病理改变及临床表现，具备基本的预防知识，对于加强矿山企业接尘作业人员的自我防范意识，提高矿山企业粉尘治理的管理水平，降低尘肺病的发生几率，具有重要的现实和长远意义。

本书以矿山粉尘对人体的危害为切入点，从矿山粉尘的物化特性、测定、防控措施等方面对其进行全面介绍。在此基础上综合分析了矿山系统常见的尘肺病，并对尘肺病的鉴别、预防与治疗进行了阐述。

本书由北京市化工职业防治院组织编写。李珏、王洪胜担任主编，牛东升、徐国良担任副主编，参加编写的人员还有孙伟。其中李珏编写第1、5章，王洪胜编写第2~4章，牛东升编写第6章，徐国良编写第7章，孙伟编写第8章。

本书在编写过程中参考了国内一些专家、学者的相关著作和成果，在此一并致以真诚的感谢！

由于编者水平有限，书中不妥之处，恳请广大读者批评指正！

编　者

2017年7月

目　录

1 矿山粉尘的职业危害

粉尘的危害性是多方面的。例如：有爆炸性的粉尘对安全生产带来危害；有毒或放射性的粉尘对人体健康带来危害；粉尘对眼睛或皮肤具有刺激作用；粉尘可降低能见度而对生产带来影响；粉尘可导致机器和仪表运转部件的磨损，脏污仪器设备和其他物体，导致其使用寿命缩短，大量的粉尘排放可导致大范围内空气、土壤、水体的污染，这些都必须采取相应的预防措施。但最普通且最严重的危害是引起尘肺病。几乎所有粉尘都能引起尘肺病，如矽肺病、石棉肺病、煤肺病和煤矽肺病等，而各种粉尘的危害严重程度又不完全相同。

1.1 粉尘进入机体的途径

粉尘通过呼吸道、眼睛、皮肤等进入人体，其中以呼吸道为主要途径。

1.1.1 粉尘经呼吸道进入机体

1.1.1.1 粉尘进入呼吸道的过程

人体呼吸系统如图 1-1 所示。

被人体吸入呼吸道的粉尘，绝大部分被吸入后又被呼出。在没有阻力的情况下，吸入的尘粒会经气管、主支气管、细支气管后，进入气体交换区域的呼吸性细支气管、肺泡管和肺泡，并在进入的过程中产生毒作用，影响气体交换功能。而实际上，可吸入粉尘被吸入呼吸道后，主要通过撞击、重力沉积、弥散（又称布朗运动）、静电沉积、截留而沉降在呼吸道，只有极少部分粉尘能进入肺泡区。

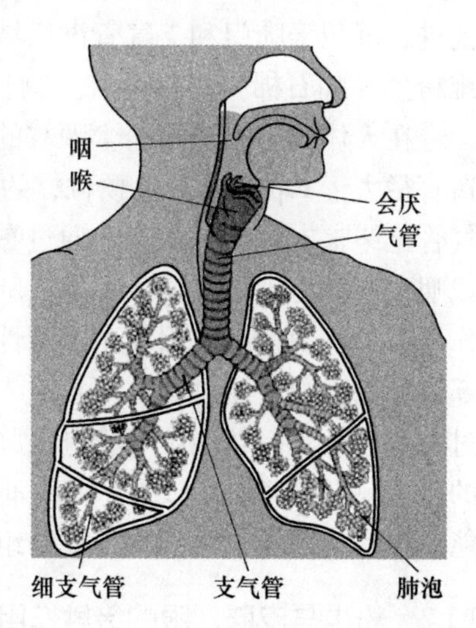

图 1-1 呼吸系统

粉尘颗粒本身含有可溶性物质或在空气中吸附的其他有害物质，依据溶解性的不同，可溶解于呼吸道或肺泡内的黏液，被人体吸收而直接产生中毒。

1.1.1.2　呼吸系统对粉尘的防御和清除

人体对吸入的粉尘具备有效的防御和清除机制，一般认为有三道防线。

（1）鼻腔、喉、气管、支气管数的阻留作用。大量粉尘粒子随气流吸入时通过撞击、重力沉积、静电沉积、截留作用阻留于呼吸道表面，大大减少了粉尘进入气体交换区域的粉尘含量。气道平滑肌收缩使气道截面积缩小，可减少含尘气流的进入，增大粉尘截留，并可启动咳嗽和喷嚏反应，排除粉尘。

（2）呼吸道上皮黏液纤毛系统的排除作用。呼吸道上皮的表层是“黏液纤毛系统”，由黏膜上皮细胞表面的纤毛和覆盖其上的黏液组成。在正常情况，阻留在呼吸道内的粉尘黏附在气道表面的黏液层上，气道壁上的纤毛则有规律地向咽喉方向摆动，摆动过程中将黏液层中的粉尘逐渐移出，此种清除可在24h内完成。

（3）肺泡巨噬细胞的吞噬作用。进入到气体交换区域的粉尘多数黏附在呼吸性细支气管、肺泡管和肺泡腔的表面，会被活动于肺泡腔及从肺间质进入肺泡的肺泡巨噬细胞吞噬。吞噬有尘粒的巨噬细胞，又称为尘细胞。大部分尘细胞通过自身阿米巴样运动及肺泡的舒张转移至纤毛上皮表面，再通过纤毛运动而清除。绝大部分粉尘通过这种方式约在24h内排出体外；极小部分充满尘粒的尘细胞因粉尘毒作用受损、坏死、崩解，其吞噬的粉尘颗粒重新游离到肺泡腔，再被新的巨噬细胞吞噬，如此循环往复。很小部分粉尘能从肺泡腔空隙或破损处进入肺间质，其后被间质巨噬细胞吞噬，形成尘细胞，部分尘细胞发生坏死、崩解，而后释放出尘粒和再被吞噬的过程。尘细胞和尘粒可进入淋巴系统，随淋巴循环前进，沉积于肺门和支气管淋巴结，有时也可经血液循环到其他器官。尖锐的纤维粉尘（如石棉）可穿透脏层胸膜进入胸腔。

在人体防御和清除粉尘颗粒的整个过程中，鼻腔的鼻毛和黏性分泌物主要阻留直径大于10μm的粉尘颗粒，约占吸入粉尘总量的30%~50%；进入气管、支气管至终末支气管的粉尘，通过黏液纤毛系统将粉尘运送到咽喉部位，随痰咳出或咽下，称为支气管清除；进入肺泡的粉尘粒子，主要依靠肺泡巨噬细胞的吞噬作用清除。尘细胞可因粉尘的毒性作用破裂和崩解，粉尘游离后再被吞噬；另一部分尘细胞则可通过肺泡间隙进入淋巴管，流入肺门及气管旁淋巴结。肺组织通过上述各种防御功能，可将进入肺内97%~99%的粉尘排出体外，而阻留在肺内的粉尘只有吸入量的1%~3%。但长期较大量吸入粉尘可削弱上述各项清除功能，导致粉尘过量沉积，造成肺组织病变，引起疾病。

1.1.2　粉尘与皮肤、眼的接触作用

皮肤由表面的角质层和真皮组成，对外来粉尘具有屏障作用，粉尘颗粒很难通过完整皮肤进入人体。但粉尘如果被汗液溶解或粘着在皮肤上，粉尘内含有的

一些化合物，如苯胺、三硝基甲苯、金属有机化合物等可通过完整皮肤吸收进入血液而引起中毒。

当皮肤发生破损或某些尖锐的粉尘损伤皮肤后，粉尘也能进入，作为异物被机体巨噬细胞吞噬后诱发炎症反应；粉尘还可能阻塞毛囊、皮脂腺或汗腺。经常进行皮肤清洁有助于洗脱黏附在皮肤上的粉尘，防止粉尘的伤害作用。一些尖锐且坚硬的粉尘颗粒，如金属磨料粉尘，接触眼睛后，可通过机械作用损伤眼角膜。

1.2　粉尘对健康的主要危害

所有粉尘对身体都是有害的，不同特性，特别是不同化学性质的生产性粉尘，可能引起机体的不同损害。如可溶性有毒粉尘进入呼吸道后，能很快被吸收入血流，引起中毒作用；具有放射性的粉尘，则可造成放射性损伤；某些硬质粉尘可机械性损伤角膜及结膜，引起角膜浑浊和结膜炎等；粉尘堵塞皮脂腺和机械性刺激皮肤时，可引起粉刺、毛囊炎、脓皮病及皮肤皲裂等；粉尘进入外耳道混在皮脂中，可形成耳垢等。粉尘对机体的损害是多方面的，尤其以呼吸系统损害最为主要。

1.2.1　尘肺

尘肺是由于在生产环境中长期吸入生产性粉尘而引起的以肺组织纤维化为主的疾病。游离二氧化硅具有极强的细胞毒性和致纤维化作用，硅尘的致纤维化作用和二氧化硅含量呈正相关。目前，尘肺病是粉尘导致的最大危害。图 1-2 所示为无尘肺胸片，图 1-3~图 1-5 分别为Ⅰ期尘肺、Ⅱ期尘肺、Ⅲ期尘肺胸片。

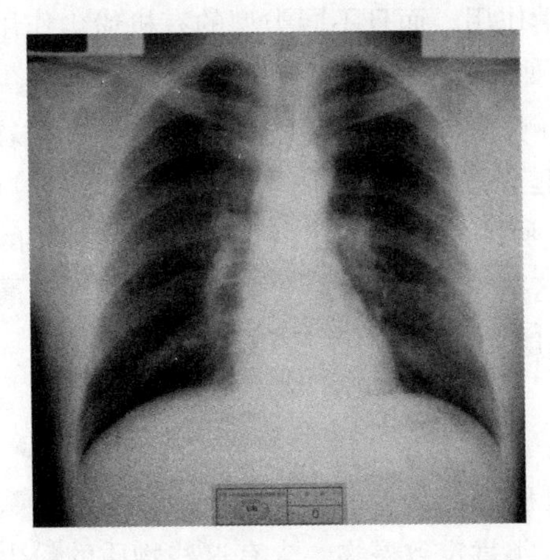

图 1-2　无尘肺胸片

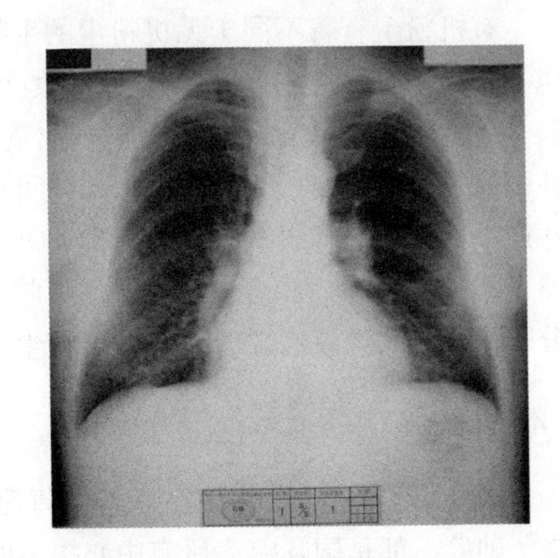

图 1-3　Ⅰ期尘肺胸片

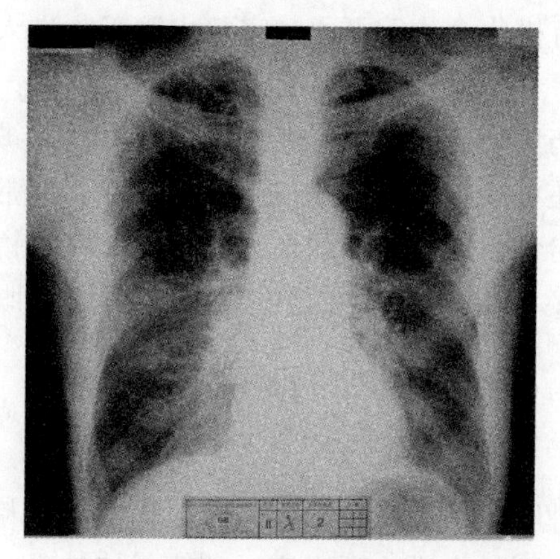

图 1-4 Ⅱ期尘肺胸片

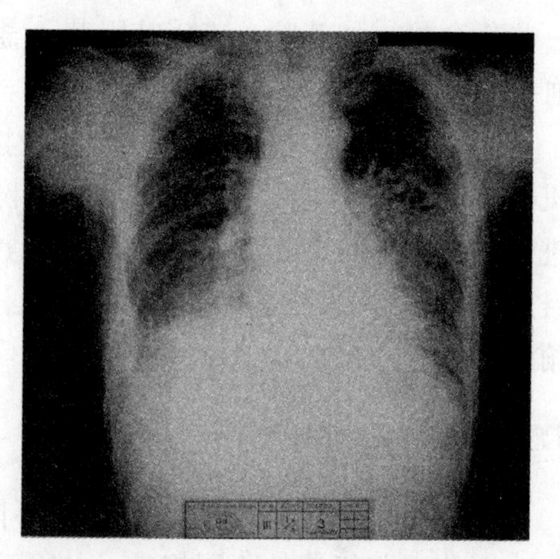

图 1-5 Ⅲ期尘肺胸片

1.2.2 中毒作用

含有可溶性有毒物质的粉尘，如含铅、砷、锰等可在呼吸道黏膜很快溶解吸收，导致中毒，呈现出相应毒物的急性中毒症状。

1.2.3 致敏作用

许多有机粉尘可引起支气管哮喘，是典型的变态反应性疾病，如木尘、谷物粉尘、化学洗涤剂酶、动物蛋白粉尘等，患者常在接触粉尘4~8h后出现畏寒、发热、气促、干咳，第二天后自行消失，急性症状反复发作可以发展为慢性。由发霉的干草、蘑菇孢子、蔗渣等能引起过敏性肺炎，如农民肺、蘑菇肺、蔗渣肺等。

有机粉尘有着不同于无机粉尘的生物学作用，而且不同类型的有机粉尘作用也不相同。有机性粉尘也引起肺部改变，如吸入棉、亚麻或大麻尘引起的棉尘病，常表现为休息后第一天上班末出现胸闷、气急和（或）咳嗽症状，可有急性肺通气功能改变，吸烟时吸入棉尘可引起非特异性慢性阻塞性肺病（COPD）；并产生不可逆的肺组织纤维增生和COPD；吸入很多种粉尘（例如铬酸盐、硫酸镍、氯铂酸铵等）后会发生职业性哮喘。这些均已纳入我国法定职业病范围。高分子化合物如聚氯乙烯、人造纤维粉尘可引起非特异性慢性阻塞性肺病。

1.2.4 致癌

某些粉尘本身是或者含有人类肯定致癌物，如石棉、游离二氧化硅、镍、铬、砷等，都是国际癌症研究中心提出的人类肯定致癌物，含有这些物质的粉尘就可能引发呼吸和其他系统肿瘤。此外，放射性粉尘也可能引起呼吸系统肿瘤。

1.2.5 皮肤、黏膜、上呼吸道的刺激作用

粉尘作用于呼吸道黏膜，早期引起其功能亢进、黏膜下毛细血管扩张、充血，黏液腺分泌增加，以阻留更多的粉尘，长期则形成黏膜肥大性病变，然后由于黏膜上皮细胞营养不足，造成萎缩性病变，呼吸道抵御功能下降。皮肤长期接触粉尘可导致阻塞性皮脂炎、粉刺、毛囊炎、脓皮病。金属粉尘还可引起角膜损伤、浑浊。沥青粉尘可引起光感性皮炎。

1.2.6 非特异性炎症

粉尘对人体来说是一种外来异物，因此机体具有本能的排除异物反应，在粉尘进入的部位积聚大量的巨噬细胞，导致炎性反应，引起粉尘性气管炎、支气管炎、肺炎、哮喘性鼻炎和支气管哮喘等疾病。

长期的粉尘接触，除局部的损伤外，还常引起机体抵抗功能下降，容易发生肺部非特异性感染，肺结核也是粉尘接触人员易患疾病，因此，接尘工人的慢性支气管炎是常见的与职业有关的疾病，也称为“尘原性慢性支气管炎”。吸烟可以增加粉尘导致的慢性支气管炎的发病概率，因此，提倡接尘工人戒烟。

有机粉尘中含有的细菌内毒素、蛋白酶以及鞣酸类物质也可导致呼吸道的非特异性炎症反应。由于粉尘诱发的纤维化、肺沉积和炎症作用，还常引起肺通气功能的改变，表现为阻塞性肺病；慢性阻塞性肺病也是粉尘接触作业人员常见疾病。在尘肺病人中还常并发肺气肿、肺心病等疾病。

1.2.7 特异性炎症

特异性炎症主要是有机粉尘中带有的细菌或真菌，可引起肺部细菌性或真菌性感染，皮毛粉尘带有的炭疽杆菌可引起肺部炭疽病。

1.2.8 粉尘沉着症

有些生产性粉尘如锡、铁、锑等金属粉尘被吸入后，主要沉积于肺组织中，呈现异物反应，以网状纤维增生的间质纤维化为主，在 X 射线胸片上可以看到满肺野圆形阴影，主要是这些金属的沉着，这类病变又称粉尘沉着症，不损伤肺泡结构，因此肺功能一般不受影响，机体也没有明显的症状和体征，对健康危害不明显。脱离粉尘作业，病变可以不再继续发展，甚至肺部阴影逐渐消退。

2 矿山粉尘的特性

2.1 矿山粉尘的来源和分类

粉尘是指直径很小的固体颗粒物质，是一种空气污染物，可以是自然环境中天然产生，如火山喷发产生的尘埃，也可以是工业生产或日常生活中的各种活动生成，如矿山开采过程中岩石破碎产生的大量尘粒。生产性粉尘就是特指在生产过程中形成的，并能长时间飘浮在空气中的固体颗粒。随着工业生产规模的不断扩大，生产性粉尘的种类和数量也不断增多，同时，许多生产性粉尘在形成之后，表面往往还能吸附其他的气态或液态有害物质，成为其他有害物质的载体。生产性粉尘的产生不仅造成作业环境的污染，影响作业人员的身心健康，而且由于它们常常会扩散到作业点以外，污染厂矿周围的大环境，直接或间接地影响周围居民的身心健康，带来严重的环境污染问题，这一切都将关系到当今人类的健康、生存和发展。生产性粉尘的污染和健康损伤是目前我国最关注的职业和环境污染核心问题之一，受到越来越多的关注。生产性粉尘污染的产生与技术水平、生产工艺和防护措施等因素有关，可以通过采取适当的措施降低和防止其产生。所以，了解矿山粉尘的特性及其产生与运动的规律，有效地控制矿山粉尘，对改善劳动条件、提高生产效率及保证矿井的安全生产具有重要的意义。

2.1.1 粉尘的来源

粉尘的来源十分广泛。传统行业如矿山开采、隧道开凿、建筑、运输等工业过程中都会产生大量粉尘。冶金工业中的原料准备、矿石粉碎、筛分、选矿、配料、运输等；机械制造工业中原料破碎、配料、清砂等；耐火材料、玻璃、水泥、陶瓷等工业的原料加工、打磨、包装；皮毛、纺织工业的原料处理；化学工业中固体颗粒原料的加工处理、包装等过程。由于工艺的需要和防尘措施的不完善，均会产生大量粉尘，造成生产环境中粉尘浓度过高。近年来，新化学物质的开发和生产使用带来了新型颗粒和纤维性粉尘，如由碳化硅、硼、碳、氧化锆和氧化铝等制成的高性能陶瓷纤维，具有高熔点、耐用性好的特点，可作为高温绝缘材料。随着纳米材料的广泛使用，以纳米材料为代表的超细粉尘颗粒及其潜在的健康问题也日益受到关注。

粉尘的来源决定了粉尘的接触机会和行业。在各种产生粉尘的作业场所，都可能接触到不同性质的粉尘，如在采矿、开山采石、建筑施工、铸造、耐火材料及陶瓷等行业，主要接触的粉尘是以游离二氧化硅为主的混合粉尘；石棉开采、加工制造石棉制品时接触的是石棉或含石棉的混合粉尘；焊接、金属加工、冶炼时接触金属及其化合物粉尘；农业、粮食加工、制糖工业、动物管理及纺织工业等，以接触植物性或动物性有机粉尘为主。

2.1.2 粉尘的分类

2.1.2.1 根据粉尘的性质分类

根据粉尘组成成分的化学特性和含量多少可以将粉尘分为以下两类。

（1）无机性粉尘。根据组成成分的来源不同，又可分为如下几种。

1）金属性粉尘，例如铝、铁、锡、铅、锰、铜等金属及其化合物粉尘；

2）非金属的矿物粉尘，例如石英、石棉、滑石、煤等；

3）人工合成无机粉尘，例如水泥、玻璃纤维、金刚砂等。

（2）有机性粉尘。

1）植物性粉尘，例如木尘、烟草、棉、麻、谷物、茶、甘蔗、丝等粉尘；

2）动物性粉尘，例如畜毛、羽毛、角粉、骨质等粉尘；

3）人工有机粉尘，例如有机染料、农药、人造有机纤维等粉尘。

在生产环境中，大多数情况下存在的是两种或两种以上物质混合组成的粉尘，称为混合性粉尘。由于混合性粉尘的组成成分不同，其特性、毒性和对人体的危害程度有很大的差异。

2.1.2.2 根据粉尘颗粒在空气中停留的状况分类

由于粉尘颗粒的组成不同，形状不一，密度各异，为了测定和相互比较，目前统一采用空气动力学直径来表示颗粒大小。空气动力学直径是根据粒子在空气中的惯性和受到的地球引力作用确定的。具体表示为不论粉尘粒子 a 的几何形状、大小和密度如何，如果它在空气中与相对密度为 1 的球形粒子 b 的沉降速度相同，那么球形粒子 b 的直径就是该粒子的空气动力学直径。可用下列公式进行换算。

$$空气动力学直径(\mu m) = 粒子光镜下投影直径 \times \sqrt{粒子密度}$$

应用空气动力学直径，根据粉尘颗粒在空气中停留的时间可以将粉尘分为以下几种。

（1）降尘。一般指空气动力学直径大于 10μm，在重力作用下可以降落的颗粒状物质。降尘多产生于大块固体的破碎、燃烧残余物的结块及研磨粉碎的细碎物质，自然界刮风及沙尘暴也可以产生降尘。

（2）飘尘。指粒径小于 10μm 的微小颗粒。如平常说的烟、烟气和雾在内的颗粒状物质。由于这些物质粒径很小、质量轻，故可以长时间停留在大气中，在大气中呈悬浮状态，分布极为广泛。由于飘尘的粒径大小和在空中停留时间长的关系，被人体吸入呼吸道的机会很大，容易对人体造成危害。

粉尘自生成源形成后，常因空气动力条件的不同、气象条件的差异而发生不同程度的迁移和扩散。降尘受重力作用可以很快降落到地面，而飘尘则可在大气中保持很久。细小的粉尘还可以作为水汽的凝结核，参与形成降水过程。

2.1.2.3 根据粉尘粒子在呼吸道沉积部位不同分类

不同直径的粉尘粒子进入人体呼吸道的深度和在呼吸道的沉积部位不同，有些粉尘被人体吸入后又被呼出。即使同样粒径的粉尘颗粒进入人体呼吸道的深度也不是完全一样，这里存在一个概率问题，概率大小是依据人体呼吸道的标准解剖结构、气道内气体的流量和流速，经过实验模拟和计算得到的。据此可以将粉尘分为几类。为了便于理解和实际应用，通常使用颗粒的空气动力学直径的大小作为粒子进入呼吸道的大致分类标准。这一标准与实际情况是有出入的（见图 2-1）。例如，将空气动力学直径小于 15μm 的粒子划分为可吸入粉尘，而由图 2-1 可见，空气动力学直径等于 15μm 的粒子被人体吸入的概率是 80% 左右，还有约 20% 是没有吸入的。

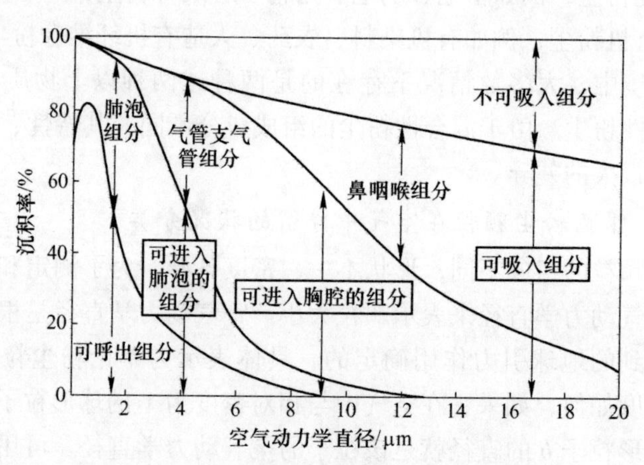

图 2-1 粉尘的分类与空气动力学直径的关系

（1）非吸入性粉尘。非吸入性粉尘又可称为不可吸入粉尘，一般认为，空气动力学直径大于 15μm 的粒子被吸入呼吸道的机会非常少，因此称为非吸入性粉尘。

（2）可吸入性粉尘。空气动力学直径小于 15μm 的粒子可以吸入呼吸道，进入胸腔范围，因而称为可吸入性粉尘或胸腔性粉尘。其中，空气动力学直径为 10~15μm 的粒子主要沉积在上呼吸道。医学上的可吸入性粉尘则具体指可吸入而且不再呼出的粉尘，它包括沉积在鼻、咽、喉头、气管和支气管及呼吸道深部的所有粉尘。

(3) 呼吸性粉尘。空气动力学直径小于5μm以下的粒子可达呼吸道深部和肺泡区，进入气体交换的区域，称之为呼吸性粉尘。呼吸性粉尘在医学上是指能够达到并且沉积在呼吸性细支气管和肺泡的那一部分粉尘，不包括可呼出的那一部分。

2.1.3 矿山粉尘的来源和分类

2.1.3.1 矿山粉尘的产生

粉尘主要是指矿山生产过程中产生的微细粉尘的总称。按其存在状态分为浮沉和落尘，悬浮飞扬在空气中的称为浮尘，沉降于巷道四周的则叫落尘，浮沉与落尘两种状态相对存在，随温度、湿度和风速等条件的改变而相互转化。

生产性粉尘分布广泛，尤其在矿山行业。矿山在生产、储存、运输及巷道掘进等各个环节中都会向井下空气中排放大量的粉尘。

采煤工作面是煤矿产尘量最大的作业场所，其产尘量约占矿井产尘量的60%以上。机采工作面在我国越来越普及，但产尘浓度也随之上升。采煤机割煤、支架移架、放煤口放煤及破碎机破煤是机采工作面的四大产尘源，产尘量分别约占60%、20%、10%和10%。

巷道掘进也是井下主要产尘源之一，在无任何防尘措施的情况下，炮掘工作面、机掘工作面和巷道锚喷过程中产尘情况见表2-1。

表2-1 掘进工作面的尘源及产尘量分布表

工作面类别	总产尘浓度/mg·m^{-3}	生产工艺中产尘量占总产尘量的比例/%											
		干式打眼			湿式打眼			机掘			锚喷		
		打眼	装炮	装车	打眼	装炮	装车	切割	转载	转溜	上料	喷浆	拌料
炮掘	1300~1600	85	10	5	41	46	13						
机掘	1000~3000							86	13	1			
锚喷	600~1000										49	34	17

粉尘产生的影响因素主要有：

(1) 生产工序。在采掘过程各环节中（如打眼、爆破、截割、装载、落煤、移架、运输、提升等）都能产生大量的矿山粉尘。

(2) 地质构造及赋存条件。煤层的地质构造、断层褶皱发育情况都会影响粉尘的产生。一般情况下，煤层和岩层未遭到强烈破坏的区域，开采时矿山粉尘产生量较小。此外，煤层倾角和每层平均厚度也会影响粉尘的产生量。

（3）通风状况。煤尘的悬浮能力与粒径、形态、比重、空气流动方向和速度有关，在矿内空气中，小于10μm的煤尘易于悬浮，而大于10μm的煤尘大多数在风流中先后沉降。合理的风速可以有效地排除工作空间的细小煤尘，但又不会将较大颗粒的煤尘吹扬起来。如山西省煤矿大多数已由浅部转入深部开采，通风系统复杂，漏风严重，有效风量低，甚至有的只通风无喷雾降尘，致使作业区粉尘浓度增大。

（4）煤的物理性质。脆性较大、结构疏松、水分少的煤层，采煤时产生粉尘大；煤体的硬度普氏系数f值较小，强度较小，产尘也较大。煤可分为褐煤、烟煤和无烟煤等，其中无烟煤的煤尘引起煤肺病的危险性最大。

（5）粉尘浓度及分散度。国外有些学者提出尘肺病的发病决定于粉尘的浓度及分散度，粉尘浓度越高，颗粒越细，发病概率越大。掘进工使用高速风钻（2600r/min）钻岩，与采煤工使用电动煤钻产生的粉尘相比浓度高、颗粒小，必然造成掘进工的发病概率高于采煤工，因为它造成肺组织纤维性病变的反应更严重。

2.1.3.2　*矿山粉尘的分类*

（1）按粉尘中游离二氧化硅的含量分类。可分为硅尘和煤尘。根据我国《硅尘作业工人医疗预防措施实施办法》中规定，作业环境粉尘中游离二氧化硅含量在10%以上的称为硅尘，10%以下者称为非硅尘，在煤矿则为混合性煤尘，游离二氧化硅含量小于5%的粉尘又称为单纯煤尘。

（2）按粉尘被人体吸入的情况分类。矿山粉尘可分为呼吸性粉尘和非呼吸性粉尘。一般说来，大于10μm的尘粒，由于重力沉降和冲击作用而滞留于上呼吸道（鼻、咽喉、气管）黏膜上，能随痰排出体外；5~10μm的尘粒进入呼吸道后，大部分沉积于气管和支气管中，只有很少部分能到达肺泡中；小于5μm的尘粒能到达和沉积于肺泡中，故称呼吸性粉尘，是引起尘肺的主要尘粒，其中最危险的是2~5μm尘粒；小于2μm的尘粒又大多能随呼气排出体外。

（3）按粉尘的粒径分类。

1）粗尘。粒径大于40μm，相当于一般筛分的最小粒径，在空气中极易沉降；

2）细尘。粒径为10~40μm，在明亮的光线下，肉眼可以看到，在静止空气中作加速沉降；

3）微尘。粒径为0.25~10μm，用光学显微镜可以观察到，在静止空气中呈等速沉降；

4）超微粉尘。粒径小于0.25μm，用电子显微镜才能观察到，在空气中作布朗扩散运动。

（4）按粉尘的生产工序分类。

1）粉尘。各种不同生产工序或生产不同物料的过程中而生成的微细颗粒；

2）烟尘。由于燃烧、氧化等物理化学变化过程所伴随着产生的固体微粒。如井下煤的自然发火、外因火灾产生的烟尘，其直径一般很小，多在0.01~1μm范围，可长时间悬浮于空气中。

（5）其他分类。

1）按物料种类，分为煤尘、岩尘、石棉尘、铁矿山粉尘等；

2）按有无毒性物质，分为有毒、无毒、放射性粉尘等；

3）按爆炸性，分为易燃、易爆和非燃、非爆炸性粉尘。

2.2 矿山粉尘的物化性质

2.2.1 矿山粉尘的成分

粉尘的化学成分及含量，直接决定着对人体的危害程度。粉尘中所含游离二氧化硅的量越高，则引起尘肺病（也称肺尘埃沉着病，下同）变的程度越重，病情发展的速度越快，所以危害性也越大。

二氧化硅是硅的氧化物，它是许多岩石和矿物的重要组成部分。据资料统计，二氧化硅占地壳表层总量的60%（质量分数）左右。在冶金矿山的粉尘中，一般游离二氧化硅的含量（质量分数）为30%~70%，有的高达90%以上；在煤矿的岩层中一般游离二氧化硅含量（质量分数）为15%~50%左右，煤尘中游离二氧化硅含量（质量分数）多为1%~5%，很少超过5%。无烟煤的游离二氧化硅含量一般比烟煤高，个别的质量分数达7%~10%左右。根据化验分析，矿井岩石中的游离二氧化硅含量见表2-2。

表2-2 矿岩中游离二氧化硅含量（质量分数） （%）

矿岩名称	游离二氧化硅	矿岩名称	游离二氧化硅
花岗岩	25.0~65.0	砂岩	33.0~76.0
云英岩	35.0~75.0	砂质石灰岩	15.0~37.0
伟晶花岗岩	21.5~40.0	普通石灰岩	0.2~0.3
石英闪长岩	20.0~47	膨润土	3.0~7.0
花岗闪长岩	14.0~24.0	黄铜矿	1.0~50.0
辉绿岩	2.0~3.0	黄铁矿	10.0~20.0
石英岩	57.0~92.0	铅锌矿	5.0~15.0
片麻岩	27.0~64.0	钨钼矿	70.0~90.0
角闪岩	12.0~32.0	赤铁矿	0.5~10.0
硅卡岩	30.0~50.0	锡矿（石英脉）	80.0~90.0
云母片岩	25.0~50.0	煤	~10.0

煤矿粉尘中的游离二氧化硅是引起矿工尘肺病的主要原因，含量越高，危害越大。在煤矿生产过程中，煤、岩石被破碎形成矿山粉尘后，其化学成分基本无变化。但因煤岩中某些矿物成分容易被粉碎成微细尘粒，或因密度太小不易吸湿而极易飞扬到空气中去，或者外部扩散浮游粉尘随风窜入等都会使矿山粉尘中的游离二氧化硅含量发生变化。一般矿井条件下，矿山粉尘中的游离二氧化硅含量稍低于矿岩中游离二氧化硅含量。具体情况下的矿山粉尘游离二氧化硅含量值必须经过化验分析进行确定。例如某冶金矿山岩石中粉尘与风流中粉尘的游离二氧化硅含量变化情况见表 2-3。表中数字表明，矿岩与其所形成的粉尘的游离二氧化硅含量是不相同的。如果岩石中石英成分较其他成分更不容易粉碎，那么粉尘中的游离二氧化硅含量就会比岩石中的低，反之就会升高。

表 2-3 岩石与风流中矿尘游离二氧化硅含量（质量分数）变化情况

岩石名称	游离二氧化硅含量/%		两者差/%	采样地点
	岩石中	硅尘中		
石英质砂岩	78.31	28.40	49.91	西平巷工作面
石英质砂岩	73.80	60.50	13.30	东平巷盲井东石门
砂岩	64.90	35.97	28.93	石门工作面
细砂岩	62.50	55.60	7.10	东平巷石门
砂岩	62.50	33.22	29.28	西平巷附巷
砂页岩	53.60	37.42	16.18	东平巷石门
砂质页岩	47.40	32.80	16.60	东平巷石门

2.2.2 矿山粉尘的粒径及粒径分布

2.2.2.1 矿山粉尘的形状

粉尘由于产生的方式不同而具有规则形状（如植物花粉、袍子等为球形）和不规则形状。不规则形状的尘粒，可以根据其三个方向（长、宽、高）的比例分成三类：

（1）各向同长的粒子。尘粒在三个方向上的总长度都大致相同；

（2）平板状粒子。两个方向上的长度比第三个方向上的要长得多；

（3）针状粒子。一个方向上的长度比另两个方向上的要长得多。

在实际中，大多数粉尘属于第一类。对于不规则粉尘，为了评价其对球形的偏离程度，采用球形系数的概念。球形系数（φ_s）就是指同样体积的球形粒子的表面积与尘粒实际表面积之比。对于球形尘粒 $\varphi_s = 1$；对于其他形状的尘粒 $\varphi_s < 1$。粉尘粒子形状越接近于球形，φ_s 越接近于 1。如正八面体 $\varphi_s = 0.846$，立方体 $\varphi_s = 0.806$，四面体 $\varphi_s = 0.670$。对于圆柱体 $\varphi_s = 2.62\,(l/d)^{2/3}(1 + 2l/d)$

（其中 l 表示圆柱体体长，d 表示圆柱体直径），当 $l/d=10$ 时，$\varphi_s=0.597$，某些物料的球形系数的实验数据见表 2-4。

表 2-4 球形系数的实验数据

物料	φ_s	物　料	φ_s
铁催化剂	0.578	砂	0.534～0.628
烟煤	0.625	硅石	0.554～0.628
乙酰塑料圆柱体	0.861	粉煤	0.696
碎石	0.63		

2.2.2.2 单一粉尘粒径的定义

粉尘颗粒形状很不规则，为了有统计上的相似意义，需采用适当的代表尺寸来表示各个粒子的粒径。一般有三种形式的粒径表示，即投影径、几何当量径和物理当量径。

（1）投影径。投影径是指尘粒在显微镜下所观察到的尘粒直径，如图 2-2 所示。

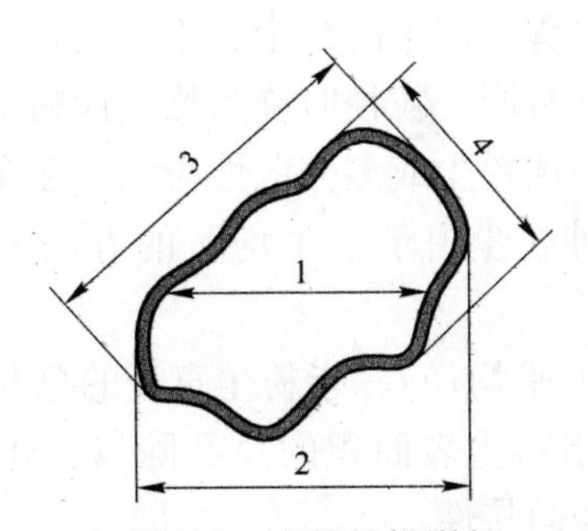

图 2-2 尘粒的投影径

1—面积等分径；2—定向径；3—长径；4—短径

1）面积等分径，指将粉尘的投影面积二等分的直线长度，通常采用等分线与底边平行；

2）定向径，指尘粒投影面上两平行切线之间的距离，它可取任意方向，通常取其与底边平行；

3）长径，不考虑方向的最长径；

4）短径，不考虑方向的最短径。

（2）几何当量径。取尘粒的某一几何量（面积、体积等）相同时的球形粒子的直径，如：

1）等投影面积，指与尘粒的投影面积（A）相同的某一圆的直径；

2）等体积径，指与粉尘体积相同的某一圆球的直径；

3）等面积径，指与尘粒外表面积（S）相同的某一圆球的直径；

4）体面积径，指与尘粒的外表面积与体积之比相同的圆球的直径。

（3）物理当量径。取尘粒的某一物理量相同时的球形粒子的直径，如：

1）阻力径，指在相同黏性的气体中，速度 u 相同时，与粉尘所受到的阻力 F_d 相同的圆球直径；

2）自由沉降径，指在特定气体中，密度相同时，与在重力作用下自由沉降所达到的末速度相同的圆球直径；

3）空气动力径，指在静止的空气中，与密度为 $1g/cm^3$ 的圆球的沉降速度相同时的圆球直径；

4）斯托克斯径，指在层流区内（对尘粒的雷诺数 $Re_p < 1$）的空气动力径。

还可以根据尘粒的其他几何、物理量来定义粉尘的粒径。同一尘粒按不同定义所得到的粒径在数值上是不同的，因此在使用粉尘的粒径时，必须清楚了解所采用的粒径的含义。不同的粒径测试方法，可得出不同概念下的粒径，如用显微镜法测得的是投影径；用沉降管法测得的是斯托克斯径；用光散射法测得的是等体积径；过滤除尘常应用几何径等。

2.2.2.3　粉尘平均粒径

在自然界或工业生产过程中产生的粉尘，不仅形状不规则，而且其粒度分布范围也广。当这些尘粒都具有同一粒径时称为均一性粉尘或单分散性粉尘。而粒径各不相同时则称为非均一性粉尘或多分散性粉尘，在实际中遇到的粉尘大多数为多分散性粉尘。对于这种粉尘由于“平均”的方法不同，其平均粒径也有不同的定义。

（1）数目平均径（算术平均径），指粉尘直径的总和除以粉尘的颗粒数。

（2）平均表面积径，指粉尘表面积的总和除以粉尘的颗粒数，平均表面积径特别适用于研究粉尘的表面特性。

（3）体积（或质量平均径），指各粉尘的体积（或质量）的总和除以粉尘的颗粒数。

（4）另外还有线性平均径（面积长度平均径）、体积表面平均径、质量平均径、几何平均径。

可以根据不同的要求选择不同平均径的表达式。例如，为了表示粉尘的光密度与在重力场和惯性力场下的沉降速度，应取平均表面径。在通风除尘中几何平均径、中位径具有重要意义。中位径指累计分布曲线中 1/2 处的粒径；数目中位径（*NMD*）位于数量累计分布 0.5 处；质量中位径（*MMD*）位于质量累计分布 0.5 处。

2.2.2.4　粒径的频谱分析

A　表示粒径大小分布数据的方法

（1）列表法。粒径分布可以用表格或图形来表示。最简单的是列表法，即将粒径分成若干个区段。然后分别列出每个区段的粉尘个数或质量（用绝对百分数表示）。除列表法外，还可以用图形明确表示粒径分布，通常是作出各种粒径的直方图（见图 2-3）。

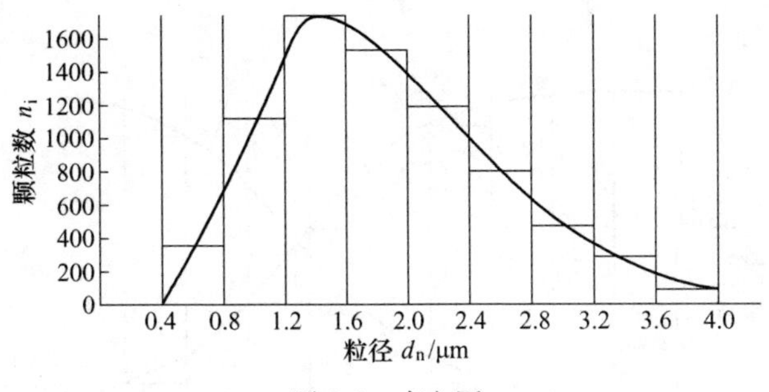

图 2-3 直方图

（2）图示法。用图示法表示粒径分布时，横坐标代表粒径，纵坐标代表该粒径范围内的粒子百分比或称频率。通过每级直方图连接成的光滑曲线称为频率曲线，该曲线可用函数表示，即 $D = f(d_p)$，这种直方图称为频率分布图（见图 2-4）。

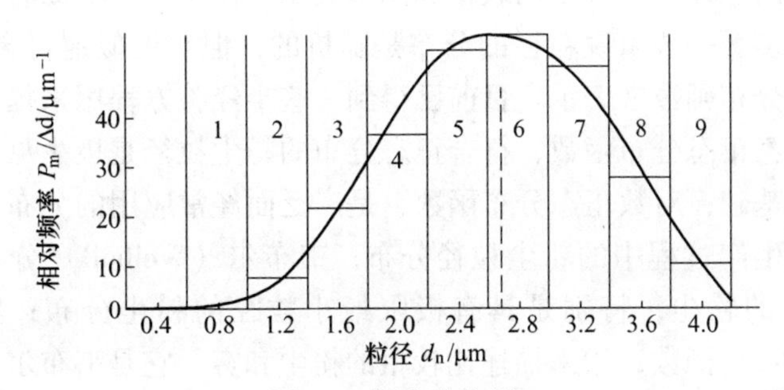

图 2-4 频率分布图

粒径分布的频率很宽时，可采用对数坐标，这时横坐标为 $\lg d_p$，纵坐标为 $dD_j/d(\lg d_p)$（见图 2-5）。

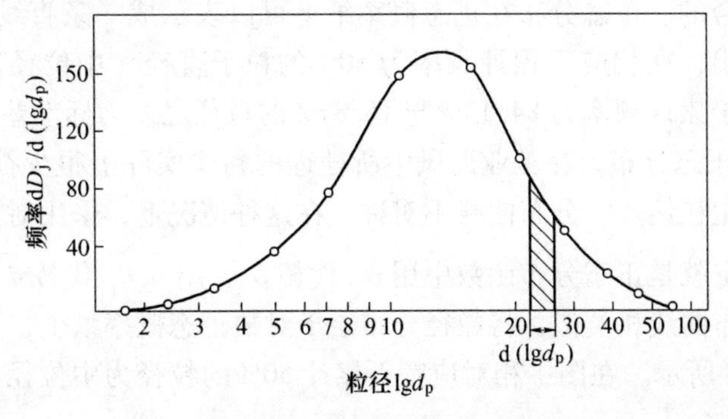

图 2-5 粒径对数正态分布图

除此之外，粒径分布可用累计频率曲线来表示。若纵坐标大于该粒径的累计百分数，称为筛上累计频率分布曲线 R_j；若纵坐标小于该粒径的累计百分数，称为筛下累计频率分布曲线 D_j，图 2-6 为累计分布曲线的例子。

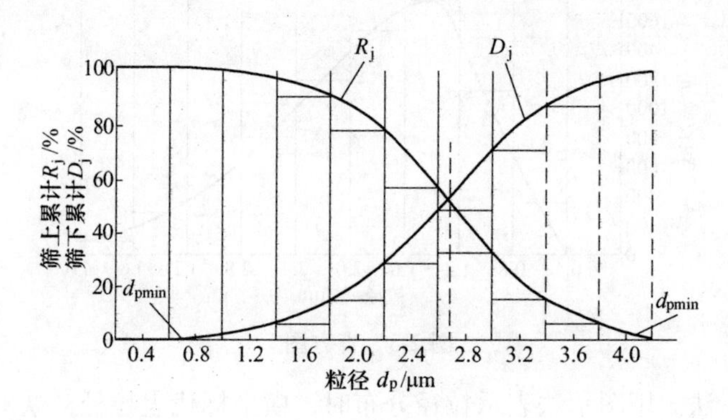

图 2-6　累计分布曲线

B　粒径分布函数

尽管粉尘的粒径分布可以用表格和图形表示，但是在某些场合下用函数形式表示要方便得多。一般来说粒径的分布是随机的，但它近似地符合于某些规律，因而可用一些分布函数来表示。目前已得到一些半经验方程用来描述粉尘的粒径分布特征，如：正态分布函数，符合正态分布的粉尘粒径是极少见的，但它是各种分布函数的基础；对数正态分布函数，是广泛而经常应用的分布函数，可用来描述大气中或生产过程中的粉尘粒径分布；韦布尔（Weibull）分布，可用来描述生产过程中的粉尘，特别是具有极限最小粒径的粉尘分布；罗森-拉姆勒（Rosin-Rammler）函数，用来描述比较粗的粉尘和雾，它是韦布尔分布的特殊情况；洛莱尔（Roller）分布，用来描述粉尘工业材料。

（1）正态分布（南斯分布），正态分布是最简单的形式，相对于频率最高的粒径成对称分布，正态分布的特点是对称于粒径的算术平均径，因而算术平均径与中位径是吻合的。正态分布在正态概率纸上可以表示成一条直线（见图 2-7）。从图中可以得出，在相应于累计频率为 50%的粒子直径（中位径）即为算术平均径，而相应于累计频率为 84.13%与 15.87%的粒径之差为标准差。

（2）对数正态分布，在工业通风中所处理的粉尘实际上很少符合正态分布，往往小直径的尘粒偏多，分布曲线不对称。在这种情况下，采用对数正态分布函数比较适宜。也就是正态分布函数中用 σ_g 代替 σ，用 $\lg \overline{d_p}$ 代替 $\overline{d_p}$。

与整体分布曲线相类似，将粒径分布绘于对数正态概率纸上，可以得出一条直线，如图 2-8 所示。在图中相对应筛下累计 50%的粒径为中位径，而几何标准差为对数正态分布为具有两个常数（σ_g、$\overline{d_g}$）的分布函数，是最常用的分布函

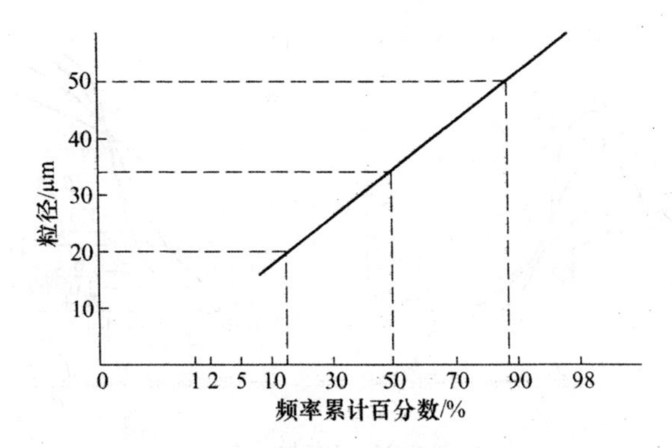

图 2-7 粒径的正态分布概率分布图

数，大气中的气溶胶及多数生产粉尘都符合这种分布。图 2-8 为粒径的对数正态概率分布图。

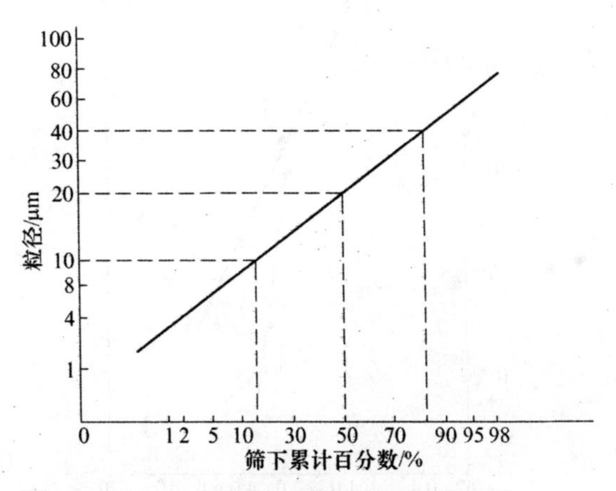

图 2-8 粒径的对数正态概率分布图

（3）韦布尔（Weibull）分布，可用来描述各种粉尘类型的气溶胶粒子的粒径分布。韦布尔函数是一个累计形式的三个常数的方程。韦布尔分布图形如图 2-9 所示，斯泰格尔（Steiger）认为当 $\beta = 3.25$ 时，大多数韦布尔函数等同正态分布函数，但常数 β 一般处于 1~3 之间。常数 α、β 和 γ 可以从双对数坐标图上发现。

所以，按 $\ln \dfrac{1}{1-F}$ 与 $d_p - \gamma$ 整理资料绘制到双对数纸上就得到一直线，如果不成直线，那么说明韦布尔分布不适于该资料。

（4）罗森-拉姆勒分布，它是韦布尔的特殊形式，可用来表示磨碎的团体粗粉尘的粒径分布，所以把实验资料按粒径 d_p 与 $\ln \dfrac{1}{1-G}$ 为坐标画到双对数纸上成一条直线，从而可以确定常数 a、s（见图 2-10）。

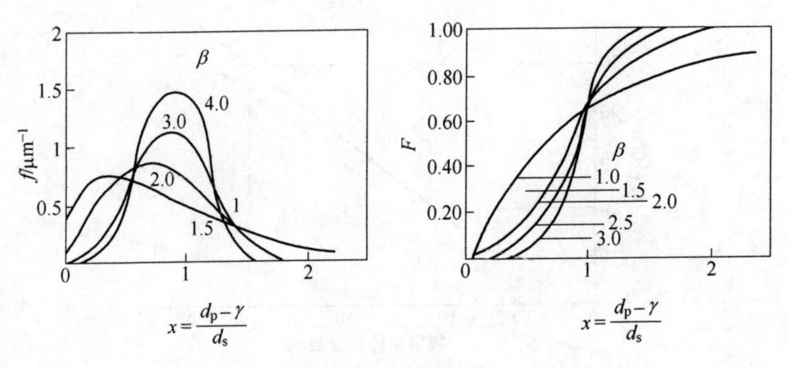

图 2-9　韦布尔分布

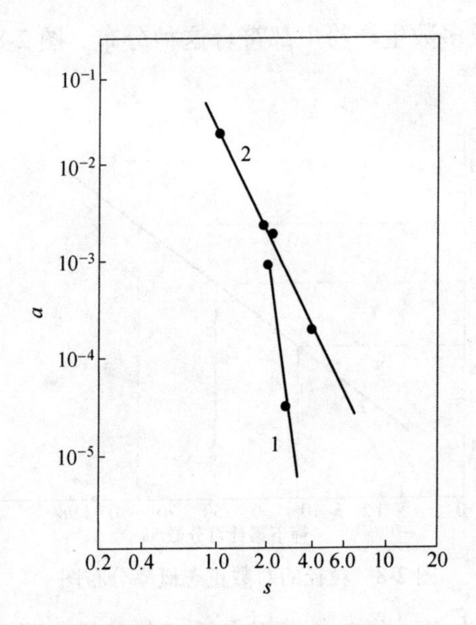

图 2-10　常数 a、s 之间的关系

1—显微镜法；2—沉降法

实验资料说明：在罗森-拉姆勒分布函数中的常数 a，s 之间有一定的内在联系，当 s 较大时，常数 a 较小。这种相关关系不论是沉降法还是显微镜法都存在，指出这一点对于解决投影径与沉降径之间的换算关系是十分重要的。常数 s 越小，则粉尘的粒径分布越发散；a 越大，说明粉尘粒径越细。

（5）洛莱尔分布，这种分布是一个具有两个常数的经验公式，可用来描述粉尘粒径分布较宽的工业粉尘。

2.2.3　矿山粉尘的密度

单位体积粉尘的质量称为粉尘的密度。其中粉尘的体积不包括粉尘之间的空隙，因而称之为真密度（kg/m^3）。在一般情况下，粉尘的真密度与组成此种粉尘的物质密度是不相同的，因为粉尘在形成过程中，其表面甚至其内部可能形成某些孔隙，只有表面光滑又密实的粉尘的真密度才与其物质密度相同。通常粉尘的物质密度比其真密度大20%~50%。粉尘的真密度可表示为

$$\rho_b = \frac{\text{粉尘质量}}{\text{粉尘体积}} \tag{2-1}$$

粉尘的真密度在通风除尘中有广泛用途。许多除尘设备的选择，不仅要考虑粉尘的粒度大小，而且要考虑粉尘的真密度。如对于粗颗粒、真密度大的粉尘可以选用沉降室或旋风除尘器，对于真密度小的粉尘，即使是粗颗粒也不宜采用这种类型的除尘器。

粉尘呈自然扩散状态时，单位容积中粉尘的质量称粉尘堆积密度或表观密度。由于尘粒之间存在空隙，因此堆积密度要比粉尘的真密度小。

$$\rho_b = \frac{\text{粉尘质量}}{\text{粉尘所占容积}} \tag{2-2}$$

粉尘的堆积密度对通风除尘有重要意义。如灰斗容积的设计，所依据的不是粉尘的真密度或物质密度，而是粉尘的堆积密度。在粉尘的气力输送中也要考虑粉尘的堆积密度。某些粉尘的真密度与堆积密度见表2-5。

表2-5 几种工业粉尘的真密度与堆积密度

粉尘名称	真密度 /kg·m^{-3}	堆积密度 /kg·m^{-3}	粉尘名称	真密度 /kg·m^{-3}	堆积密度 /kg·m^{-3}
烟灰	2150	1200	烟灰（56μm）	2200	1070
炭黑	1850	40	硅酸盐水泥	3120	1500
硅砂粉	2630	1550	造型用黏土	2470	720~800
硅砂粉	2630	1450	烧结矿粉	3800~4200	1500~2600
硅砂粉（8μm）	2630	1150	氧化铜（42μm）	6400	2620
硅砂粉	2630	1260	锅炉炭末	2100	600
电炉	450	600~1500	烧结炉	3000~4000	1000
化铁炉	200	800	转炉	5000	700
亚铅精炼	5000	500	铜精炼	4000~5000	200
铅精炼	6000	—	石墨	2700	~300
铅二次精炼	3000	300	铅再精炼	~6000	1000
水泥干燥窑	3000	600	墨液回收	3100	130

粉尘的相对密度系指粉尘的质量与同体积标准物质的质量之比，因而是无因

次量。通常采用标准大气压力 1.01×10^5Pa 和温度为 4℃时的纯水作为标准物质。由于在这种状态下 $1cm^3$ 的水的质量为 1g，因而粉尘的比重在数值上就等于其密度（kg/m^3）。

2.2.4　矿山粉尘的比表面积

物料被粉碎为微细粉尘时，其比表面积显著增加。单位质量（或单位体积）粉尘的总表面积称为比表面积。假设尘粒为同体积的球形粒子，则比表面积 S_w 与粒径的关系为：

$$S_w = \frac{\pi d_p^2}{\frac{1}{6}\pi d_p^3 \rho_p} = \frac{6}{\rho_p d_p} \tag{2-3}$$

式中，ρ_p 为粉尘的密度，kg/m^3；d_p 为粉尘的直径，m。

由式（2-3）可以看出，粉尘的比表面积与粒径成反比，粒径越小，比表面积越大。

由于粉尘的比表面积增大，它的表面能也随之增大，增强了表面活性，这对研究粉尘的湿润、凝聚、附着、吸附、燃烧和爆炸等性能有重要作用。

2.2.5　矿山粉尘的湿润性

液体对固体表面的湿润程度取决于液体分子对固体表面作用力的大小，而对同一尘粒来说，液体分子对尘粒表面的作用力又与液体的力学性质即表面张力有关。表面张力越小的液体，对尘粒越容易湿润。不同性质的粉尘对同性质的液体的亲和程度是不相同的，这种不同的亲和程度称为粉尘的湿润性。

湿润现象是分子力作用的一种表现，是液体（水）分子与固体分子间的相互吸引力造成的。它可以用湿润接触角 θ 的大小来表示。如图 2-11 所示，湿润角小于 60°的，表示湿润性好，为亲水性的；湿润角大于 90°时，说明湿润性差，为憎水性的。几种矿物的粉尘湿润接触角见表 2-6。粉尘的湿润性除决定于成分外，还与颗粒的大小、荷电状态、湿度、气压、接触时间等因素有关。

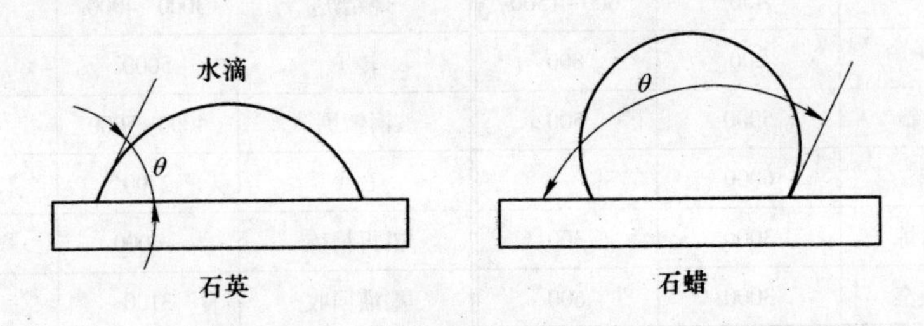

图 2-11　湿润接触角示意图

表 2-6 几种矿物的粉尘的湿润接触角

名 称	接触角/(°)	名 称	接触角/(°)
黄铜矿	72	方解石	20
辉钼矿	60	石灰石	0~10
方铅矿	57	石英	0~4
黄铁矿	52	云母	0

粉尘的湿润性还可以用液体对试管中粉尘的浸润速度来表征。通常取浸润时间为 20min，测出此时的浸润高度为 L_{20}(mm)，于是浸润速度 u_{20}(mm/min) 为：

$$u_{20} = \frac{L_{20}}{20} \tag{2-4}$$

以 u_{20} 作为评定粉尘湿润性的指标，可将粉尘分为四类，见表 2-7。

表 2-7 粉尘对水的湿润性

粉尘类型	Ⅰ	Ⅱ	Ⅲ	Ⅳ
湿润性	绝对憎水	憎水	中等亲水	强亲水
$u_{20}/(\mathrm{mm}\cdot\mathrm{min}^{-1})$	<0.5	0.5~2.5	2.5~8.0	>8.0
粉尘举例	石蜡、沥青	石墨、煤、硫	玻璃微球	锅炉飞灰、钙

在除尘技术中，粉尘的湿润性是选用除尘设备的主要依据之一。对于湿润性好的亲水性粉尘（中等亲水、强亲水），可选用湿式除尘器。对于某些湿润性差（即湿润速度过慢）的憎水性粉尘，在采用湿式除尘器时，为了加速液体（水）对粉尘的湿润，往往要加入某些湿润剂（如皂角素等）以减少固液之间的表面张力，增加粉尘的亲水性，提高除尘效率。

2.2.6 矿山粉尘的荷电性

悬浮于空气中的尘粒通常带有电荷，使粉尘带有电荷的原因很多，如粒子间撞击、天然辐射、物料破碎时摩擦、电晕放电等，且粉尘的正电荷与负电荷两部分几乎相等，因而悬浮于空气中的粉尘整体呈中性。粉尘荷电量的大小取决于物料的化学成分和与其接触的物质，如高温可使带电量增加，高湿则减少带电量。经测定，浮游于空气中的尘粒有 95%左右带正电或负电，有 5%左右的尘粒不带电。采掘工作面刚刚产生的新鲜尘粒较回风道中的尘粒易带电。通常在干燥空气中，粉尘表面的最大荷电量约为 $2.7\times10^{9}\,\mathrm{C/cm^2}$，而粉尘由于自燃产生的电量却仅为最大荷电量的很小一部分。一般而言，非金属粉尘与酸性氧化物（如二氧化硅、三氧化二铝等）常常带正电，金属粉尘和碱性氧化物则带负电荷。异性电荷尘粒的相互吸引、黏着、凝结，增大尺寸而加速沉降；同性电荷尘粒由于排斥作用，增加漂浮于空气的相对稳定性。美国亚利桑那大学研究结果表明，呼吸性粉尘（8μm 以下）一般带负电，大颗粒粉尘则带正电或呈电中性。一方面，我们可利用粉尘的电性质研制电除尘设备，另一方面，由于某些学者认为带电尘粒吸入肺组织，较易沉积于支气管、肺气管中，增加对人体的危害，因此，对其研究有利于人体健康的保护。

2.2.7 矿山粉尘的光学特性

粉尘的光学特性包括粉尘对光的反射、吸收和透光程度等。在通风除尘中，可以利用粉尘的光学特性来测定粉尘的浓度和分散度。

通过含尘气流的光强减弱程度与粉尘的透明度和形状有关，但主要取决于粉尘粒子的大小及浓度。尘粒大于光的波长和小于光的波长对光的反射和折射的作用是不同的。对于大小为 0.6~0.7μm 的粒子反射光的能力，尘粒大小对光线的反射能力有很大影响。当粒径大于 1μm 时，光线由于直线反射而消失，光线损失与反射面面积成正比。当粉尘浓度相同时，光强的反射值随粒径的减少而增加，当光线穿过含尘介质时，由于尘粒对光的吸收和散射等，光强被减弱。减弱的程度与介质中的含尘浓度和尘粒粒径有关。

通过介质的光强减弱的程度与波长的 4 次方有关，而与粒径的 6 次方（体积的平方）成反比。因此，光强的衰减与粒径有着密切的联系。

对于粒径大于波长的尘粒，通过的光强服从几何光学的“平方定律”即正比于尘粒所遮挡的横断面面积。当粒径大于 1μm 时，通过的光强实际上与波长无关。

罗斯引入消光系数的概念，用以说明全部粒径范围的尘粒对光的吸收作用。消光系数定义为各种粒径尘粒对光的实际遮挡强度与按理论的几何光学“平方定律”计算的遮挡强度的比值。

通过均匀含尘的悬浊介质时的光强，可按下式确定：

$$\ln \frac{I_n}{I} = KSL \tag{2-5}$$

式中，K 为消光系数，可用光线中每千克粉尘的投影面积 A 来表示，m^2/kg；L 为光线通过的长度，m；I_n 为采样前通过滤膜的光通量，lm；I 为采样后通过滤膜的光通量，lm。

根据罗斯提出的消光系数对 A 进行修正，式（2-5）就可适用于各种粒径的粉尘。

2.2.8 矿山粉尘的燃烧性与爆炸性

许多固体物质在一般条件下是不易引燃或不能燃烧的。但成为粉尘时，在空气中达到一定浓度，并在外界高温热源作用下，有可能发生燃烧和爆炸。能发生爆炸的粉尘称为可燃粉尘。爆炸是急剧的氧化燃烧现象，它产生的高温、高压和大量的有毒有害气体，对安全生产有极大危害，特别是对矿井危害更为严重。

有爆炸性的矿山粉尘主要是硫化矿山粉尘和煤尘，尤其是煤尘、爆炸性很强。影响煤尘爆炸的因素很多，如煤中挥发分和水分的含量，灰分、粒度及瓦斯的存在等。

3 矿山粉尘的测定

3.1 矿山粉尘物性检测

3.1.1 矿山粉尘密度检测

由于矿山粉尘粒子间的空隙、颗粒的外开孔和内闭孔占据了比尘粒本身大得多的体积，这使得矿山粉尘的密度有三种概念：

（1）矿山粉尘的堆积密度指单位体积内松散堆积的矿山粉尘质量。

（2）真密度指单位体积（不包括内闭孔体积）的矿山粉尘颗粒材料所具有的质量，矿山粉尘的真密度，在理论上应与形成这种矿山粉尘的固体材料的密度一致。

（3）假密度指单位矿山粉尘颗粒体积（包括内闭孔体积）所具有的矿山粉尘质量。

实际测量和应用中，常把矿山粉尘的真密度和假密度视为一致，这是因为测量矿山粉尘体积时很难把内闭孔的体积测量出来，而且在机械破碎过程中产生的矿山粉尘一般没有内闭孔。只有在化学过程中形成的某些矿山粉尘有内闭孔，这种矿山粉尘的真密度值比假密度值大。通常，采用液相置换法测定矿山粉尘的真密度。

液相置换法是选取某种浸润性好、不溶解矿山粉尘、不与所测粉尘起化学变化也不使粉尘体积膨胀或收缩的液体注入矿山粉尘，将粉尘粒子间及外表孔隙的空气排除，以求得粉尘颗粒的材料体积，然后根据测量的矿山粉尘质量计算矿山粉尘的真密度。液相置换法测试系统如图 3-1 所示。

首先称量洗净烘干后的比重瓶的质量 m_0，装入矿山粉尘（约至瓶体积的1/3)并称量瓶加尘质量 m_s。将浸液注入装有矿山粉尘的比重瓶内（约至瓶体积的 2/3 处)。然后置于密闭容器中抽真空，直到瓶内基本无气泡逸出时停止抽气。保持 30min。使瓶中气体充分排出。取出比重瓶并注满浸液，称其质量 m_{s1}（瓶+尘+液)。倒空比重瓶并洗净，重新注满浸液称其质量 m_1（瓶+液)。按下式计算粉尘真密度 ρ_p：

$$\rho_p = \frac{m_s - m_0}{(m_s - m_0) + (m_1 - m_{s1})} \times \rho_1 \tag{3-1}$$

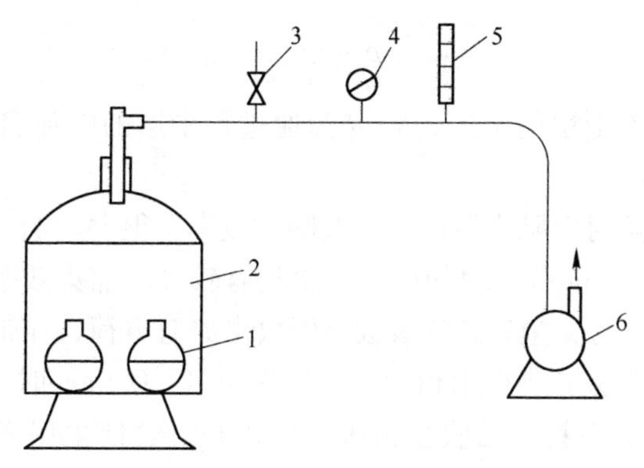

图 3-1　液相置换法

1—比重瓶；2—真空干燥器；3—三通阀；4—真空表；5—温度计；6—抽气泵

式中，ρ_1 为浸液在测定温度下的密度。

测定时需取平行样品，二者的误差应小于 1%，否则重新测定。矿山粉尘真密度取平行样的平均值。温度的变化是误差的主要原因，为此通常将比重瓶置于恒温槽充分恒温后再读取温度。

另外，通用松装密度测定仪/假比重法测定仪（漏斗法，仪器如图 3-2 所示），可以测定粉尘的堆积密度，该仪器测定粉尘堆积密度的方法称为自然堆积法。该仪器的原理是粉尘从漏斗口在一定高度自由下落充满量筒时，测定松装状态时量筒内单位体积粉尘的质量，此时的质量即为粉尘堆积密度。

图 3-2　通用松装密度测定仪/假比重法测定仪

3.1.2　矿山粉尘比电阻检测

3.1.2.1　矿山粉尘比电阻及其重要性

矿山粉尘对导电的阻力特征通常用比电阻 ρ(Ω · cm) 来表示：

$$\rho = \frac{U}{j\delta} \tag{3-2}$$

式中，U 为施加于粉尘层的电压，V；j 为通过粉尘层的电流密度，A/cm^2；δ 为粉尘层的厚度，cm。

矿山粉尘比电阻对电除尘器的运行及除尘效率有很大影响。电除尘器对比电阻在 $10^4 \sim 5\times10^{10}\Omega\cdot cm$ 范围内的矿山粉尘具有较高的捕集效率。当矿山粉尘比电阻低于 $10^4\Omega\cdot cm$ 时，尘粒到达极板立即放出原有电荷，而带上与极板同极性电荷被排斥到气流中去。当矿山粉尘比电阻高于 $10^{10}\Omega\cdot cm$ 时，尘粒在收尘极板上放电缓慢，随着矿山粉尘在收尘极板上的沉积，会使尘层表面的电位越来越高，当粉尘层内的电场强度达到某一值时就会产生反电晕，从而破坏正常的除尘过程，使除尘效率降低。当矿山粉尘比电阻数值不利于电除尘器捕尘时，应采取措施调节矿山粉尘的比电阻值，以保证电除尘器的正常工作。

3.1.2.2　影响粉尘比电阻的因素

粉尘比电阻受到各种因素的影响，即使对同一种粉尘，由于条件不同，所测得的比电阻值也不同，有时相差达 2~3 个数量级。

（1）粉尘层的孔隙率及粉尘层的形成方式。由于粉尘颗粒形成的粉尘层存在着大量空隙，空隙中充满着空气，空气的导电性远不如固体粉尘，因而孔隙率（粉尘之间的空隙体积与整个容积之比）的大小直接影响到粉尘层的电阻值。

粉尘层的孔隙率与粉尘颗粒大小、粒径组成及粉尘层形成方式等有关。高孔隙率矿山粉尘比低孔隙率矿山粉尘的比电阻高，对于同物质的粉尘，比电阻可相差 5~10 倍。

在电除尘器中，粉尘颗粒在库仑力作用下排列规则，形成的粉尘层充填率高。而在比电阻测试中，常常不能完全模拟电除尘器中粉尘层的沉积方式，一般采用机械方式形成粉尘层。此种方式形成的粉尘层充填率低，多采用加压或振动方式提高其充填率。

（2）粉尘层的电气特性。一般固体材料的电阻服从欧姆定律，即伏安特性为线性，电阻为一恒定值。但是粉尘层的电气特性却不然，由于其间存在空隙，尘粒与气体接触表面积大为增加，电压与电流关系不再服从欧姆定律，随着电压增高，电流增加很快，电阻值随之减小，不再为恒定值。图 3-3 为几种粉尘的比电阻与测定电压关系曲线。

由于粉尘比电阻随测定电压不同而不同，因此测定电压的选定十分重要，通常取略低于火花击穿电压的数值作为测定电压，或取击穿电压的 85% 作为测定电压。

（3）粉尘温度和湿度。图 3-4 为高炉粉尘比电阻随温度变化曲线。从图中可看出，低温下粉尘比电阻随温度升高而升高，当达到某极值后，温度进一步升

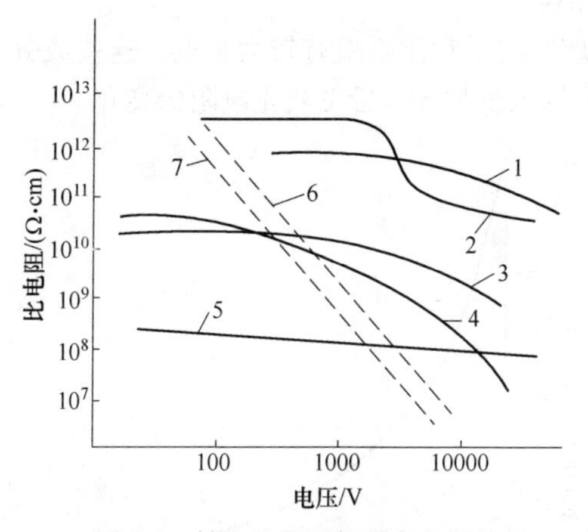

图 3-3 粉尘比电阻与测定电压关系

1—石松子；2—糖粉；3—氧化锌粉；4—褐煤粉；5—水泥；6—铝粉；7—铜粉

高，比电阻反而降低。这种现象可用粉尘的两种导电机理，即表面导电和体积导电来解释。

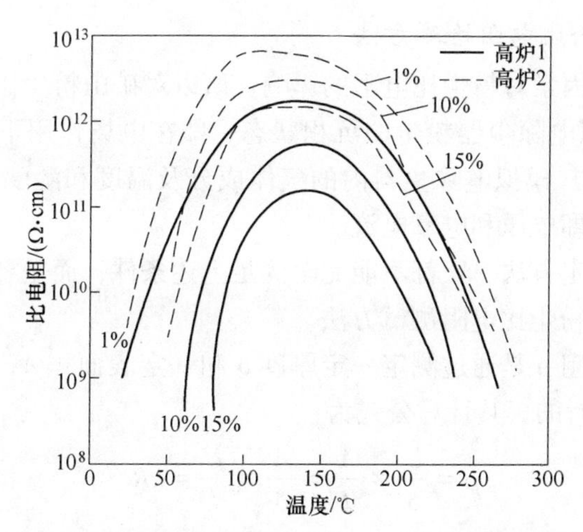

图 3-4 粉尘比电阻随温度变化曲线（图中百分数表示容积含湿量）

粉尘表面吸附水蒸气和其他导电物质形成一层导电膜，电流通过这层水膜形成表面导电，随着温度升高，水膜逐渐蒸发减薄，电流传导能力降低，电阻增加，当水膜完全被蒸发时，粉尘比电阻最高。此后，导电主要通过材料内部进行，称之为体积导电，其导电特性符合通常介电材料的导电特性，即随温度增高，比电阻降低。

烟气的湿度影响粉尘表面水膜厚度，水分越多，比电阻越小。

由于烟气的温、湿度与粉尘比电阻直接相关，因此比电阻测定时的温、湿度应尽可能与现场实际相符。

（4）烟气成分。烟气成分对比电阻有较大影响，这些成分主要有 SO_3 和 NH_3 等。图 3-5 表示烟气中加入少量 SO_3 后飞灰比电阻的变化。

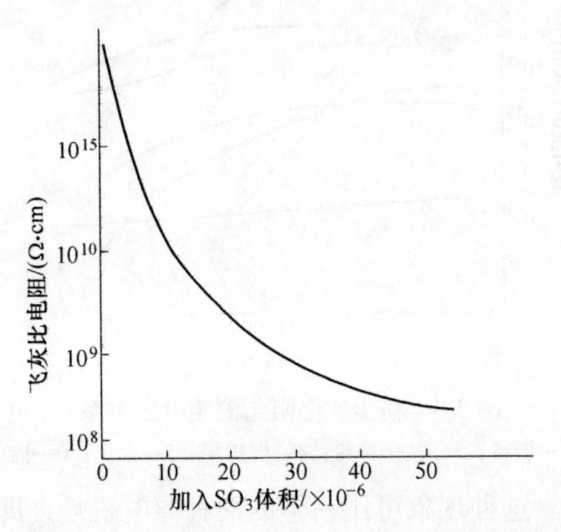

图 3-5　烟气中加入 SO_3 后飞灰比电阻的变化

3.1.2.3　*矿山比电阻检测方法*

考虑到上述诸因素对粉尘比电阻的影响，所以对矿山粉尘比电阻测定提出以下要求：（1）模拟电除尘器粉尘的沉积状态，即在电场作用下荷电粉尘逐步堆积形成粉尘层；（2）模拟电除尘器内的气体成分及温度和湿度；（3）模拟电除尘器的电气工况，即电压和电晕电流。

不同仪器及测定方法一般都不能完全满足上述条件，而是各有侧重。下面介绍几种实用的矿山粉尘比电阻测试方法。

矿山粉尘比电阻 ρ 是通过测定一定厚度 δ 和一定表面积 A，粉尘层上的电压 U 和电流 I 值来进行的，其计算公式为：

$$\rho = \frac{U}{\delta} \times \frac{A}{I} = \frac{A}{\delta} \times \frac{U}{I} = kR \tag{3-3}$$

式中，R 为电阻，$R = U/I$，Ω；k 为测定仪的几何参数，$k = A/\delta$，cm。

（1）圆盘电极法（或称平行平板电极法）。圆盘电极法是美国实验室测定粉尘比电阻的标准方法（ASMEPTC28），也是我国目前实验室采用较多的方法，其测定装置如图 3-6 所示，圆盘上部圆板质量按作用在粉尘层上的压力 1000Pa 设计。测定时，将粉尘自然充填于圆盘，用刮片刮平，降下平行圆板。对粉尘层逐渐升高电压，取 90%击穿电压时的电压、电流进行计算。也可以将圆盘置于可调温、湿度及气体参数的测定箱内进行测定。

（2）针尖电极法（或称针板法）。图 3-7 所示的针板法粉尘比电阻测定装置，既可设于实验室的循环风道中，也可直接用于现场。当设于实验室的循环风道中

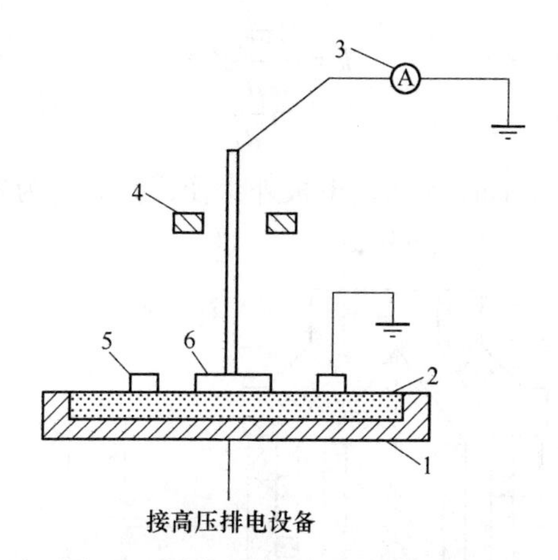

图 3-6 圆盘电极法比电阻测定装置

1—圆盘电极；2—粉尘层；3—电流表；4—绝缘机械导向；5—屏蔽环；6—气缝

时，可以根据需要在循环气流中加入定量粉尘，并可调节气体的温度和湿度，以满足测定要求。

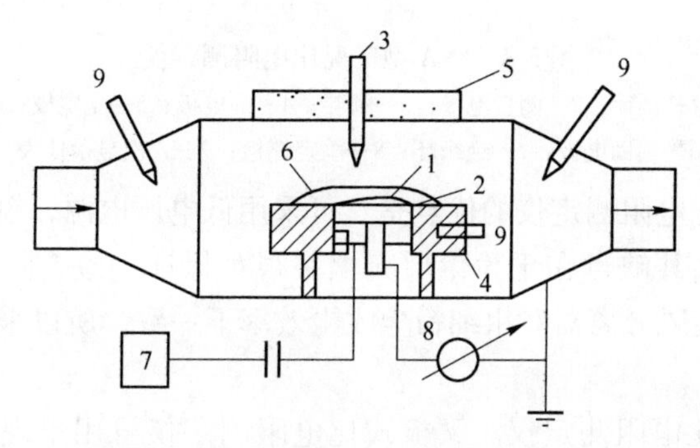

图 3-7 针板法粉尘比电阻测定装置

1—金属丝电极；2—测定圆盘；3—放电电极；4—环形电极；
5—绝缘层；6—粉尘层；7—电压表；8—电流表；9—温度计

这种方法的主要特点是模拟电除尘器工作条件下粉尘的沉积，并在工况条件下进行测定。在放电电极 3 电晕放电时，进入测定装置的粉尘将沉积在测定圆盘 2 上，形成粉尘层 6。测出加在粉尘层上的电压降和通过粉尘层的电流，即可按照圆盘中粉尘层的几何尺寸计算粉尘的比电阻。

（3）同心圆筒法。国内研制的 F-A 型工况比电阻测定仪采用同心圆筒法测定粉尘比电阻，如图 3-8 所示。该仪器是利用小旋风分离器将烟气中粉尘分离出来，落入到两同心圆筒中间的环缝中，用高阻表测量粉尘的电阻值，按式（3-3）计算矿山粉尘比电阻，其仪器几何参数 k 值：

$$k = \frac{2\pi l_1}{\ln \frac{d_2}{d_1}} \tag{3-4}$$

式中，l_1为主电极长度，cm；d_1为内电极外半径，cm；d_2为外电极内半径，cm。

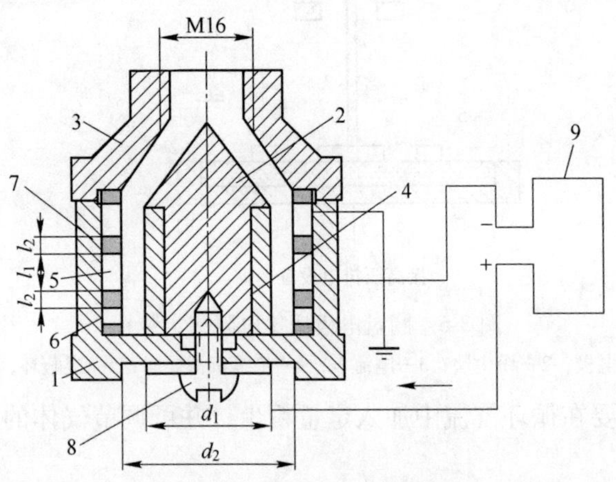

图 3-8　F-A 型工况比电阻测定仪

1—圆筒；2—测量电极；3—漏斗；4—内电极；5—主电极；
6—辅助电极；7—绝缘环；8—固定螺栓；9—二次显示仪表

F-A 型工况比电阻测定仪的优点是：可采用低电压电源，粉尘层厚度由两圆筒间隙准确确定；其缺点在于粉尘层充填率很难保证一致，测定结果重复性较差，另外由于小旋风分离器对粗细粉尘收尘效率不一致，所以采集尘样粒径分布代表性差。

（4）叉梳式比电阻测定仪。叉梳式比电阻测定仪可用于现场工况比电阻测试，整个测试系统由探测器、高压电源、高阻表、抽气泵等组成。图 3-9 为 WA61-4 型工况比电阻测试探头。含尘气体由探测器中的采样嘴 1 经气流分布板 2 进入测量段。测量段由电晕线 5 及齿状测量电极 8 组成。在测量段，粉尘在高电压作用下逐渐沉降到梳齿间的缝隙中。当粉尘填满两梳齿缝隙后，断开高压，并用高阻表测量两梳齿间粒尘电阻，按式（3-3）计算矿山粉尘比电阻。

叉梳式比电阻测试仪采用静电集尘，粉尘层形成方式与电除尘器接近，所以测量的粉尘比电阻值与电除尘器运行时粉尘电气工况符合。其缺点是捕集粉尘需要高电压，收集粉尘时间过长，而且采样过程齿缝间的粉尘充填程度很难掌握。

测定矿山粉尘比电阻的方法不统一，仪器不相同，导致各种仪器使用上有差别：

（1）采样方法有小旋风采样、静电采样、过滤采样、灰斗取样等。由于采样方法不同，影响粉尘粒径分布的代表性及粉尘层的形成方式。

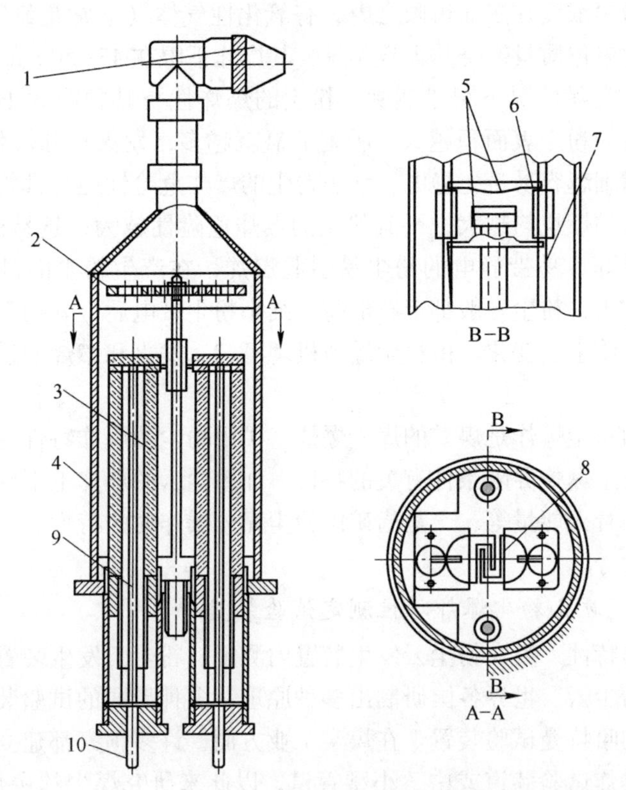

图 3-9 WA61-4 型工况比电阻测试仪探头结构

1—采样嘴；2—气流分布板；3—绝缘柱；4—外壳；5—电晕线；
6—套管；7—接地柱；8—测量电极；9—导电管；10—电缆导线

（2）矿山粉尘沉积在测定量中的方法有静电沉积、机械振实、人工刮平等，不同方法所形成的粉尘充填密度不同，带来测试的差异。

（3）外加电压某些方法中，取粉尘击穿前的电压；另一些方法中，则取击穿电压的85%，或采用固定的电压；而同心圆筒法所取电压更低。外加电压越高，比电阻越低。由于电场强度不同，测试结果可相差一个数量级。

（4）矿山粉尘测试环境与现场实际偏离程度直接影响到测试结果的真实性。

由于上述各种原因，致使对同一矿山粉尘样，当采用不同方法和仪器测试比电阻时，结果相差较大。因此，在给出矿山粉尘比电阻数据时，要注明所用仪器和方法。

3.1.3 矿山粉尘爆炸特性检测

粉尘爆炸是指悬浮于空气中的可燃性（或还原性）粉尘的爆炸。粉尘爆炸的破坏性不亚于可燃气体的爆炸，同可燃气体爆炸一样，产生粉尘爆炸必须具备三个条件。粉尘浓度在爆炸极限之内、有氧化性气体（通常是氧气）和点燃源。碳氢化合物的单位质量燃烧热大致相等，其爆炸下限在45~50g/m^3。爆炸上限一般都比较高，实际情况下很难达到。粉尘的爆炸性与其颗粒大小有关，颗粒越细，单位质量的粉尘表面积越大，吸附的氧就越多，发火点和爆炸下限也越低。另外，颗粒越细越容易带上静电。细小粉尘的爆炸危险性还与其物理化学性质有关。粉尘物质的燃烧热越大，则其粉尘的爆炸危险性越大；越易被氧化的物质，其粉尘越易爆炸，易带静电的粉尘易引起爆炸，在产生粉尘的过程中，由于摩擦、碰撞等作用，粉尘一般都带有电荷，细小粉尘带电后，其物理性质将发生改变，其爆炸性质也会变化。由粉尘爆炸机理可知，发火和燃烧的过程都是很复杂的过程。

最常见的粉尘爆炸是煤矿的煤尘爆炸。矿山粉尘的爆炸特性有两重含义：一是指与矿山粉尘爆炸界限条件有关的特性，如粉尘云的爆炸上下限浓度、最低着火温度、最小着火能量等；二是指矿山粉尘充分爆炸时的特性，如最大爆炸压力及其上升速度等。

3.1.3.1　*矿山粉尘爆炸特性测定试验装置*

粉尘爆炸特性一般在粉尘云发生装置内测定。粉尘云发生装置的关键是能否造成均匀的粉尘云。世界各国研制出多种原理、多种形式的试验装置，采用得较多的是美国的哈特曼试验装置。在煤炭工业方面，许多国家都建立了地下或地面的大型煤尘爆炸试验巷道或中、小型管道，以此来研究煤尘的爆炸及传播特性，检验抑制爆炸的措施。

（1）哈特曼爆炸测试仪。哈特曼爆炸测试仪是1939年由美国矿业局哈特曼研制的圆筒形爆炸测试装置，其结构如图3-10所示。该装置长30.5cm，内径6.4cm，容积1.21L，曾作为标准粉尘爆炸试验装置被各国广泛采用。

试验粉尘放置在分散杯7内，压力为2.8×10^5Pa的460L压缩空气由分散杯底部的导管进入容器并吹向伞状反射板6，压缩空气因反射板阻挡而反吹分散杯使粉尘飞散成粉尘云，由上方的电极5放电点燃粉尘云。这个装置可以测定粉尘爆炸下限浓度、最小着火能量等参数。

为测定爆炸压力和压力上升速度，可将透明玻璃试验筒改为钢制圆筒，上端密闭形成封闭容器，由安装于顶端的压力传感测定爆炸压力。

（2）20L爆炸试验装置。哈特曼装置存在着粉尘喷布不均匀、爆炸压力上升速度与大规模巷道试验数据不符等缺点。美国矿业局近几年又研制出20L爆炸测试装置，图3-11为其示意图。

形成粉尘云的方法有两种，一种与哈特曼爆炸测试仪相同，另一种是用压缩空气通过喷嘴喷粉尘。后一种方法的具体步骤：先卸下喷嘴2。将试验粉尘1放入粉尘室内，安上喷嘴，盖紧上盖11。将爆炸罐抽气至20kPa的压力，从18L的

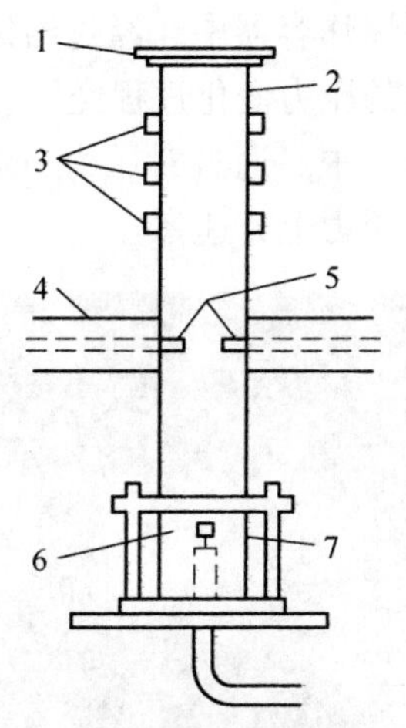

图 3-10 哈特曼爆炸试验装置

1—固定环；2—燃烧容器；3—电极变更位置；
4—电极绝缘材料；5—电极；6—反射板；7—分散杯

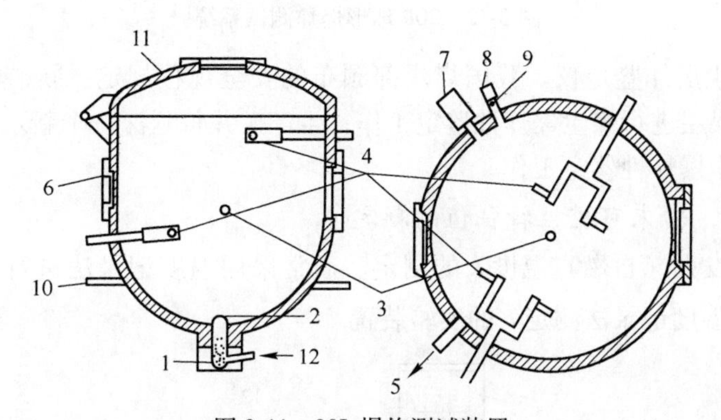

图 3-11 20L 爆炸测试装置

1—试验粉尘；2—喷嘴；3—点火源；4—粉尘浓度探头；5—至真空泵；6—观察窗；
7—压力传感器；8—氧气传感器；9—阀；10—支架；11—盖；12—压缩空气

压缩空气罐内以 10^5Pa 的压力喷出短促空气脉冲将粉尘从喷嘴喷出，使罐内压力上升至标准大气压。通过光学粉尘浓度探头 4 测定粉尘云浓度，用点火源 3 引燃粉尘云。通过观察窗 6 用爆温仪测量火焰温度，用压力传感器 7 测量爆炸压力，用氧气传感器 8 测定氧气消耗量等参数。

图 3-12 为 20L 球形爆炸测试系统，该设备以测试粉末爆炸的特性开始，评价在粉末处理操作中工业爆炸的可能性与后果，粉尘爆炸测试设备可以依照不同点火源和爆炸强度测试出粉尘云的敏感性。测试装置包括 20L 球形爆炸容器和控制与数据采集系统。爆炸容器为不锈钢双层结构，容积为 20L。

测试时，先对容器抽真空到 0.6MPa（表压）。然后通过压缩空气将储粉室内的粉尘经气粉两相阀分散到爆炸容器中，经过给定的延时（60ms）。在容器中心用化学点火头点燃，容器内的压力变化过程经压力传感器转变为电信号，由数据采集系统采集并保存在计算机中。通过对压力-时间曲线分析可以自动得到实验的最大爆炸压力和最大爆炸压力上升速率。

图 3-12　20L 球形爆炸测试系统

（3）煤尘爆炸鉴定仪。我国煤炭部颁布的安全规程规定：新矿井在建井前必须对所有煤层进行煤尘爆炸性鉴定工作，生产矿井每延深一个新水平，都必须进行一次煤尘爆炸性鉴定工作。

3.1.3.2　粉末可燃性特征值的测定

（1）自发火（自燃）温度 t_z 的测定。通常采用温度记录法进行测定，图 3-13 为按差分温度记录法测定 t_z 的实验装置。

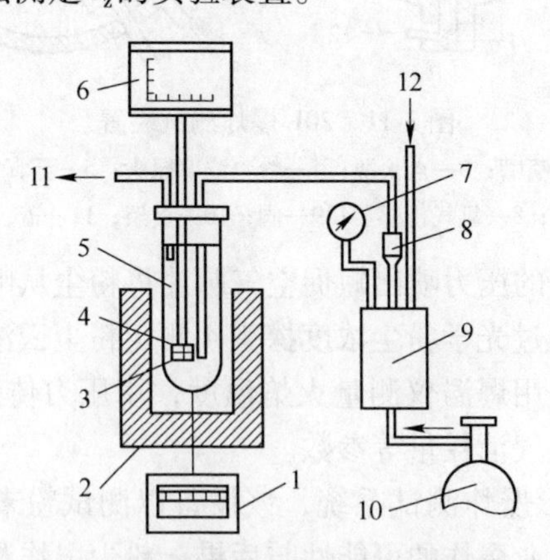

图 3-13　测定自发火温度的装置图

1—电位计；2—竖炉；3—盛有标准物质的坩埚；4—盛有试验粉末的坩埚；5—反应管；6—双坐标电位计；7—压力计；8—流量计；9—集气包；10—气体瓶；11—氧气体分析仪；12—压缩空气

首先将盛有试验粉末及惰性物质的坩埚 4 和 3 连同插入其中的热电偶一起置

于反应管5中，用支撑管固定于竖炉2内。用双坐标自计电位计平行记录热电偶的指示值。将一定组成的混合气送入反应管中，由气体分析器测定指示氧浓度。在不同氧浓度下重复进行试验，测出粉末发火时的最低氧浓度。根据温度记录图上的拐点，确定粉末自发燃烧的开始点。

（2）被发火温度（点火温度）t_d的测定。将粉末试样置于热金属传热板上，利用热金属棒作为点火源。使热金属棒与粉末表面接触，粉末的温度用插入其中的热电偶测量，用电位计记录其读数，在温度记录图上，温度上升的跃点即为点火温度。

（3）阴燃温度t_y的测定。阴燃温度是自加热温度不高（600~700℃）的粉末特性指标，这种粉末燃烧时不起火焰或者自发火温度相当高。

测定时先将粉末以一定厚度均匀铺撒在加热板上，加热板是敞开的，以使空气自由流通和产生强烈的热交换，用电位计记录阴燃温度。

煤粉的最低阴燃温度是125℃，铁矿粉为150℃，菱铁矿粉为500℃。

（4）爆燃温度t_b的测定。对于固态熔融状有机物质例如石油沥青、焦油沥青等需要测定爆燃温度。按其数值对生产工艺、厂房及设备发生火灾及爆炸危险性的大小进行分级。

测定时，先将试样以14~17℃/min的速度进行加热，然后降低其加热速度，即在温度到达t_b之前的最后28℃，把加热速度降为5~6℃/min开始测定t_b。此时把煤气烧嘴的火焰在试样表面上方不断移动1~1.5cm/s。温度每上升2℃重复进行一次测试。

测定t_b以后继续以5~6℃/min的速度加热试样，其温度提高到发火温度。

由于煤气烧嘴的火焰而使物质发火，移开烧嘴的火焰使其继续燃烧不少于5s的时间，这当中的最低温度为发火温度。

3.2 矿山粉尘分散度测定

生产性粉尘对人体健康的危害，既取决于化学组成、浓度等因素，也与粉尘粒子的大小有密切的关系。因此，对作业场所生产性粉尘做卫生学评价时，粉尘分散度的测定是一项必不可少的主要内容。

粉尘分散度是指各粒径区间的粉尘数量和质量分布的百分数。我国一般采用数量分布百分数。粉尘粒子的大小，通常指粒子的直径（集合投影直径），以μm表示。其组成一般以直径大小的粉尘颗粒数量占全部粉尘粒子数量的百分数来表示。从卫生学观点出发，对粉尘粒子的分散度可分为小于2μm、2~5μm、5~10μm、大于10μm四个组分。10μm以下的尘粒能较长时间悬浮在空气中，被吸入人体呼吸道的机会较多，称为吸入性粉尘。呼吸性粉尘是指按呼吸性粉尘标准测定方法所采集的可进入肺泡的粉尘粒子，其空气动力学直径均在7.07μm以下，空气动力学直径为 5μm 的粉尘粒子的采样效率为 50%。普遍认为 1~2μm 的尘粒对肺脏的致纤维化作用较为明显。粉尘分散度的测定方法有计数法和计重法。

3.2.1　滤膜溶解涂片法

3.2.1.1　原理

采样后的滤膜溶解于有机溶剂中，形成粉尘粒子的混悬液，制成标本，在显微镜下用目镜测微尺进行测定。

3.2.1.2　试剂和器材

（1）乙酸丁酯（乙酸乙酯）（化学纯）。

（2）瓷坩埚（25mL）或小烧杯。

（3）玻璃棒。

（4）玻璃滴管或吸管。

（5）载物玻片（75mm×25mm×1mm）。

（6）显微镜。

（7）目镜测微尺。

（8）物镜测微尺。

（9）计数器。

3.2.1.3　测定步骤

（1）粉尘标本的制备。

1）将采集粉尘的滤膜放在瓷坩埚或小烧杯中。

2）用吸管加入 1~2mL 的乙酸丁酯，再用玻璃棒充分搅拌，使滤膜溶解，制成均匀的粉尘混悬液。

3）用吸管吸取混悬液，加一滴于载物玻片上，用玻璃推片先将液滴向左右移动数次，然后与载物玻片成 45°向前推片。1min 后载物玻片上即可出现一层粉尘薄膜。

4）贴上标签，写明标本的编号、采样地点及日期等。

5）制好的标本可保存在玻璃平皿中，避免外界粉尘的污染。

（2）目镜测微尺的标定。粉尘粒子的大小是用放在显微镜目镜内的目镜测微尺来测量的。当显微镜光学系统放大倍率改变时，被测物体在视野中的大小也随之改变，但目镜测微尺在视野中的大小却不变，因此在测量时对目镜测微尺需事先用物镜测微尺进行标定。

物镜测微尺是一标准尺度，其长度为 1mm 分成 100 个等分刻度，每一分度值为 0.01mm，即 10μm（见图 3-14）。

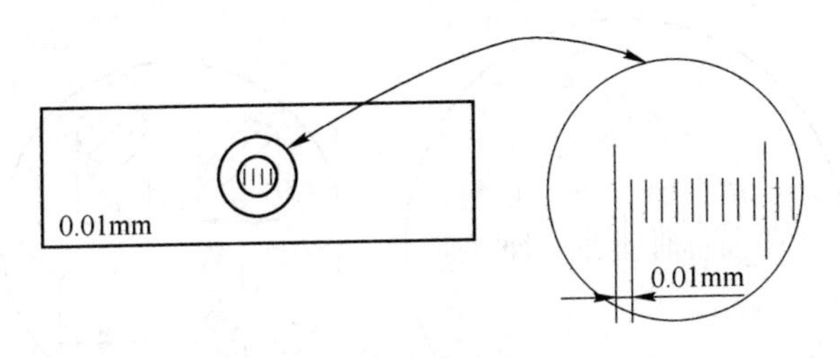

图 3-14　物镜测微尺图

1）先在低倍镜下找到物镜测微尺的刻度线，并将其刻度线移到视野中央。

2）转换成高倍镜（放大率 450～600 倍），调节细螺旋使视野中的物镜测微尺刻度清晰，然后再使物镜测微尺任一刻度与目镜测微尺的任一刻度相重合，然后再向同一方向找出两尺再次重合的刻度线。

3）分别数出重合部分的目镜测微尺和物镜测微尺的刻度数，然后计算出目镜测微尺的一个刻度在该放大率下所代表的长度，如目镜测微尺的 45 个刻度相当于物镜测微尺 10 个刻度，已知物镜测微尺的一个刻度为 10μm，则目镜测微尺一个刻度相当于（10/45）×10＝2.2μm（见图 3-15）。

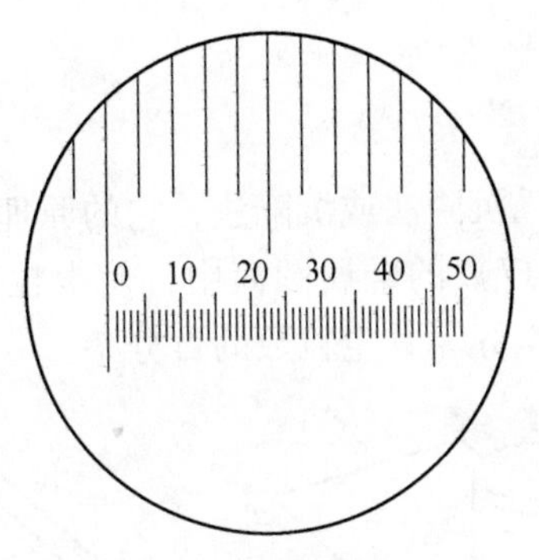

图 3-15　目镜测微尺的标定

（3）分散度的测定。

1）取下物镜测微尺，将粉尘标本放在载物台上，先用低倍镜找到粉尘粒子，然后再用高倍镜观察。

2）用已标定好的目镜测微尺，无选择地依次测量粉尘粒子的大小，应随时调节微调螺旋使尘粒物象清晰，并尽量在视野的中心计测，遇长径量长径，遇短径量短径，每个样品至少测量 200 个尘粒，按粒径大小填报记录表，并算出其百分数（见图 3-16）。

（4）注意事项。

1）所用玻璃器皿等，应保持清洁避免粉尘污染。

2）若粉尘颗粒过多影响测定时，可加适量乙醇丁酯稀释，重新制备标本进

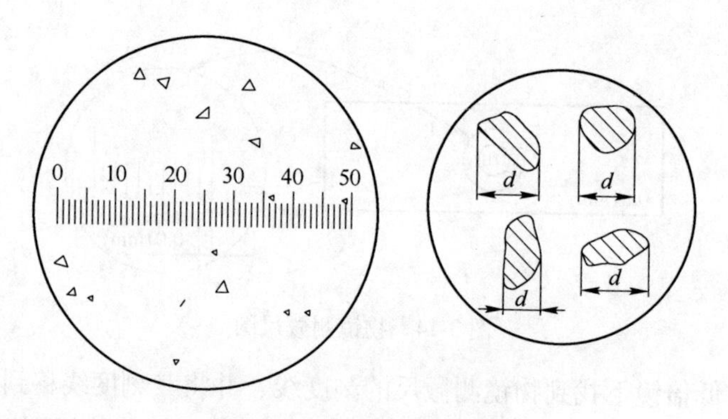

图 3-16 粉尘分散度的测定

行测定。

3）每批滤膜在使用之前应做对照实验，测其被污染情况，若滤膜本身仅含有少量粉尘，对测定结果影响不大。

4）对可溶于有机溶剂中的粉尘和纤维状粉尘，本法不适用。可采用自然沉降法。

3.2.2 自然沉降法

3.2.2.1 原理

自然沉降法又称格林氏沉降法或沉降法，它的原理是：将现场含尘空气采集到格林氏沉降器（见图 3-17）的金属圆筒中，使尘粒自然沉降在盖玻片上，在显微镜下测定，按粒径分组计算其尘粒数的百分率。

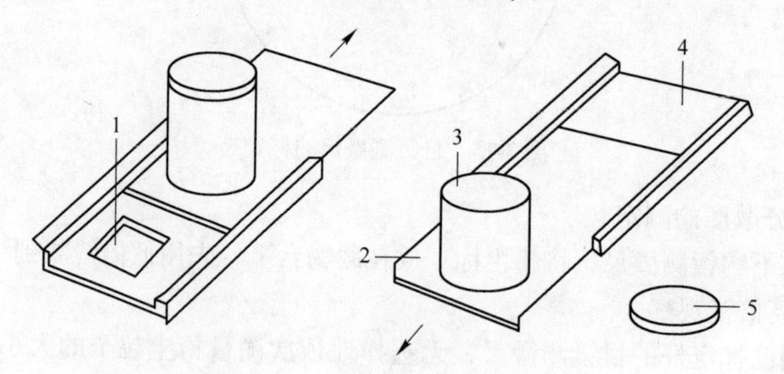

图 3-17 格林氏沉降器的结构

1—凹槽；2—滑板；3—圆筒；4—底座；5—圆筒盖

3.2.2.2 器材

（1）格林氏沉降器。

（2）盖玻片（18mm×18mm）。

（3）载物玻片（75mm×25mm×1mm）。

（4）胶水。

（5）镊子。

（6）显微镜。

（7）目镜测微尺。

（8）物镜测微尺。

（9）计数器。

3.2.2.3 测定步骤

（1）采样前准备。将盖玻片用铅酸洗液浸泡，用水冲洗后，再用95%乙醇擦洗干净晾干，然后放在沉降器的凹槽内，推动滑板至与底座平齐，盖上圆筒盖以备采样。

（2）现场采样品。在工人经常工作地点的呼吸带采样。将滑板向凹槽方向推动，直至圆筒位于底座之外，取下圆筒盖，上下晃动数次，使含尘空气进入圆筒内，推动滑板至与底座平齐，盖上圆筒盖，将沉降器放在没有振动的室内，水平静止3h，使尘粒自然沉降在盖玻片上。

（3）标本的制备。将沉降器滑板推出底座外，用少许胶水涂在盖玻片的四角，并用载物玻片压在凹槽上，使盖玻片粘贴在载物玻片上，贴上标签写明标本的编号、采样地点及日期。保存在标本盒中，以备显微镜下测量。

（4）分散度的测定。粉尘分散度的测量及计算同滤膜溶解涂片法。

（5）注意事项。

1）采样前应洗净载玻片和盖玻片，保证无尘；

2）采样时要用采样点的气样充分置换沉降器中原有气体；

3）采样后在尘样的送检、存放过程中要避免振动和污染，特别是静放采样时必须保证不受振动，温度变化小，以利尘粒的自然沉降；

4）应在空气清洁场地安放和取出盖玻片，以免污染；

5）测定时必须选择标定时光学条件，测定200个以上尘粒，若测定尘粒数太少，则代表性差，粉尘分散度结果误差大。

3.2.3 级联冲击计重法

粉尘分散度计重法是以某种手段把粉尘按一定的粒径范围分级，然后用天平称其各部分粉尘的质量，测出各级尘粒的质量分布的百分数。常用的计数法有离心、沉降和冲击方法。级联冲击法是使用级联冲击器测定粉尘粒径计重法的仪器。

3.2.3.1 原理

级联冲击器结构简单、紧凑，并可同时测定粉尘浓度和粒径分布，因而得到广泛应用。级联冲击器是根据粉尘的惯性力作用对粉尘进行粒径质量的测定，可同时测定粉尘浓度和粒径质量分布的数据，如图 3-18 所示。

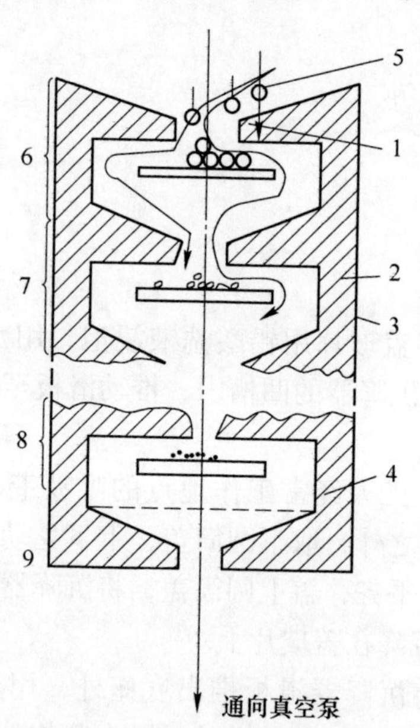

图 3-18　级联冲击器工作原理图

1—喷嘴；2—冲击板；3—外壳；4—滤网；5—粒子；
6—第一段；7—第二段；8—第 n 段；9—终过滤段

含尘气流从圆形或条缝形喷嘴高速喷出，形成射流，直接冲向设于前方的冲击板上。冲量较大的尘粒偏离气流撞击在冲击板上，由于黏性力、静电力和范德华力的作用而黏附，沉积于冲击板上，而冲量较小的粉尘则随气流进入到下一级。若把几个喷嘴依次串联，并逐渐减小喷嘴直径，气流速度将会逐级升高，从气流中分离出来的粉尘粒子也逐渐减小。

级联冲击器的惯性冲击性能用惯性碰撞参数 ψ 或斯托克斯数 Stk 来表征。斯托克斯数的物理意义是：尘粒穿过静止介质所通过的最大距离与特征长度的比值。

$$Stk = \frac{\rho_p v c d_p^2 / 18\mu}{D/2} \tag{3-5}$$

式中，ρ_p 为粒子密度，kg/m³；v 为气流喷出喷嘴流速，m/s；c 为滑动修正系数；d_p 为粒子粒径，m；μ 为气体的黏滞系数，Pa · s；D 为喷嘴直径或宽度，m。

惯性碰撞系数 ψ 为斯托克斯数 Stk 的两倍，$\psi = 2Stk$，它们的物理意义相同。

当雷诺数 Re 在 500~3000 范围内，收集效率 η 是惯性碰撞系数 ψ 的单值函数。把收集效率 ψ 等于 50%的粉尘粒子的粒径称作有效分割粒径 d_{50}，它所对应的惯性系数为 ψ_{50}，斯托克斯数为 Stk_{50}。当 Re 数在 100~3000 变化时，$\sqrt{\psi_{50}}$ 基本为一定值，对于冲击器的各级有效分割位径 d_{50}，可用下式计算：

$$d_{50i} = \left(\frac{18\psi_{50i}\mu D_I}{c_i\rho_p v_i}\right) \tag{3-6}$$

其中每一级的气流出口流速为：

$$v_i = \frac{4q_v}{\pi D_i^2 n_i} \tag{3-7}$$

式中 q_v 为气体总流量，m^3/s；n_i为第 i 级的喷嘴个数；D_i为第 i 级的喷嘴直径或宽度，m。

考虑每级压差的影响，各级的有效分割粒径 d_{50i}，应采用下式计算。

$$d_{50i} = \left(\frac{14.1\psi_{50i}\mu D_i^3 n_i P_i}{c_i\rho_p P_s q_v}\right)^{\frac{1}{2}} \tag{3-8}$$

式中，P_i 为第 i 级喷嘴的绝对压力，Pa；P_s为烟道或管道内气体绝对压力，Pa。

对于条缝形喷嘴级联冲击器：

$$d_{50i} = \left(\frac{18\psi_{50i}\mu b_i^2 l_i P_i}{c_i\rho_p P_s q_v}\right)^{\frac{1}{2}} \tag{3-9}$$

式中，b_i为条缝喷嘴宽度，m；l_i 为条缝喷嘴总长度，m。

对于小粒子尚需作滑动修正，滑动修正系数 c_i 是粉尘粒径 d_{50i}的函数：

$$c_i = 1 + \frac{2\lambda_i}{d_{50i}}\left(1.23 + 0.41\exp(-0.44)\frac{d_{50i}}{\lambda_i}\right) \tag{3-10}$$

式中，λ_i为气体分子的平均自由程，m。

如能查出对应粒径的滑动修正系数值，可直接代入式（3-8）或式（3-9）中求出有效分割粒径 d_{50i}值，如果查不到对应粒径的滑动修正系数，可先令 $c_i=1$，按式（3-8）或式（3-9）求出 d_{50i}并代入式（3-10）中解出 C_i值，再代入式（3-8）或式（3-9）中计算 d_{50i}值，重复上述过程迭代计算，直到 d_{50i}为一常数为止。

冲击器每一级喷嘴的压力 P_i用下式计算。

$$P_i = P_s - F_i\Delta P \tag{3-11}$$

式中，ΔP 为冲击器的总压降阻力，Pa；F_i 为第 i 级的压降百分数。

级联冲击器的总压降：

$$\Delta P = kq_v^2\rho_g M \tag{3-12}$$

式中，k 为冲击器的经验系数；M 为气体平均摩尔质量，kg/mol；ρ_g 为气体平均密度，kg/m^3。

3.2.3.2 仪器结构

级联冲击器是由数个单级冲击器组成的，常用的是 5~10 级，每一级冲击器主要由喷嘴、捕集板和衬垫组成。

（1）喷嘴有圆形和条缝形两种。每级冲击器可以是单孔喷嘴，也可以是多孔喷嘴。每级喷嘴的大小由该级的有效切割粒径及喷嘴出口气流流速确定。

（2）捕集板常用的是平板，可用于圆形或条缝形喷嘴的级联冲击器。锥形捕集板用于圆形喷嘴冲击器，锥体的底部可收集被冲击下来或反弹下来的大颗粒粉尘。直角形捕集板用于条缝形喷嘴冲击器。

（3）衬垫的作用是防止冲击到冲击板上的粉尘将已捕集的粉尘冲刷下来或反弹回气流引起二次扬尘，使用衬垫还可以方便捕尘和称量，保证称量的精度。常用的衬垫材料有氯乙烯纤维滤膜、玻璃纤维滤膜和涂油的金属箔等。

3.2.3.3　级联冲击器的种类

级联冲击器的种类较多，以喷嘴形状、个数及捕集板的形式可以分为以下几种。

（1）单孔圆喷嘴级联冲击器。图 3-19 为单孔圆喷嘴级联冲击器（HA3 冲击器）的结构图，这类冲击器是由几级每段一个圆形喷嘴的冲击段组成的。捕集板是平板形式。如国产 YCJ-I 型飘尘粒度浓度测定仪和 YCJ-Ⅱ型冲击式粉尘粒级浓度测定仪也是单孔圆喷嘴级联冲击器。

（2）多孔圆形喷嘴冲击器。图 3-20 为多孔圆形喷嘴冲击器（Andersen Ⅲ型冲击器）的结构图。此类多孔冲击器由于体积上结构紧凑，能适用于高温，国内外已广泛应用于烟道粉尘粒径分布的测定。如 WY-I 型烟道冲击式粉尘分级仪及 YLF-I 型冲击式粉尘粒径分析仪等。

（3）狭缝形喷嘴冲击器。狭缝形喷嘴冲出的气流中所含的尘粒，由旋转圆鼓形冲击板收集。

级联冲击器能够不破坏粉尘在分散介质中的原始状态而直接测定其原始状态下的粒径分布。其结构简单、紧凑、维护使用方便、体积小而且收集性能稳定，并且具有自动分级的特点。但是也存在着“反弹”壁损失等缺点，导致二次粉尘飞扬和粉尘损失的误差。

3.2.4　粉尘分散度测定仪

图 3-21 为 MD-Ⅰ粉尘分散度测定仪，它采用斯托克斯原理和比尔定律测定粉尘粒度分布（分散度）。该仪器的主要技术指标是：（1）粉尘粒度分布测定范围为 0~150μm（测定粉尘累积质量筛上分布，粉尘粒度分级为 150μm、100μm、80μm、60μm、50μm、40μm、30μm、20μm、10μm、8μm、7μm、6μm、5.4μm、3μm、2μm、1μm）；（2）测定误差 $d<40\mu m$ 时，粉尘粒度分布重复测定误差小于10%；（3）粉尘粒度测量误差（以 GBW（E）120004a 微粒标准物质为试验粉尘），$d_{50}=10\sim13\mu m$；（4）工作电源为 220V；（5）外形尺寸是 430mm×285mm×300mm；（6）质量是 15kg。

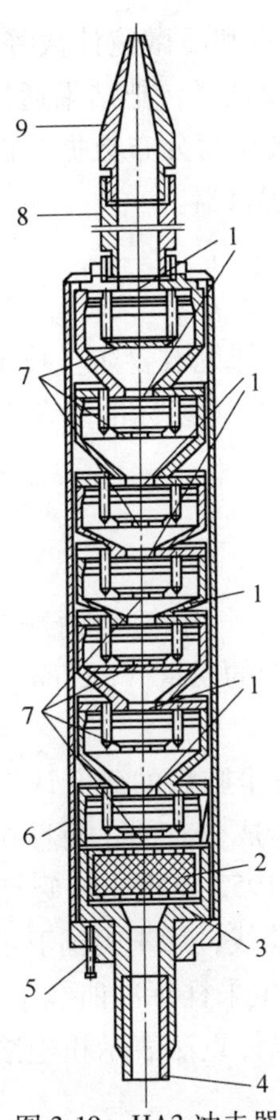

图 3-19 HA3 冲击器

1—单孔喷嘴；2—过滤器；3—顶盖；4—接管；5—螺栓；6—外壳；7—冲击板；8—进气口；9—采样嘴

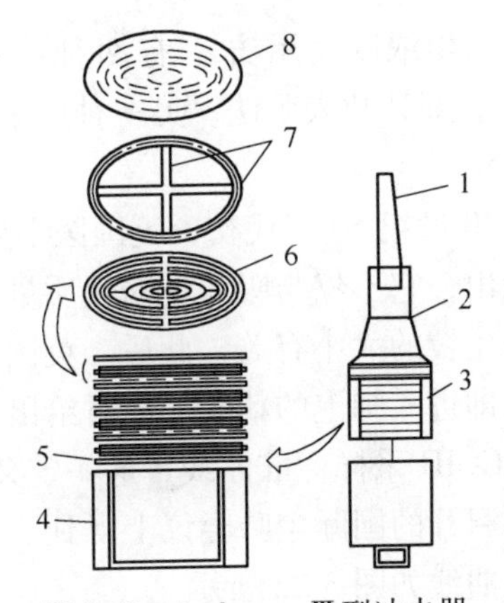

图 3-20 Andersen Ⅲ型冲击器

1—连接管；2—入口；3—芯段；4—板夹；5—后置过滤器；6—玻璃纤维集气片；7—分隔环；8—分级喷口（共 9 级）

图 3-21 MD-Ⅰ粉尘粒度测定仪

此仪器检测方法与常规方法相比，省去天平称重和显微镜计数等繁杂工作，读数直观，测定结果自动储存，也可由用户根据需要选择，把结果通过显示屏或打印机输出，仪器具有断电保护功能，可储存40次粒度分布数据，储存的数据可根据用户意图进行消除，是粉尘实验室使用的理想仪器。

3.3　粉尘浓度测定

为了评价工作场所粉尘对工人健康的危害状况、研究改善防尘技术措施、评价除尘器性能、检验排放粉尘浓度和排放量是否符合国家标准以及保护机电设备、防止粉尘爆炸等，均需对粉尘浓度进行测定。

3.3.1　粉尘浓度表示方法

粉尘浓度表示方法有两种：一种以单位体积空气中粉尘的颗粒数（颗/cm^3），即计数表示法；另一种以单位体积空气中粉尘的质量（mg/cm^3），即计重表示法。

20世纪50年代初，英国医学界通过流行病学对尘肺病的研究认识到尘肺病的缘由，它不仅与吸入的粉尘质量、暴露时间、粉尘成分有关，而且在很大程度上与尘粒的大小有关。此后，英国医学研究协会在1952年提出呼吸性粉尘的定义，即进入肺泡的粉尘，同时给出BMRC采样标准曲线，后来美国卫生家协会给出ACGIH采样标准曲线，这一定义和两种呼吸性粉尘采样标准曲线于1959年在南非召开的国际尘肺会议上得到认可，同时确定了以计重法表示粉尘浓度。采样标准曲线如图3-22所示。

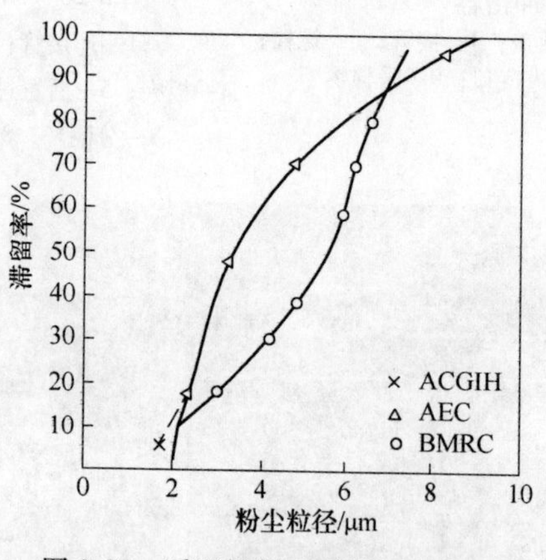

图3-22　呼吸性粉尘采样标准曲线

3.3.2　滤膜质量测尘法

目前中国规定的粉尘浓度测定方法是采用滤膜计重法。此法具有采样简便、操作快速及准确性较高的优点，在矿井下高湿环境或有水雾存在的情况下采样时，样品称量前应做干燥处理；在有油雾的空气环境中采样时，可用石油醚除油，再分别计算粉尘浓度和油雾浓度。

3.3.2.1　原理

抽取一定体积的含尘空气，将粉尘阻留在已知质量的滤膜上，由采样后滤膜的增量，求出单位体积空气中粉尘的质量（mg/m^3）。

3.3.2.2　器材

（1）采样器。采用经过国家防尘通风安全生产质量监督检验测试中心检验合格的，并经国务院所属部委一级单位鉴定的粉尘采样器。在需要防爆的作业场所采样时，用防爆型粉尘采样器，采样器并附带有采样支架。

（2）滤膜。滤膜测尘法是以滤膜为滤料的测尘方法。测尘用滤膜一般有合成纤维与硝化纤维两类。我国测尘用的是合成纤维滤膜。由直径1.25~1.5μm的一种以商分子化合物过氯乙烯制成的超细纤维构成物，所组成的网状薄膜孔隙很小，表面成细绒状，不易破裂，具有静电性、憎水性、耐酸碱和质量轻等特点，纤维滤膜质量稳定性好，在低于55℃的气温下不受温度变化影响。当粉尘浓度低于$50mg/m^3$时，用直径为40mm的滤膜；高于$50mg/m^3$时，用直径为75mm的滤膜。当过氯乙烯纤维滤膜不适用时，改用玻璃纤维滤膜。

（3）采样头、滤膜夹及样品盒。采样头一般采用武安Ⅲ型采样头（见图3-23），可用塑料或铝合金制成，滤膜夹由固定盖、锥形环和螺丝底座组成。滤膜夹及样品盒用塑料制成。

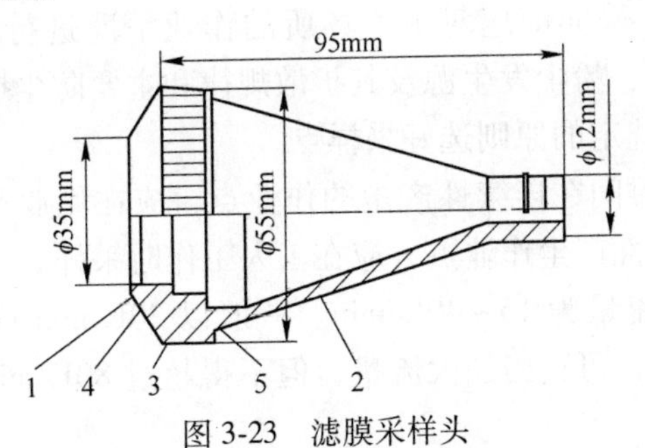

图3-23　滤膜采样头

1—顶盖；2—漏斗；3—固定盖；4—锥形环；5—螺丝底座

（4）气体流量计。常用15~40L/min的转子流量计，也可用涡轮式气体流量计，需要加大流量时，也可用40~80L/min的上述流量计，其精度为±2.5%。流量计至少每半年用钟罩式气体计量器、皂膜流量计或精度为±1%的转子流量计校正一次。若流量计管壁和转子有明显污染时应及时清洗校正。

（5）天平。用感量为0.0001g或0.00001g的分析天平，按计量部门规定每年检定一次。

（6）秒表或相当于秒表的计时器。

（7）干燥器内盛变色硅胶。

3.3.2.3　测定步骤

（1）采样前的准备。

1）称量滤膜用镊子取下滤膜两面的夹衬纸，将滤膜置于天平上称量至恒重（相邻两次的质量差不超过0.1mg）。编号（可按滤膜夹号）、记录质量。

2）滤膜的固定滤膜夹应先用酒精棉球擦净。

①旋开滤膜夹的固定盖，用镊子夹取已称量的滤膜毛面向上平铺在锥形环上，再将固定盖套上并拧紧；

②检查固定的滤膜有无褶皱或裂隙，若有时应重新固定；

③将装好的滤膜放入带有编号的样品盒内备用；

3）直径75mm滤膜（漏斗形）的固定。

①旋开滤膜夹的固定盖；

②用镊子将滤膜对折两次成90°角的扇形，然后张开成漏斗状，置于固定盖内，使滤膜紧贴固定盖的内锥面；

③用锥形环压紧滤膜的周边，将螺丝底座拧入固定盖内，如滤膜边缘超出固定盖的内锥面脱出时，则应重装；

④用圆头玻璃棒将滤膜漏斗的锥顶推向下压紧，形成滤膜漏斗；

⑤检查安装的滤膜有无漏隙，若有应重装。

（2）将装好的滤膜夹放入带有编号的样品盒内备用。

（3）现场采样。采样前应对生产场所的作业情况进行调查，对工艺流程、生产设备、操作方法、粉尘发生源及其扩散规律和主要防尘措施等进行了解。

1）根据采样点选定的原则选好采样点。

2）采样开始的时间在连续性产尘的作业点，应在作业开始30min后粉尘浓度稳定时采样。阵发性产尘作业点，应在工人工作时采样。

3）采样的常用流量为15~40L/min。一般以20L/min或25L/min的流量采样，粉尘浓度较低时，可适当加大流量，但不得超过80L/min。在整个采样过程中，流量应稳定。

4）采样的持续时间根据采样点的粉尘浓度估计值及滤膜上所需粉尘增量的最低值确定采样的持续时间，一般不得小于10min（当粉尘浓度高于10mg/m^{3}时，采气量不得小于0.2m^3；低于2mg/m^{3}时，采气量为0.5~1m^3），采样的持续时间一般按式（3-13）估算：

$$t \geqslant \frac{\Delta m \times 1000}{C q_{\mathrm{v}}} \tag{3-13}$$

式中，t为采样持续时间，min；Δm为要求的粉尘增量，其质量应大于或等于

1mg；C 为作业场所的估计粉尘浓度，mg/m^3；q_v为采样时的流量，L/min。

5）采样。

①架设采样器，将已准备好的滤膜夹从样品盒中取出，放入采样头内，拧紧顶盖，安装在采样器上，再将采样器固定在采样支架上。采样器距地面1.5m左右，采样时滤膜的受尘面应迎向含尘气流。当迎向含尘气流无法避免飞溅的泥浆、砂粒对样品的污染时，受尘面可以侧向；

②检查采样器、流量计和采样接头的连接部分的气密性；

③开动采样器并校准流量值；按设定的流量采样，同时计时器计时，在采样过程中要保持流量稳定；

④根据现场情况，按照采气量的要求确定采样时间，采样终止，关闭“电源开关”记录采样的流量和时间，采集在滤膜上的粉尘增量直径为40mm滤膜上的粉尘增量不应少于1mg，但不得多于10mg，直径为75mm的滤膜应做成锥形漏斗进行采样，其粉尘增量不受此限；

⑤采样结束后，轻轻地拿下采样头，再由采样头内取出滤膜夹，将受尘面向上，小心放入样品盒中，带回实验室进行称量分析；

⑥采样记录：采样时应对采样日期、采样地点、样品编号、采样流量及时间、生产工艺、作业环境、尘源的特点、防尘措施的使用情况以及个体防护措施等进行详细记录。

（4）采样后样品的处理。

1）用镊子小心地将滤膜取下，一般情况下不需要干燥处理，可直接放在规定的天平上称量至“恒重”，记录质量，取其较小值进行计算。

2）如果采样时现场的相对湿度在90%以上或有水雾存在时，应将滤膜放在干燥器内干燥2h后称量，记录测定结果，称量后再放入干燥器中干燥30min，再次称量。当相邻两次的质量差不超过0.1mg时，取其最小值。

3）当采样地点空气中有油雾存在时，应将滤膜进行除油处理，分别计算出粉尘及油雾的浓度。

3.3.2.4　粉尘浓度计算

粉尘浓度按公式（3-14）计算：

$$C = \frac{m_2 - m_1}{q_v t} \times 1000 \tag{3-14}$$

式中，C 为粉尘浓度，mg/m^3；m_1为采样前滤膜的质量，mg；m_2为采样后滤膜的质量，mg；t 为采样时间，min；q_v为采样流量，L/mim。

在进行试验研究的现场调查中，一般需要进行平行样品的采样。两个平行样品间的浓度偏差应小于20%为有效结果，并取其平均值作为该采样点的粉尘浓度。

平行样品间的偏差按公式（3-15）计算：

$$平行样品间的偏差 = \frac{a - b}{(a + b)/2} \times 100\% \tag{3-15}$$

式中，a，b 为平行样品各自的粉尘浓度。

3.3.2.5 滤膜测尘的除油方法

在矿山测尘中，由于凿岩机喷散出大量机油，会使滤膜采样后称量所得的结果偏大，需要将滤膜除油后，才能得到粉尘的真实增重。需用的滤膜除油方法有以下两种。

A 石油醚除油法

（1）原理：将采集有粉尘和机油的滤膜经石油醚处理去除机油，干燥后称量，测定出粉尘和机油的质量，再换算出粉尘和机油的浓度。

（2）试剂和器材：石油醚（沸点 30~60℃）、250mL 索氏提脂器、水浴锅、45mm^{2}塑料网若干块、曲别针、长镊子、滤纸、干燥器、天平。

（3）操作方法：

1）向索氏提脂器中加入 150~200mL 石油醚；

2）将称量后的含有机油的粉尘滤膜样品向内折叠一次，用塑料网包夹，再用曲别针固定；

3）将夹好的样品 20 个为一批放入装有石油醚的提脂器中；

4）将提脂器放在水浴锅上，调节水温，控制在 60℃左右，使石油醚蒸发循环；

5）经石油醚循环 2~3 次处理后，用长镊子将样品取出，放在滤纸上；

6）取下塑料网，待滤膜稍干后，放在干燥器中 30min 进行称量。

（4）粉尘和油雾浓度的计算。

$$粉尘和油雾的总浓度 = \frac{采样后薄膜质量(mg) - 采样前薄膜质量(mg)}{样本流量(L/min) \times 样本时间(min)} \times 100\% \tag{3-16}$$

$$粉尘浓度 = \frac{除油后薄膜质量(mg) - 采样前薄膜质量(mg)}{样本流量(L/min) \times 样本时间(min)} \times 100\% \tag{3-17}$$

$$机油浓度 = 粉尘和油雾的总浓度 - 粉尘浓度$$

B 汽油除油法

（1）原理：将采集有粉尘和机油的滤膜经汽油处理除去机油，称量至恒重换算出粉尘的浓度。

（2）试剂与器材：120 号溶剂汽油、定性滤纸称量瓶（ϕ50mm×30mm）、天平、弯头止血钳子、镀铬镊子、玻璃板（150mm×150mm）、秒表。

（3）操作方法：

1）将120号汽油用定性滤纸过滤；

2）取三个干净的称量瓶编号，倒入适量的汽油；

3）用镊子和止血钳将采有粉尘和机油的滤膜对折三次，再用止血钳子将折好的滤膜边缘夹紧，分别在1号和2号装有汽油的称量瓶中各摇动2min；

4）将除油的滤膜放在玻璃板上，用镊子打开滤膜，让汽油自行挥发，30min后在天平上称量；

5）再将第一次除油的滤膜按上述方法，在第3号称量瓶中进行第二次除油、挥发、称重直到达到恒重为止，即可计算出粉尘浓度。

3.3.2.6 注意事项

（1）为了提高采气量的精度，在采样前应先用试滤膜进行对所需采样流量的调节，待调好后再换上已称量的滤膜采样。

（2）在现场采样前检查采样系统是否漏气。可采用简易方法，即用手掌堵住装有滤膜的采样头进气口（注意勿使滤膜破裂或受到污染），在抽气条件下流量计的转子即刻回到静置状态，否则表示有漏气现象。

（3）采样前后的滤膜如被污染或粉尘掉落时，应作废并重新安设滤膜和采样。

（4）采样前后滤膜的称量所使用的天平，砝码均应相同。

（5）滤膜在采样前后的称量间隔时间应尽量缩短，以免因环境条件的变化影响测定结果的准确。

（6）因滤膜具有较强的静电性，滤膜在采样前后称量时，应使用滤膜静电消除器，先进行除静电后再称量。

3.3.3 压电晶体差频法

石英体差频粉尘测定仪以石英谐振器为测尘传感器，其工作原理示意图如图3-24所示。空气样品经粒子切割器剔除粒径大的颗粒物，欲测粒径范围小的颗粒物进入测量气室。测量气室内有高压放电针、石英谐振器及电极构成的静电采样器，气样中的粉尘因高压电晕放电作用而带上负电荷，继之在带正电荷的石英谐振器表面放电并沉积，除尘后的气样流经参比室内的石英谐振器排出。因参比石英谐振器没有集尘作用，当没有气样进入仪器时，两振荡器固有振荡频率相同（$f_1=f_2$）$\Delta f=f_1-f_2=0$。无信号输出到电子处理系统，数显屏幕上显示零。当有气样进入仪器时，则测量石英振荡器因集尘而质量增加，使其振荡频率（f_1）降低，两振荡器频率之差（Δf）经信号处理系统转换成粉尘浓度并在数显屏幕上显示。测量石英谐振器集尘越多，振荡频率（f_1）降低也越多，二者具有线性关系，即

$$\Delta f = K \times \Delta M \tag{3-18}$$

式中，K 为由石英体特性和温度等因素决定的常数；ΔM 为测量石英体质量增值，即采集的粉尘质量，mg。

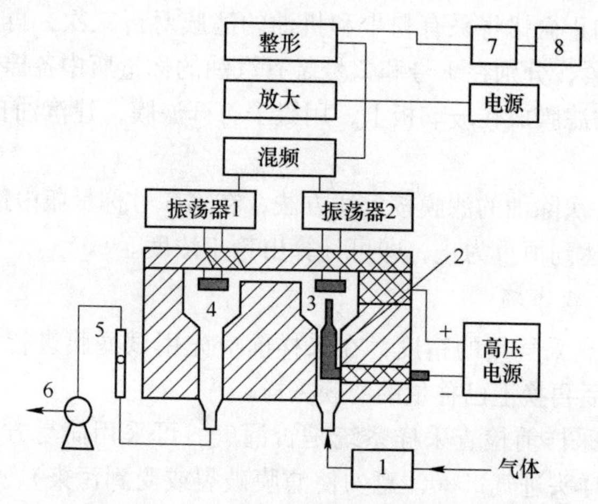

图 3-24　石英晶体粉尘测定仪工作原理图

1—粒子切割器；2—放电针；3—测量石英谐振器；4—参比石英谐振器；5—流量计；6—抽气泵；7—浓度计算器；8—显示器

如空气中粉尘浓度为 c（mg/m^3），采样流量为 Q（m^3/min），采样时间为 t(min),则：

$$\Delta M = c \cdot Q \cdot t \tag{3-19}$$

代入式（3-18）得：

$$c = (1/K) \cdot \Delta f/(Q \cdot t) \tag{3-20}$$

因实际测量时 Q、t 值均已固定，故可改写为：

$$c = A \cdot \Delta f \tag{3-21}$$

可见，通过测量采样后两石英谐振器频率之差（Δf），即可得知粉尘浓度。气用标准粉尘浓度气样校正仪器后，即可在显示屏幕上直接显示被测气样的粉尘浓度。

为保证测量准确度，应定期清洗石英谐振器。

图 3-25 所示为 MODEL3511 压电天平式数字粉尘计，该仪器对 0.005μg 的超微少量浮游粒子物质也有很高的感度，即使在低浓度环境下测试，仅用 120s 的采样时间就能得出正确的测试值。它是一种测试精度高，并且便于短时间测试的粉尘质量浓度计，真正实现了用称重法进行浮游粉尘

图 3-25　MODEL3511 压电天平式数字粉尘计

质量浓度的实时测试。

3.3.4 光电法

光电法是将光线通过含尘气流使光强变化的一种方法。检测原理包括白炽灯透射、红外光透射、光散射、激光散射等。本节以光散射法为例介绍光电法。

光散射法测尘仪是基于粉尘颗粒对光的散射原理设计而成的。其原理如图 3-26 所示，在抽气动力作用下，将空气样品连续收入暗室，平行光束穿过暗室，照射到空气样品中的细小粉尘颗粒时，发生光散射现象，产生散射光。颗粒物的形状、颜色、粒度及其分布等性质一定时，散射光强度与颗粒物的质量浓度成正比。

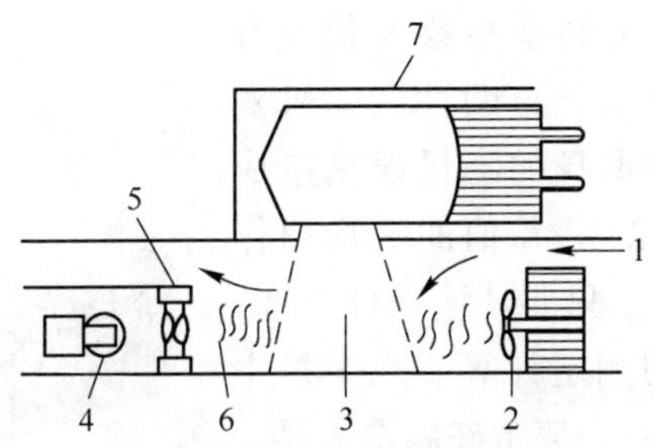

图 3-26 光散射法测尘仪

1—被测空气；2—风扇；3—散射光发生区；
4—光源；5—暗箱；6—光束；7—光电倍增管

散射光经光电传感器转换成微电流，微电流被放大后再转换成电脉冲数，利用电脉冲数与粉尘浓度呈正比的关系便能测定空气中粉尘的浓度。

$$c = K(R - B) \tag{3-22}$$

式中，c 为空气中 PM10 的质量浓度，mg/m^3，采样头装有粒子切割器；R 为仪器测定颗粒物的测定值-电脉冲数，R= 累计读数/t，即 R 是仪器平均每分钟产生的电脉冲数，t 为设定的采样时间（min）；B 为仪器基底值（仪器检查记录值），又称暗计数，即无粉尘的空气通过时仪器的测定值，相当于由暗电流产生的电脉冲数；K 为颗粒物质量浓度与电脉冲数之间的转换系数。

当被测颗粒物质量浓度相同，而粒径、颜色不同时，颗粒物对光的散射程度也不相同，仪器测定的结果也就不同。因此，在某一特定的采样环境中采样时，必须先用重量法与光散射法所用的仪器相结合，测定计算出 K 值。这相当于用重量法对仪器进行校正。光散射法仪器出厂时给出的 K 值是仪器出厂前厂方用标准粒子校正后的 K 值，该值只表明同一型号的仪器 K 值相同。仪器的灵敏度一致，不是实际测定样品时可用的 K 值。

实际工作中 K 值的测定方法是在采样点将重量法、光散射法测定所用相同采样器的采样口放在采样点的相同高度和同一方向，同时采样 10min 以上，根据式

(3-22)，用两种仪器所得结果或读数如下计算 K 值。

$$K = \frac{C}{R - B} \tag{3-23}$$

式中，C 为重量法测定 PM10 的质量浓度值（mg/m^3）；R 为光散射法所用仪器的测量值，电脉冲数。

例如，用滤膜重量法测得某现场颗粒物质量浓度 $C=1.5mg/m^3$，用 P-5 型光散射法仪器同时采样测定，仪器读数为 1260（电脉冲数），已知采样时间为 10min，$B=3$（电脉冲数），则：

$R=1260/10=126$（电脉冲数）$K=1.5/(126-3)=0.012$

有时，可能由于颗粒物诸多性质不同，在同一环境中反复测定的转换系数 K 值也有差异，这主要是由于粉尘颗粒的性质随机发生变化，即仪器显示值本身的随机误差造成的。因此，应该取多次测定 K 值的平均值作为该特定环境中的 K 值。只要环境条件不变，该 K 值就可用于以后的测定计算。产生粉尘的环境条件及物料变化时，要重新测定 K 值。

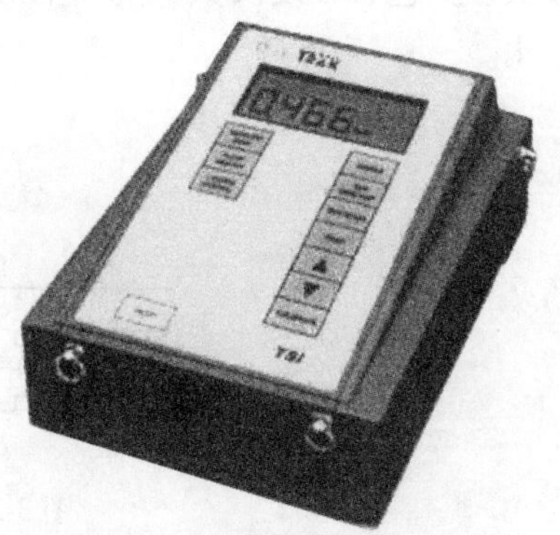

图 3-27　美国 TSI 粉尘测定仪

图 3-27 为美国 TSI 粉尘测定仪，运用 90° 直角光散射的测量原理，测量范围为 0.001～100mg/m^3，粒径范围为 0.1～10μm，分辨率为 0.001mg/m^3，流量范围为 1.4～2.4L/min，所需环境温度为 10～50℃，环境湿度为 0～95%rh（无冷凝水）。

3.3.5　β 射线吸收法

该测量方法基于的原理是让 β 射线通过特定物质后，其强度将衰减，衰减程度与所穿过的物质厚度有关，而与物质的物理、化学性质无关。β 射线测尘仪的工作原理如图 3-28 所示。

它是通过测定清洁滤带（未采尘）和采尘滤带（已采尘）对 β 射线吸收程度的差异来测定采尘量的。因采集含尘空气的体积是已知的，故可得知空气中含尘浓度。

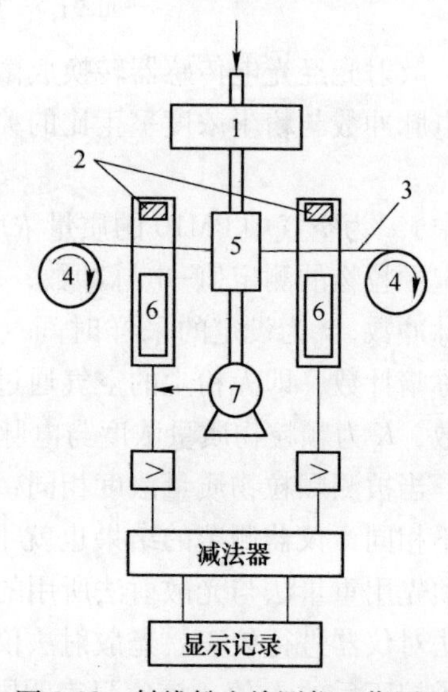

图 3-28　射线粉尘检测仪工作原理

1—大粒子切割器；2—射线源；3—玻璃纤维滤带；4—滚筒；5—集尘器；6—检测器（技术管）；7—抽气泵

设两束相同强度的β射线分别穿过清洁滤带和采尘滤带后的强度为N_0（计数）和N（计数），则二者关系为：

$$N = N_0^{-K \cdot \Delta M} \text{ 或 } \ln(N_0/N) = K \cdot \Delta M \tag{3-24}$$

式中，K为质量吸收系数，cm^2/mg；ΔM为滤带单位面积上粉尘的质量，mg/cm^2。

上式经变换可写成如下形式：

$$\Delta M = (1/K)\ln(N_0/N) \tag{3-25}$$

设滤带采尘部分的面积为S，采气体积为V，则空气中含尘浓度c为：

$$c = (\Delta M \cdot S)/V = [S/(V \cdot K)]\ln(N_0/N) \tag{3-26}$$

式（3-26）说明当仪器工作条件选定后，气样含尘浓度只决定于β射线穿过清洁滤带和采尘滤带后的两次计数的比值。从公式可以看出，其工作原理与双光束分光光度计有相似之处。β射线源可用^{14}C、^{60}Co等；检测器采样计数管对放射性脉冲进行计数，反映β射线的强度。

3.3.6 个体呼吸性粉尘检测

呼吸性粉尘采样流量与采样位置大体分为两种：佩戴式个体粉尘采样及定点粉尘采样。

个体测尘技术是国际上20世纪60年代以来发展起来的评价作业场所粉尘对工人身体危害程度的一种测定方法。由佩戴在工人身上的个体采样器连续在呼吸带抽取一定体积的含尘气体，测定工人一个工作班的接触粉尘浓度或呼吸性粉尘浓度。个体采样器若测定个人接触浓度，所捕集的应为工人呼吸区域内的总粉尘粒子；若测定呼吸性粉尘浓度，所捕集的应为空气动力学直径在7.07μm以下的粉尘粒子。目前国际上普遍采用的呼吸性粉尘卫生标准有ACGIH和BMRC两种，因此在测定呼吸性粉尘浓度时，个体采样器必须带有符合上述要求的采样器入口及分粒装置。个体采样器主要由采样头、采样泵、滤膜等组成。采样头是个体采样器收集粉尘的装置，主要由入口、分粒装置（测定呼吸性粉尘时用）、过滤器三部分组成。采样器入口将呼吸带内满足总粉尘卫生标准的粒子有代表性地采集下来。分粒装置将采集的粒子中非呼吸性粉尘阻留。其余部分，即呼吸性粉尘由过滤器全部捕集下来。分粒装置主要有以下形式。

（1）旋风分离器。如图3-29所示，含尘气流由入口圆筒，变为旋转气流。在离心力作用下，大颗粒被抛向管壁而落入大粒子收集器。气流继续向下运动至收缩锥部挟带小粒子沿旋流核心上升，这些小粒子最终被滤膜捕集。改变入口气流速度，可分离不同粒径的粒子。

（2）冲击式分离器。如图3-30所示。气体由喷孔高速喷出。在冲击板上方气流弯曲，大粒子由于惯性而脱离流线被冲击板捕集，而小粒子则随气流运动，

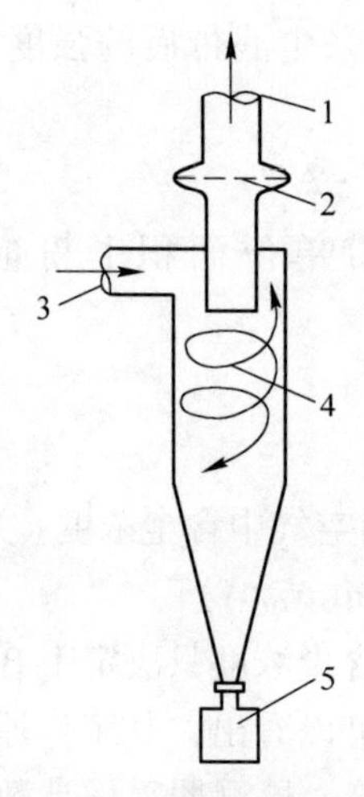

图 3-29 旋风分离器

1—气体出口；2—滤膜；3—气体入口；4—气流线；5—大粒子收集器

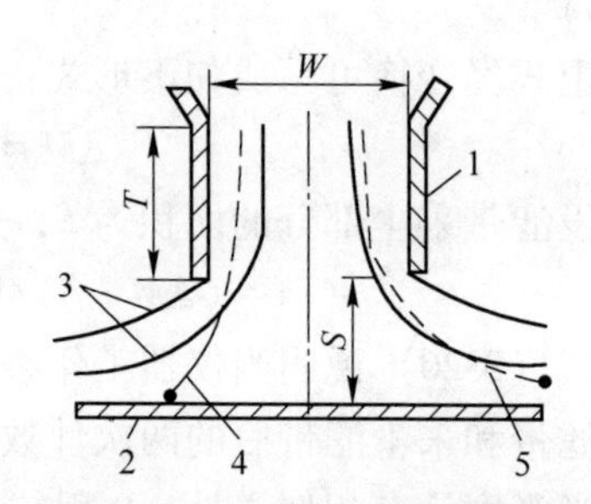

图 3-30 冲击式分离器

1—喷孔；2—捕集板；3—气流线；4—被捕集的粒子轨迹；5—不能捕集的小粒子轨迹

最终被滤膜捕集。

采样头必须经过严格的实验室标定及检验，它包括使用目前国际上普遍应用的单分散标准粒子对分粒装置进行标定，对采样器入口效率以及测量一致性等进行检验。接触的粉尘浓度 C 按式（3-14）计算，如计算呼吸性粉尘浓度，只需将滤膜上粉尘量代入式（3-14）的分子中即可。

3.3.7 定点呼吸性粉尘检测

定点粉尘采样是指在一个工作班的正常生产条件下，确定固定采样位置进行采样。各国根据本国的实际经验确定采样点，如英国煤矿将采样点定在距采煤工作业面 70m 的回风巷道处。日本规定在作业场所中轴线上分为 10 个以上等距离分界点进行采样。定点采样流量依具体情况而不同，有的选用采样流量为 20L/min 或 10~15L/min 或使用小流量 2L/min 的流量采样。

3.3.7.1 水平淘析器质量法

A 原理

利用空气动力学原理在重力作用下，使呼吸性粉尘和非呼吸性粉尘分离，非呼吸性粉尘沉降在淘析板上，而呼吸性粉尘采集在滤膜上，可进行称量并计算出呼吸性粉尘浓度。

B 器材

（1）水平淘析采样器。

（2）分析天平：感量为 0.0001g 或 0.00001g。

（3）具有10h以上计时功能的计时器。

（4）55mm滤膜。

（5）滤膜夹（带托网），及滤膜盒。

（6）不锈钢小镊子。

（7）干燥器（装有变色硅胶）。

（8）记录本。

（9）十字头螺丝刀。

C 分析步骤

（1）采样前准备。

1）滤膜安装。在分析天平上准确称量直径为55mm的滤膜一张，并记录其质量，用干净的滤膜夹将滤膜夹紧。然后用十字头螺丝刀打开弧形门，旋松过滤器的翼形压环，将夹有滤膜的滤膜夹放入过滤器内。夹子上的小凹耳应朝上，调整好夹子的位置后，旋紧翼形压环，关上弧形门，并拧紧螺丝钉。

2）电池组安装。用钥匙打开采样器的前门，将充足电的电池插入采样器内的电池室，并将其插头插入采样器的插座内，迅速插到底，然后将止动弹簧片推到右边，并拧紧锁。

（2）现场采样。采样器处于水平位置，可通过采样器自身的水准泡来调整水平，并调到呼吸带高度，打开电源开关进行采样，同时计时并且观察流量计流量（2.5L/min）。采样结束时，再次检查流量，并记录连续采样时间。

（3）采样后的处理。将采样器平放在工作台上，轻轻擦拭采样器表面的粉尘，然后用十字螺丝刀打开弧形门，把翼形压环松到底，仔细地将滤膜夹从过滤器中取出来，再从滤膜夹里用小镊子取下滤膜，然后放置分析天平上称至恒重。

D 计算

利用式（3-14）计算粉尘浓度。

E 注意事项

（1）采样器在未装滤膜情况下不得开机。

（2）采样时采样器一定要保持水平，不得倾斜，携带时避免碰撞、振动。

（3）采样前要旋紧螺丝及上好锁，避免采样时打开影响测定。

（4）取滤膜时，拧翼形压环时，不可用力过猛，以免引起振动。

（5）使用完采样器后，应清擦仪器内外，并将电池组取下充足电，便于下次使用。

3.3.7.2 惯性撞击器质量法

A 原理

抽取一定体积的含尘空气，通过惯性撞击方式的分粒装置将较粗大的尘粒撞击在涂抹硅油的玻璃捕集板上，而通过玻璃捕集板周围的微细尘粒，则阻留在纤维滤膜上，由采样后的玻璃捕集板及滤膜上的增量，计算出单位体积空气中呼吸性粉尘和总粉尘的质量（mg/m^3）。

B 器材

（1）采样器：采用检验合格的采样器。

（2）采样头：惯性撞击式采样头。特性符合“BMRC”曲线，采样头前级捕集效率大于7.07μm为100%，5μm为50%，2.2μm为10%。

（3）捕集板：呈圆形无色玻璃捕集板。

（4）滤膜：直径为40mm过氯乙烯纤维滤膜。

（5）天平：感量不低于0.0001g的分析天平，有条件时最好用感量为0.00001g的分析天平。

（6）硅油：国产7501真空硅脂。

（7）秒表或相当于秒表的计时器。

（8）干燥器内盛有变色硅胶。

（9）牙科用弯头镊子。

C 测定前准备及现场采样

（1）“分粒装置”的准备。将分粒装置内壁用无水乙醇擦干净，并晾干放在洁净的器皿中。

玻璃捕集板的清洗及涂抹硅油的方法如下：

1）玻璃捕集板的清洗。首先将玻璃捕集板放置中性洗涤液中浸泡，除去污物，用蒸馏水进行冲洗，再用95%乙醇或无水乙醇脱脂棉球擦净，晾干。

2）玻璃捕集板涂抹硅油。用清洁的牙科弯头镊子的一侧尖部，蘸取约1~2mg的硅油，滴在玻璃捕集板中央；使镊子头部与捕集板成平行，将硅油滴由中间向外扩张涂抹，涂抹范围的直径15mm左右，使捕集板边缘距摊开的硅油外缘4~5mm；因硅油的黏度很高，刚涂抹后有不均匀现象，应放置4h以上，捕集板表面上的硅油，随时间的延长而扩散平滑均匀，因此向玻璃捕集板涂抹硅油工作，应在采样前一天进行，但必须注意使其不受污染。

玻璃捕集板及滤膜的安装方法如下：

1）玻璃捕集板的固定。将已涂好硅油的玻璃捕集板，用镊子夹取，迅速放在天平称量上至恒重，并记录后再将捕集板（涂油面向上）小心地安放在分粒装置前部的冲突台上，压紧金属卡环，使其固定。

2）滤膜的安装。将直径40mm的纤维滤膜用镊子取下两面的夹衬纸，置于天平称量上称量至恒重，记录后将滤膜装入金属的滤膜中央夹紧，安装在分粒装置底座的金属网上，将冲突台部分与底座螺旋旋紧，盖上保护盖即可带到现场进行采样。

（2）现场采样。

1）选好采样地点，将采样器安装在支架上并调到呼吸带高度。然后将采样头安装在采尘器上，采样头进气口迎向含尘气流。

2）采样流量必须按规定 20L/min 设置进行采样，在采样过程中，要保持流量的稳定。

3）采样时间根据现场的粉尘种类及作业情况而定，一般采样时间为 20～25min，浓度较高的煤尘可采 3～5min。

D 采样后样品的称量及计算

（1）采样结束后，应小心取下分粒装置，将进气口上防护罩盖好，轻轻地直立，放入样品箱中。带回实验室后一般不需干燥处理，可直接放在天平上分别进行捕集板和滤膜采样后的称量，并记录质量。如果采样现场的相对湿度在 90%以上，或有水雾存在时应进行干燥处理后再称量至恒重。

（2）粉尘浓度计算。

1）呼吸性粉尘浓度的计算采用式（3-14）。

2）总粉尘浓度 T 的计算公式如下：

$$T = \frac{(G_2 - G_1) + (f_2 - f_1)}{q_V t} \tag{3-27}$$

式中，f_1 为采样前滤膜的质量，mg；f_2 为采样后滤膜的质量，mg；T 为总粉尘浓度，mg/m^3；G_1 为采样前捕集板的质量，mg；G_2 为采样后捕集板的质量，mg；q_V 为采样流量，20L/min；t 为采样时间，min。

E 注意事项

（1）玻璃捕集板要洗净擦干，涂抹硅油要适量，应在 0.5～5mg 的范围内，粉尘捕集效率不受影响。

（2）滤膜夹要清洗干燥，安装滤膜后要夹紧，防止采样时被气流抽出夹外，影响测定结果。滤膜上粉尘增量不可小于 0.5mg，也不得多于 10mg。

（3）采样头（分粒装置）擦洗可使用蒸馏水或无水乙醇膜脂棉球或纱布。

（4）到作业场所前后，要注意保护好样品，使其不受污染和掉落粉尘。

（5）采样流量必须是 20L/min，否则会改变采样头对粉尘的捕集效率而影响测定结果。

（6）采样头各部安装时，一定要旋紧螺旋，否则漏气时会改变分离曲线。

3.3.7.3 旋风分离器质量法

A 原理

抽取一定体积的含尘空气，通过粉尘采样头进气口时，沿切线方向进入采样头内壁，在锥形圆筒内产生离心力，粉尘粒子受离心力的作用，把粗大尘粒抛向器壁，由于粉尘本身的重力，落到采样头底部的接尘罐内。而离心后的微细尘粒则随气流，通过出气口时，被阻留在采样头上部安装的滤膜上，由采样后滤膜及接尘罐的增量，计算出单位体积空气中呼吸性粉尘和总粉尘浓度（mg/m^3）。

B　器材

（1）采尘器。采用检验合格的采样器，在需要防爆的作业场所采样时，用防爆型或本质安全型采样器。

（2）采样头。旋风离心式采样头，特性符合 BMRC 曲线。

（3）接尘罐。高为 23mm，直径 14mm。

（4）滤膜。采用直径 40mm 的过氯乙烯纤维滤膜。

（5）天平。感量不低于 0.0001g 的分析天平，有条件的可使用感量为 0.00001g 的分析天平。

（6）秒表或相当于秒表的计时器。

（7）干燥器。内盛有变色硅胶。

（8）牙科用弯头镊子。

C　测定方法

（1）采样头的准备。接尘罐的清擦、称量及安装方法如下。

1）用镊子夹取 95%酒精棉球，将接尘罐内外擦干净晾干；

2）将接尘罐在分析天平上称量至恒重，并记录质量；

3）将称量好的接尘罐，安放在采样器底部的底盒内；

（2）滤膜的称量安装。将直径 10mm 的滤膜，用镊子取下两面的夹衬纸，置于分析天平上称量至恒重，并记录质量。

（3）现场采样。

1）采样流量必须按规定 20L/min 设置而进行采样，在采样过程中要保持流量稳定；

2）采样时间为 10~20min，如遇粉尘浓度较高时可采样 3~5min；

3）采样结束后，小心地将旋风式采样头取下，轻轻地放入样品箱中，一般情况下不需要干燥处理，可直接放在天平上分别进行滤膜和接尘罐采样后的称量，并记录。

如果现场采样时的相对湿度在 90%以上或有水雾存在时应进行干燥处理后再称量至恒重，并进行计算。

D　粉尘浓度计算

（1）呼吸性粉尘浓度的计算采用式（3-14）。

（2）总粉尘浓度的计算采用式（3-27）。

E　注意事项

（1）接尘罐和滤膜夹要擦净晾干，滤膜夹安装时，要将滤膜压紧，以免在采样过程中抽出。

（2）旋风式采样头的离心圆筒在每次采样后要及时清擦，消除积尘后再使用。

（3）采样流量必须是 20L/min，否则将改变旋风采样头对粉尘的捕集效率，影响测定结果。

（4）到作业场所采样前后，要注意保护好样品，使其不受污染和掉落粉尘。

3.4 粉尘中游离二氧化硅测定

粉尘的化学成分决定其对机体危害的性质和程度。其中游离状态的二氧化硅含量影响尤为严重。长期大量吸入含结晶型游离二氧化硅的粉尘将引起矽肺病。粉尘中游离二氧化硅的含量越高，引起病变的程度越重，病变的发展速度越快。本节仅介绍粉尘中的游离二氧化硅检测，粉尘中其他无机组分和有机组分的检测略。

测定粉尘中的游离二氧化硅有化学法和物理法。化学法采用焦磷酸重量法和碱熔钼蓝比色法。其中焦磷酸重量法国内应用普遍，其优点是适用范围广、可靠性较好，缺点是操作程序繁琐、花费时间。碱熔钼蓝比色法灵敏度较高，但应用范围有一定局限性。物理法如 X 射线衍射法和红外分光光度法。物理法不改变被分析样品的化学状态，需要的样品量很少，分析资料可以保存在图谱上，常用于定性鉴别化合物的种类，用于定量测定则有一定的局限性。

3.4.1 焦磷酸重量法

3.4.1.1 原理

硅酸盐溶于加热的焦磷酸而石英几乎不溶，以质量法测定粉尘中游离二氧化硅的含量。

3.4.1.2 器材与试剂

器材：

（1）硬质锥形烧瓶（50mL）。

（2）量筒（25mL）。

（3）烧杯（250~400mL）。

（4）玻璃漏斗（60°）。

（5）温度计（0~360℃）。

（6）玻璃棒（长 300mm，直径 5mm）。

（7）可调式电炉（0~1100W）。

（8）高温电炉（附温度控制 0~1100℃）。

（9）瓷坩埚或铂坩埚（带盖）。

（10）坩埚钳或尖坩埚钳。

（11）干燥器（内盛有变色硅胶）。

（12）抽滤瓶（1000mL）。

（13）玛瑙乳钵。

（14）慢速定量滤纸（7~9cm）。

（15）粉尘筛（200 目）。

试剂：

（1）焦磷酸试剂，将 85%磷酸试剂加热，沸腾至 250℃不冒泡为止，放冷后，置塑料试剂瓶中。

（2）氢氟酸。

（3）结晶硝酸铵。

（4）0.1mol/L 盐酸。

注：以上均为二级化学纯试剂。

3.4.1.3 采样

采集工人经常工作地点呼吸带附近的悬浮粉尘。按滤膜直径为 75mm 的采样方法以最大流量采集 0.2g 左右的粉尘，或用其他合适的采样方法进行采样；当受采样条件限制时，可在其呼吸带高度采集沉降尘。

3.4.1.4 分析步骤

（1）将采集的粉尘样品放在（105±3）℃烘干箱中烘干 2h，稍冷，储于干燥器中备用。如粉尘粒子较大，可先过 200 目粉尘筛，取筛下粉尘用玛瑙研钵研细至手捻有滑感为止。

（2）准确称取 0.1~0.2g 粉尘样品于 50mL 的锥形烧瓶中。

（3）若样品中含有煤、碳素及其他有机物的粉尘时，应放在瓷坩埚中，在 800~900℃下灼烧 30min 以上，使碳及有机物完全灰化，冷却后将残渣用焦磷酸洗后倒入锥形烧瓶中；若含有硫化矿物（如黄铁矿、黄铜矿、辉钼矿等）。应加数毫克结晶硝酸铵于锥形烧瓶中。

（4）用量筒取 15mL 的焦磷酸，倒入锥形烧瓶中，摇动搅拌使样品全部湿润。搅拌时取一支玻璃棒与温度计用胶圈固定在一起，玻璃棒的底部稍长温度计为 2mm 左右。

（5）将锥形烧瓶置于可调电炉上，迅速加热 245~250℃。保持 15min，并且用带有温度计的玻璃棒不断搅拌。

（6）取下锥形烧瓶，在室温下冷却到 100~150℃。再将锥形烧瓶放入冷水中冷却到 40~50℃。在冷却过程中，用加热（50~80℃）的蒸馏水稀释到 40~45mL。稀释时一边加水，一边用力搅拌混匀，使黏稠的酸与水完全混合。

（7）将锥形烧瓶内容物小心移入 250mL 或 400mL 的烧杯中。再用蒸馏水冲洗温度计、玻璃棒及锥形烧瓶。把洗液一并倒入 250mL 或 400mL 的烧杯中。并加蒸馏水稀释到 150~200mL，用玻璃棒搅匀。

（8）将烧杯放在电炉上煮沸内容物，同时将60℃玻璃漏斗放置1000mL抽滤瓶上，并在漏斗中放置无灰滤纸过滤（滤液中有尘粒时，须加纸浆），滤液勿倒太满，一般约在滤纸的2/3处。为增加过滤速度可用胶管与玻璃抽气管相接，利用水流产生负压加速过滤。

（9）过滤后，用0.1mol/L热盐酸（10mL左右）洗涤烧杯移入漏斗中，并将滤纸上的沉渣冲洗3~5次。再用热蒸馏水洗至无酸性反应为止（可用pH试纸检验）。如用铂坩埚时。要洗至无磷酸根反应后再洗三次，以免损坏铂坩埚。

（10）将带有沉渣的滤纸折叠数次，放于恒重的瓷坩埚中，在80℃的烘干箱中烘干，再放在高温电炉中炭化，炭化时要加盖并稍留一小缝隙。在炭化过程中滤纸在燃烧时应打开高温电炉门，放出烟雾后，继续加温在800~900℃中灼烧30min，待炉内温度下降到300℃左右时，取下瓷坩埚在室温下稍冷后。再放入干燥器中冷却1h，称至恒重并记录质量。

3.4.1.5 计算

$$w(SiO_2)_F = \frac{m_2 - m_1}{G} \times 100\% \tag{3-28}$$

式中，$w(SiO_2)_F$ 为游离二氧化硅的含量，%；m_1为坩埚质量，g；m_2为坩埚加沉渣质量，g；G为粉尘样品质量，g。

3.4.1.6 粉尘中含有难溶物质的处理

当粉尘样品中含有难以被焦磷酸溶解的物质时（如碳化硅、绿柱石、电气石、黄玉等），则需要用氢氟酸在铂坩埚中处理。其目的是将混于残渣中未被溶解的微量硅酸盐及其他有色金属氢化物的含量减掉，当用氢氟酸处理时，可使残渣中的游离二氧化硅（石英）变成四氟化硅挥发掉（即氢氟酸处理过程中的减重为游离二氧化硅的量）。其操作如下。

（1）向带有残渣的铂坩埚内（经灼烧至恒重后）。加入数滴1∶1硫酸，使之全部湿润残渣。

（2）加5~10mL 40%的化学纯氢氟酸（在通风柜内），稍加热使残渣中游离二氧化硅溶解。继续加热蒸发至不冒白烟为止（防止沸腾），再于900℃的温度下灼烧，干燥至恒重。

（3）计算。

$$w(SiO_2)_F = \frac{m_2 - m_3}{G} \times 100\% \tag{3-29}$$

式中，m_3为经氢氟酸处理后坩埚加沉渣质量，g；其他符号的含义同式（3-28）。

3.4.1.7 磷酸根（PO_4^{3-}）检验方法

（1）原理。

磷酸和钼酸铵在pH=4.1时，用抗坏血酸还原变成蓝色。

（2）试剂。

1）乙酸盐缓冲液（pH=4.1），取 0.025mol/L 乙酸钠溶液，0.1mol/L 乙酸溶液等体积混合；

2）1%抗坏血酸溶液（保存于冰箱）；

3）钼酸铵溶液：取 2.5g 钼酸铵溶于 100mL 的 0.05mol/L 硫酸中（临时配制）。

（3）检验方法。

1）测定时分别将 1%抗坏血酸溶液和钼酸铵溶液用乙酸盐缓冲液各稀释 10 倍；

2）取 1mL 滤液加上述溶液各 4.5mL 混匀，放置 20min，如有磷酸根离子则显蓝色。

3.4.1.8 注意事项

（1）粉尘样品中如含有硫化矿物时（如黄铁矿、黄铜矿、辉钼矿等），需在加焦磷酸溶解时，加少许结晶硝酸铵。在 120~170℃左右，硝酸铵分解对硫化物起氧化作用，同时冒出二氧化氮（NO_2）气体，在此温度保持 3~5min，使硫化矿物完全溶解。如所加硝酸铵量不够，可待温度冷至 100℃左右再补加硝酸铵继续加热，硝酸铵也可使有机物被氧化除去。

（2）粉尘样品中如含有碳酸盐时，在加热时因碳酸盐遇酸分解发生泡沫，要注意控制温度，缓慢加热，勿使作用太剧烈，以免样品损失。

（3）若样品为碳素粉尘，如煤、石墨、活性炭等，称量后需先在瓷坩埚中炭化，并在 900℃灼烧 30min，使有机物及碳完全烧掉，冷却后将残渣用焦磷酸洗入锥形瓶中，如焦磷酸太黏可加温到 40~50℃再用。

（4）焦磷酸溶解硅酸盐时，温度不得超过 250℃，否则易形成胶状沉淀，影响测定。

（5）焦磷酸与水混合时应缓慢并充分搅拌，否则易形成胶状沉淀，使过滤困难。

（6）过滤时需用致密的无灰滤纸，如无致密的无灰滤纸或在滤液中见有白色的粉尘漏过时，可用较疏松的无灰滤纸做成纸浆倾在漏斗中放好的滤纸上，纸浆的制法是取一张无灰滤纸加 10mL 1∶1 盐酸，煮 5min 并捣烂，加水稀释到 200mL，搅拌悬浮液，可平均分配到漏斗上使用。

3.4.2 碱熔钼蓝比色法

用等量碳酸氢钠与氯化钠混合成混合熔剂。在坩埚中将粉尘与混合熔剂混匀，加热至 270~300℃时，碳酸氢钠发生热分解反应，转变成碳酸钠：

$$2NaHCO_3 \longrightarrow Na_2CO_3 + H_2O + CO_2\uparrow \tag{3-30}$$

加热至800~900℃时，碳酸钠与粉尘中的硅酸盐不作用，选择性地与粉尘中的游离二氧化硅反应，生成水溶性硅酸钠：

$$Na_2CO_3 + SiO_2 \longrightarrow Na_2SiO_3 + CO_2\uparrow \tag{3-31}$$

硅酸钠溶解于水中，而非碱金属的硅酸盐不溶于水，经过滤将不溶物分离掉。在酸性条件下，硅酸钠与钼酸铵作用形成黄色硅钼酸铵配合物。

$$Na_2SiO_3 + (NH_4)_2MoO_4 + H_2SO_4 \longrightarrow$$
$$[(NH_4)_2SiO_3 \cdot 8MoO_3] + (NH_4)_2SO_4 + H_2O + Na_2SO_4 \tag{3-32}$$
$$[(NH_4)_2SiO_3 \cdot 8MoO_3] + H_2SO_4 \longrightarrow$$
$$[Mo_2O_5 \cdot 2MoO_3]_2 \cdot H_2SiO_3 + (NH_4)_2SO_4 + H_2O \tag{3-33}$$

再用抗坏血酸（Vc）将其还原成硅钼蓝后用标准曲线法比色定量。自然界中的硅酸盐为非碱金属硅酸盐，不溶于水或弱碱溶液。

分析测定中的注意事项：

（1）混合熔剂中的氯化钠起到助熔剂的作用，800~900℃时为熔剂，它不参与反应。在高温下碳酸氢钠转变成碳酸钠，碳酸钠在氯化钠存在时，可以选择性熔融游离二氧化硅。实验证明，碳酸氢钠与等量的氯化钠混合使用，熔融效果最好。氯化钠过多，碳酸氢钠浓度下降，粉尘中的SiO_2熔融不完全；氯化钠太少时，硅酸盐也参与反应，测定结果偏高。

（2）熔融时间必须严格控制，当熔融物表面光亮如镜时，再保持加热2min，以利于游离二氧化硅充分反应；若时间过长，碳酸钠也可与粉尘中硅酸盐作用，使测定结果偏高。这是获得准确结果的关键测定步骤。

（3）熔融物冷却后，必须用5%碳酸钠溶液浸泡，溶解其中的硅酸钠。若用酸性溶液处理熔块，硅酸钠将水解形成胶体，不仅使过滤困难，而且测定结果偏低。

（4）过滤后，先用H_2SO_4溶液中和滤液中过剩的碳酸钠，并使硅酸钠生成硅酸，以利形成硅钼酸铵配合物。

（5）在测定条件下，可溶性硅酸盐、磷酸盐和砷酸盐均可与钼酸铵反应生成有色配合物而干扰测定，可用空白实验方法扣除干扰。实验时取部分粉尘按上述方法熔融处理后测定获得一个结果；另取部分粉尘不进行熔融处理进行测定获得另一个测定结果。从前一个结果中扣除后一结果，达到排除干扰的目的。

另外，镍坩埚对测定结果也有一定影响。因此，每次测定应作空白试验。Fe^{3+}、Fe^{2+}、Co^{2+}、Ni^{2+}、Cr^{3+}等有色离子会干扰测定，实验中在加入酸性钼酸铵后，加入适量酒石酸作为掩蔽剂，与它们形成无色配合物即可排除它们的影响。

3.4.3 X射线衍射法

X射线在通过晶体时产生衍射现象。用照相法或X射线探测器可记录产生的衍射花纹。由于每种晶体化合物都有其特异的衍线图样，因此只要将被测试样的衍射图样与已知的各种试样的衍射图谱相对照，就可定性地鉴定出体化合物的种类；而根据衍射图样的强度就可定量测定试样中体化合物的含量。

测定游离二氧化硅含量时用粉末法制样。将 200 目的均匀粉末置于玻璃毛细管中，装入粉末照相机内测定。

粉末照相机呈圆筒形，如图 3-31（a）所示。由 X 射线管发射的 X 射线束，透过滤光片后成为近乎单色的辐射束，通过细管准直，照射到样品体上，其中一部分 X 辐射被晶体中的原子散射。粉末中所有与入射线的夹角为 θ（该角决定于体的种类）的面放射的光束，在空间可连接成一个以入射线方向为轴，夹角为 4θ 的圆锥面。其他一定角度的散射可由其他方位的体产生，未被散射的辐射，通过出射细管射出照相机。散射线投射在衬有底片的相机内壁上，从而得出一对对的对称弧线组成的图样，如图 3-31（b）所示。

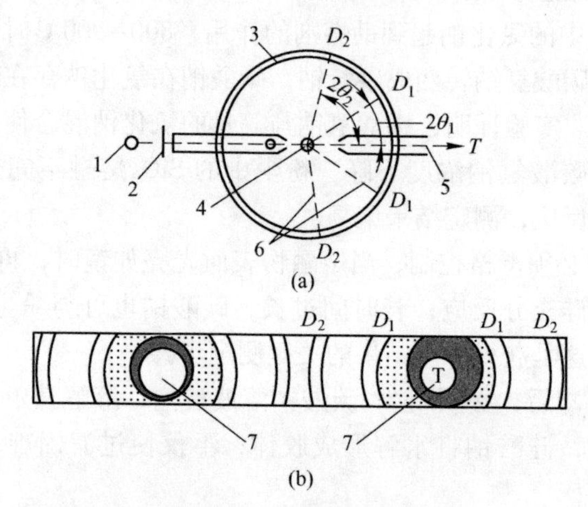

图 3-31 照相法示意图

（a）粉末照相机；（b）显影底片条

D_1，D_2，T—底片在照相机中的位置；1—X 射线管；2—滤光片；3—照相软片；4—样品；5—投射光束；6—衍射光束；7—照相软片上供入射和出射管用小孔

衍射图样的定性鉴定主要凭经验，可以根据纯晶体化合物的标准衍射图谱对照鉴别。对于定量测定，在试样组成简单的情况下，只需在同一条件下将未知试样与含量已知的样品中特定的衍射线的强度作比较即可定量；对组成复杂的样品，则需要根据积分强度的概念，用解方程式的方法计算。

3.4.4 红外分光光度法

红外分光光度法可用于样品的化学组成的分析和分子结构的研究。样品可以是无机物也可以是有机物，可以是气态、液态、固态或者溶液。

3.4.4.1 红外光谱分析的基本原理

光谱学是研究物质与电磁辐射相互作用的一门学科，按频率大小的次序，将电磁波排成一个谱，此谱称为电磁波谱。不同频率（波长）的电磁波，所引起的作用也不同，因此出现了各种不同的波谱法。其中红外吸收波谱，仅是电磁波谱中的一种。按红外波长的不同，可分为三个区域，即近红外区，波长在0.77~2.5μm；中红外区，其波长在2.5~25μm；远红外区，其波长在25~1000μm。红外光谱分析主要是应用中红外光谱区域。物质的分子是由原子或原子团（基团或官能团）组成的，在一个含有多原子的分子内。其原子的振动转动能级具有该分子的特征性频率。如果具有相同振动频率的红外线通过分子时，将会激发该分子的振动转动能级由基态能量跃迁到激发态，从而引起特征性红外吸收谱带，利用基团振动频率与分子结构具有一定相互关系，可确定该分子的性质，此即红外光谱的定性分析；特征性吸收谱带强度与该化合物的质量，一定范围内呈正相关，符合比尔·朗伯特定律，此即红外光谱的定量分析。

（1）红外分光光度计的结构及原理。红外分光光度计的设备已日趋完善。自动化水平也越来越高。现以日立270-30型及TJ270-30型红外分光光度计的基本原则和基本结构做一简单介绍。该类型红外分光光度计是基于计算机直接比例记录的基本原理而进行工作（见图3-32）。由光源发出的光（碳化硅棒）被分为对称的两束，一束通过样品，称为样品光（S），另一束作为基准用，称为参比光（R），这两束光通过样品室进入光度计后，被一个以每秒十周旋转着的扇形镜所调制，形成交变光信号，然后合为一路，并交替地通过入射狭缝而进入单色器中，在单色器中，离轴抛物镜将来自入射狭缝的光束转变为平行光投射在光栅上，经光栅色散并通过出射狭缝之后，被滤光片滤出高级次光谱，再经椭球镜而聚焦在探测器的接收面上。探测器将上述的交变光信号转换为相应的电信号，经过放大器进行电压放大后，馈入A/D转换单元，将放大电信号转换为相应的数字量，然后进入数据处理系统的计算单元中去。

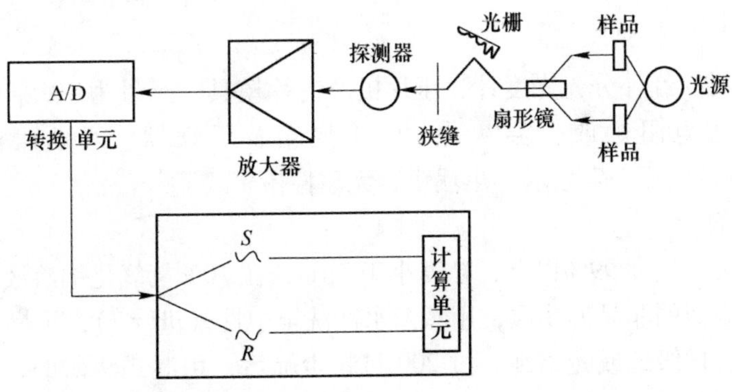

图3-32 红外分光光度计的基本结构示意图

在计算机单元中，运用同步分离原理，将被测信号中的基频分量（*R-S*）和倍频分量（*R+S*）分离开来，再通过解联立方程求出 *R* 和 *S* 的值，最后再求出 *S/R* 的比值。这个比值表示被测样品在某一固定波数位置的透过率值。这个透过率值可以通过仪器的终端显示器显示出来，也可运用终端绘图打印装置记录下来。当仪器从高波数至低波数进行扫描时，就可连续地显示或记录被测样品的红外吸收光谱。

（2）通过介绍红外分光光度计的工作原理，就可以了解该仪器的基本结构，大体上分为三大系统：光学系统、机械系统和数据处理系统。

1）光学系统包括光源室、样品室、光度计、单色器。

光源室：由平面镜和球面镜以及光源组成，光源长 18mm，直径 306mm，其灯丝是由一种耐高温的合金丝烧制而成。光源点燃时，温度可达 1150℃。

光度计：主要是参比光束和样品光束在空间上合为一路，而在时间上互相交替地进入单色器中。

单色器：采用李特洛型光栅-滤光片单色器。由入射狭缝、平面镜、抛物反射镜、光栅、射出狭缝组成。一块闪耀光栅覆盖整个波段，光栅刻线为 66. 6 条/mm，其闪耀波长分别为 3mm。

2）机械系统波数驱动系统，狭缝宽度控制机构，滤光片切换机构，$4000cm^{-1}$位置检出机构。

3）数据处理系统由专门编制的红外分光光度计操作系统程序及其高分辨率彩色显示器、打印仪等组成，具备自动控制和数据处理功能。

3. 4. 4. 2　红外分光光谱法在游离二氧化硅测定中的运用

A　原理

生产性粉尘中常见的 α-石英。α-石英在红外光谱中于 12. 5（$800cm^{-1}$）、12. 8（$780cm^{-1}$）及 14. 4（$695cm^{-1}$）处出现特异性的吸收谱带，在一定范围内其吸光度值与 α 石英质量呈线性关系，符合比尔·朗伯特定律。

B　器材与试剂

（1）器材。红外分光光度计、压片机及锭片模具、感量为 $10^{-5}g$ 或 $10^{-6}g$ 分析天平、箱式电阻炉或低温灰化炉、干燥箱及干燥器、玛瑙研钵、200 目（0. 074μm）粉尘筛、瓷坩埚、坩埚钳、无磁性镊子。

（2）试剂。

标准石英：纯度 99%以上，粒度小于 5μm，在 10%氢氧化钠溶液中浸泡 4h，以除去石英表面的非晶形物质，用蒸馏水冲洗至中性（pH=7），干燥备用。

溴化钾：优级纯或光谱纯。过 200 目粉尘筛后，用湿式法研磨，于 150℃烘干后储存于干燥器中备用。

无水乙醇：分析纯。

C 粉尘样品采集及处理

（1）样品采集。按粉尘浓度测定方法的规定进行采样，将阻留在滤膜上的粉尘称取质量，并记录。

（2）样品处理。将采尘后的滤膜受尘面向内对折三次，放置洁净的瓷坩埚内，置于低温灰化炉或电阻炉内逐渐加温至（700±50）℃。持续30min后断电，温度降至100℃以下时，打开炉门小心取出，放置干燥器中待用。

取溴化钾250mg和灰化后的粉尘样品一起放入玛瑙研钵中研磨。充分研磨混合后，连同压片模具一起放入干燥箱内（110℃±5℃）10min。取出后迅速将样品用小毛刷扫至压片模具中，压力达25~30MPa，持续3min，制备出测定样品锭片。

取空白滤膜一张，放入瓷坩埚与测定样品同时灰化，与250mg溴化钾一起，放入玛瑙研钵中研磨混匀，按上述方法进行压片处理，制备出参比样品锭片。

（3）样品测定。打开稳压电源，待电压稳定在220V后，打开红外分光光度计主机开关并预热1h。依各种类型红外仪技术性能确定测试条件，以x横坐标记录900~600cm^{-1}的光谱图形，并在900cm^{-1}处校正0和100%。以y纵坐标表示吸光度值。

分别将测定样品锭片与参比样品锭片置于样品室光路中进行扫描，以不同角度扫描3次，记录800cm^{-1}处的吸光度值。根据三次结果的平均吸光度值，查石英标准曲线，计算出样品中游离二氧化硅质。

D 石英标准曲线样品制备

精确称取小于5g标准石英，分别称取不同剂量的标准石英尘（10~1000g），各加入250mg溴化钾，并置于玛瑙研钵中，充分研磨混匀，按上述样品制备方法做出透明锭片。

制备石英标准曲线样品的分析条件应与被测样品的分析条件完全一致。将不同质量的标准石英锭片，置于样品室光路中进行波数扫描，根据红外光谱900~600cm^{-1}区域内游离二氧化硅具有三个特征的吸收带的特点，即800cm^{-1}、780cm^{-1}、695cm^{-1}三处吸光度值为纵坐标，石英质量为横坐标，绘制出三条不同波数的石英标准曲线。

绘制标准曲线时，每条曲线有6个以上质量点，每个质量点应不少于3个平行样品，并求出标准曲线回归方程。在无干扰的情况下，一般选用800cm^{-1}标准曲线进行定量分析。

E 粉尘中游离二氧化硅含量计算

根据实测的粉尘样品的吸光度值，查石英标准曲线，求出样品中游离二氧化硅质量，按下列公式计算出粉尘中游离二氧化硅含量。

$$w(SiO_2) = \frac{M}{G} \times 100\% \tag{3-34}$$

式中，$w(SiO_2)$ 为粉尘中游离二氧化硅含量,%；M 为粉尘样品测出的游离二氧化硅的质量，mg；G 为粉尘样品质量，mg。

F　注意事项

本法的石英最低检出量为 10mg，平均回收率为 96.0%~99.0%，精确度达 0.64%~1.41%。

粉尘粒度大小对测定结果有一定影响，粉尘样品、石英标准样品粒度小于 5μm 的占 95%以上，方可进行测定分析。

煤尘样品灰化温度对定量结果有一定影响，样品灰化时应从室温开始升温至 600℃，若煤尘样品中存有大量高岭土成分时，在高于 600℃灰化时产生分解，于 800cm^{-1}附近产生波峰干扰，如灰化温度小于 600℃时，可消除干扰。

粉尘样品质量多少可影响吸收峰值，所以锭片直径 13mm 时，岩尘样品质量在 1~2mg，煤尘样品质量在 4~6mg，微量锭片直径 2mm 时，粉尘样品不可低于 0.5mg（十万分之一克天平）增量。

为减少测量时产生随机性误差，实验室温度控制在 18~26℃之间，相对湿度应小于 50%。标准曲线应每半年进行修正或重新制作新的标准曲线。

3.4.4.3　游离 SiO_2分析的质量控制

利用红外光谱吸收带强度与测定样品浓度之间相关而进行定量分析，主要是根据被测样品光谱中欲测物质吸收强度来确定其浓度情况，所以提高红外光谱分析的质量控制水平，是保证测定结果准确的关键。

（1）仪器设备及试剂的质量控制。

1）各种类型的红外分光光度计，应严格掌握仪器性能和技术指标，并在仪器性能允许范围内使用。在使用期间，每半年检测 100%线平滑度、波数精度、仪器能量检测及重复性检验。若性能不符合要求，应立即检修调至正常。

仪器测定参数设定应根据被测物质而定，波数范围及记录方式必须大于特征吸收峰值 100cm^{-1}以上，狭缝选择的宽度，应为吸收特征峰 1/2 处半带为最佳或选用 2~3cm^{-1}为宜。背景消除应以吸光度（Abs）方式，光标为 0.00 设定特征峰低波数，而且根据谱带确定基线法并测定红外吸收强度。基线法是一种确定背景提取分析信号的认识方法，以定量吸收峰来测量被测物质的强度，用基线法表示，从而消除吸收峰背景，以求得准确测量。基线法最常用的有以下四种：平基线法、切线基线法、定点基线法、水平定点基线法。

2）其他仪器及试剂条件。天平的使用必须在计量检定周期之内，机械天平零点校正及称量应连续称量三次取平均值。电子分析天平使用时应启动自动校正功能。压片模具、玛瑙研钵使用前应擦拭洁净，并先用少量溴化钾进行研磨、压片后，方可进行样品处理。

制备标准曲线用溴化钾应以光谱纯为分析试剂。日常分析用优级纯溴化钾即可。

（2）测定方法的质量控制。粉尘粒度对测定结果有直接影响，粉尘粒径越小，红外光谱带的吸光度值越高，当粉尘粒径大于 5μm 时，可在 $800cm^{-1}$ 处的吸收强度逐渐减弱，当粉尘粒度在 12~20μm 占 50%以上时，可使测定结果误差在 30%以上。

称取样品质量准确与否是保证分析结果准确性的必要条件，因此称量准确度应控制在 1%以内，其计算公式为：

$$称量准确度 = \frac{天平感量}{试验质量} \times 100\% \tag{3-35}$$

样品与溴化钾混合要求必须均匀，反之将影响特征峰吸收度，用转动光路测定样品 45°分别进行 4 次扫描，以观察特征峰变化，吸收强度小于±0.003，波数偏移小于 $\pm 2cm^{-1}$。

判断标准曲线和校正标准是保证测定结果准确的重要步骤，所以技术要求高，判断标准曲线必须在同一天内完成测定。同时，在不同质量点上选做内标法或增量法，以提高标准曲线可信性，并计算直线回归方程，由于红外仪器的杂散辐射以及样品的反射、折射等因素，所以工作曲线一般不通过原点，应经统计学处理后，求出的方程应校正至通过原点。石英含量越低（小于 80μg）对谱带强度影响也越大。在制备低含量的标准曲线时，应多增加质量点数，求平均值后绘制曲线。同一批测定样品，其灰化时间、研磨程度、制片压力及压片时间等应保持一致，一次测定样品数超过 25 个时，应灰化两个参比空白滤膜分别进行制片，确保参比光路锭片在测定中保持透明度一致，使测定结果准确。

（3）干扰物质的影响。谱带的选择及定位对分析物质的准确性十分关键。但在物质测定范围内会有干扰物质影响物质特征峰的吸收或重叠。有些矿物性粉尘可在 α 石英吸收谱带（$800cm^{-1}$、$780cm^{-1}$）附近出现吸收带，因而干扰测定准确性。Taylor 发现，在 $800cm^{-1}$ 的石英吸收谱带上，出现干扰的矿山粉尘有：阳起石、铁石棉、直闪石、青石棉、透闪石、白云母和叶蜡石等，但这些影响是较弱的，只有在这些混合物达到足够含量时才显示出来。Soda 介绍了石英族中石英的主要吸收谱带为 $800cm^{-1}$、$780cm^{-1}$ 和 $695cm^{-1}$，方石英为 $798cm^{-1}$ 和 $620cm^{-1}$，玻璃状二氧化硅为 $801cm^{-1}$，结晶型二氧化硅为 $791cm^{-1}$。在测定过程中，如 $800cm^{-1}$ 有干扰时，可用 $695cm^{-1}$ 峰值进行定量分析。定量分析见表 3-1。

表 3-1　定量分析表

矿物性粉尘	波数/cm^{-1}
石英	1165，1140，1085，798，779，694，512，460，397，370
方石英	1195，1150，1095，798，623，490，385，297，274
鳞石英	1220，1160，1100，1080，789，695，567，473，275
阳起石	1103，1053，994，956，992，756，682，505，465，355
铁石棉	1126，1080，1000，975，890，772，698，632，525，490，478，423
青石棉	3635，3620，1138，1098，1040，986，968，890，772，685，636，534
透闪石	1100，1050，992，952，918，753，682，593，508，465，450，420，400
铝直闪石	1086，1015，982，759，780，700，535，498，463，400
高岭土	3694，3650，3620，1114，1100，1032，1010，936，912，790，752，693
蛭石	537，468，430，342，274
刚玉	1070，995，955，810，755，685，510，450
赤铁矿	1085，965，640，505，450，380，270
磁铁矿	625，545，465，370，335
白云母	705，570
叶蜡石	3640，1065，1020，920，822，795，538，472，410，340
滑石	477，457，415，355，325
叶蛇纹石	3677，1040，1018，588，534，498，463，450，440，428，391，383，343
蛇纹石	3678，1067，980，625，563，440，398，297

高岭土的干扰，该物质在800cm^{-1}附近，有一定强度的吸收并与石英谱带峰有部分重叠，而形成馒头峰，使谱带加宽和吸收强度增强，可通过样品灰化（小于600℃ 1h）方法或用标准物校正法消除干扰。

标准曲线需每半年标定一次，同时对测定方法的精密度和准确度进行内标法检验，一般标准加样回收率在98%以上，其石英含量控制在12%~20%范围，标准偏差在0.1~1，相对偏差小于2%，平行测定重复性小于2%。

质量控制对红外光谱分析是确保测定准确性的重要环节，应在实际工作中不断总结经验，提高分析水平。

3.5 煤尘沉积强度的测定

3.5.1 落尘的特性

3.5.1.1 尘粒及其沉积参数的定义

为了研究落尘特性，定义如下表征尘粒沉积的典型参数。

（1）落尘空隙率 ε。指尘粒空隙体积 V_b 与整个落尘颗粒所占总体积 V_t 之比值。

$$\varepsilon = \frac{V_b}{V_t} \tag{3-36}$$

（2）落尘真密度。

$$\rho_p = \frac{m_p}{V_t - V_b} \tag{3-37}$$

式中，m_p为落尘质量，g。需要说明的是，由于浮尘颗粒只具有真密度，因此，在以后章节的研究中，浮尘颗粒的密度直接沿用ρ_p符号。

（3）落尘堆积密度指落尘总体积下的密度。

$$\rho_b = \frac{m_p}{V_t} = (1 - \varepsilon)\rho_p \tag{3-38}$$

（4）落尘密度分散度 P_m。指某粒级尘粒质量占落尘总质量的百分比。

$$P_m = \frac{m_{pi}}{\sum m_{pi}} \tag{3-39}$$

（5）落尘沉积率。指落尘堆积密度ρ_b与其密度ρ_p之比值。

$$\Phi_p = \frac{\rho_b}{\rho_p} \tag{3-40}$$

（6）尘粒的等效粒径 d_p。尽管尘粒尺寸是微米级的，但其形状是极不规则的，有球形、椭圆形、锥形等。从动力学角度考虑，球形是最理想的形状，也是迄今为止研究最充分的形状，因此，本书采用等效粒径 d_p 的概念，将各种形状的尘粒简化为球形尘粒处理。等效粒径 d_p 的定义是：真实尘粒的粒径等于具有相同密度、质量的球形尘粒的粒径。

3.5.1.2 落尘聚集体、凝结体的形成

尘粒之间存在着各种各样的吸引力，总称内聚力。当尘粒在重力、扩散力等

作用下沉积于巷道周壁凸凹不平的表面上时，由于内聚力作用，几个甚至成百上千个尘粒将聚合在一起。若尘粒间的内聚力小，则相邻尘粒间的结合力弱，在外力作用下这种集合体容易再次破碎成单个尘粒，此类集合体称作聚集体；若尘粒间的内聚力大于外来力，则尘粒将一直牢固地结合在一起，这种集合体称作凝结体。在煤矿井下采用落尘聚集体、凝结体的概念可以较直观地研究落尘的沉积与飞扬特性，科学地评价抑制落尘的技术措施。

一些文献在分析各种粒子间内聚力后指出，能够使尘粒聚合的内聚力主要有：尘粒间分子吸引力（范德华力）、带电粒子间的静电吸引力、尘粒表面存在水分而产生的液体桥联力（也称附着力）及毛细作用力等，现分述如下。

（1）尘粒间的范德华力。

$$F_{vw}=\frac{C_p}{12l^2}\cdot\left(\frac{d_{p1}\cdot d_{p2}}{d_{p1}+d_{p2}}\right)\tag{3-41}$$

式中，C_p 为尘粒间有性质常数，在 10^{-10} dyn · cm 数量级内（1dyn = 10^{-5}N）；l 为尘粒表面分子间距，$l<10^{-5}$cm；d_{p1}、d_{p2} 为尘粒的粒径，cm。

（2）带电尘粒间的静电吸引力。

$$F_e=\frac{1}{4\pi\varepsilon_0}\cdot\left(\frac{q_1\cdot q_2}{L_p^2}\right)\tag{3-42}$$

式中，ε_0 为真空介电常数，取 3.42×10^9 e/(dyn · μm²)；L_p 为两尘粒间的距离，μm，$L_p=(d_{p1}+d_{p2})/2$；q_1、q_2 为两个尘粒所带的异性电荷。

Billings 曾综合 36 篇文献列出了不同粒径的粒子所能获得的最大电荷估算值（见图 3-33），并归纳指出，正常尘粒所带电荷量为最大值的 1/10。

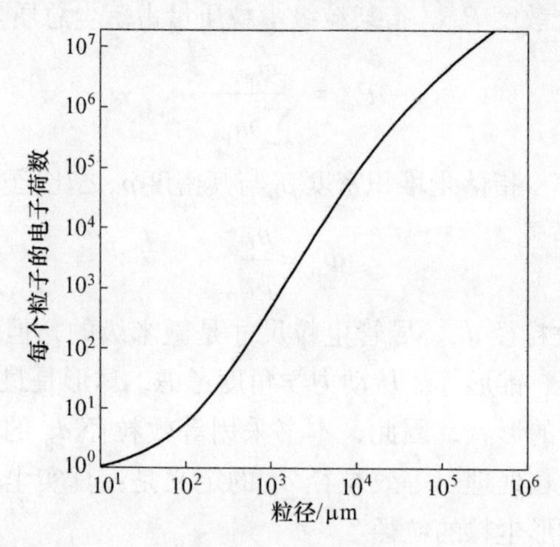

图 3-33　干空气中单个尘粒子的最大电子电荷估计值

（3）被润湿尘粒间的液体桥联力 F_q。

$$F_q = 2\pi\sigma r_n \tag{3-43}$$

式中，r_n 为两尘粒间悬摆液环最窄处半径，cm。

（4）被润湿尘粒间产生液体毛细管负压作用力 F_m。

$$F_m = \pi r_n^2 \sigma\left(\frac{1}{r_q} - \frac{1}{r_n}\right) \tag{3-44}$$

式中，r_q 为悬摆液环的曲率半径，cm。对上述四种内聚力及尘粒自身重力 F_G、风速为 10m/s 时的气流浮力进行量级分析的结果见表 3-2。

通过量级分析可以看出，不同粒径 d_p 下的静电力 F_e 和范德华力 F_{VW} 均比气流浮力 F_Q 小 10^2 量级以上，仅依靠这两种力形成的落尘集合体，在风流吹激下即可破碎成单个尘粒而重新飞扬（单个尘粒的重力 $F_G << F_Q$），因此，仅在 F_e 和 F_{VW} 作用下的落尘只能成为聚集体；由表 3-2 可以看出，尘粒间的液体桥联力 F_q 及毛细作用力 F_m 的量级比 F 大 $10 \sim 10^2$，因此可形成在风流中较稳定的落尘凝结体，也就是说，落尘颗粒只有被充分润湿，才能形成凝结体。

表 3-2 内聚力量级比较

d_p/μm	F/dyn					
	F_e①	F_{VW}	F_m	F_q	F_G	F_Q
0.1	6×10^{-10}	4×10^{-7}	7×10^{-4}	1×10^{-3}	5×10^{-30}	2×10^{-5}
1	6×10^{-8}	4×10^{-6}	7×10^{-3}	1×10^{-2}	5×10^{-10}	2×10^{-4}
10	6×10^{-6}	4×10^{-5}	7×10^{-2}	1×10^{-1}	5×10^{-7}	2×10^{-3}
100	6×10^{-4}	4×10^{-4}	7×10^{-1}	1×10^{0}	5×10^{-4}	2×10^{-2}

①取尘粒所带电荷量为其最大值的 1/10。

3.5.1.3 落尘聚集体和凝结体沉积特征

通过分析可以看出，聚集体尘粒间结合力较弱，因此在重力以及风流扩散力作用下，尘粒的沉积符合粒子自然沉积规律，使尘粒紧密堆积；而凝结体形成后，则将造成较大空隙。

假定落尘聚集体由二组元尘粒组成，则根据粒子自然沉积原理，大尘粒间的空隙将被小尘粒填充，聚集体单位体积内大、小尘粒的质量 m_{p1}、m_{p2} 可分别写成下式：

$$m_{p1} = l \cdot (1 - \varepsilon_1) \cdot \rho_{p1} \tag{3-45}$$

$$m_{p2} = l \cdot \varepsilon_1 \cdot (1 - \varepsilon_2) \cdot \rho_{p2} \tag{3-46}$$

$$m_{pl} = \frac{m_{p1}}{m_{p1} + m_{p2}} = \frac{(1 - \varepsilon_1) \cdot \rho_{p1}}{(1 - \varepsilon_1) \cdot \rho_{p1} + \varepsilon_1(1 - \varepsilon_2) \cdot \rho_{p2}} \tag{3-47}$$

考虑井下某一区域内实际落尘系由同一矿体产生，因此式（3-43）可简化为

$$m_{pl} = 1/(1+\varepsilon) \tag{3-48}$$

井下落尘实际上是多组元尘粒体系，故其聚集体沉积模型应为最初一级大尘粒之间的空隙由二级次大尘粒填充，二级次大尘粒间的空隙又被三级小尘粒填塞，依次类推，定义 $V_m = 1/(1-\varepsilon^2)$，则在落尘聚集体内，每一组元的体积 V 如下：

$$\begin{aligned}
V_1 &= V_m \cdot (1-\varepsilon) = \rho_{ml} \\
V_2 &= \varepsilon \cdot V_m \cdot (1-\varepsilon) = 1 - \rho_{ml} \\
V_3 &= \varepsilon \cdot \varepsilon \cdot V_m \cdot (1-\varepsilon) = (1-\rho_{ml}) \cdot \varepsilon \\
V_4 &= \varepsilon \cdot \varepsilon^2 \cdot V_m \cdot (1-\varepsilon) = (1-\rho_{ml}) \cdot \varepsilon^2 \\
&\vdots \\
V_n &= \varepsilon \cdot \varepsilon^{n-2} \cdot V_m \cdot (1-\varepsilon) = (1-\rho_{ml}) \cdot \varepsilon^{n-2}
\end{aligned} \tag{3-49}$$

为计算方便，式中一级和二级尘粒体积之和取为 1，代入方程（3-48），并将方程（3-49）所有组分的体积加和，得到理想沉积时落尘聚集体体积公式如下：

$$V_{tj} = \frac{1}{1+\varepsilon} + \left(1 - \frac{1}{1+\varepsilon}\right) + \left(1 - \frac{1}{1+\varepsilon}\right) \cdot \varepsilon + \left(1 - \frac{1}{1+\varepsilon}\right) \cdot \varepsilon^2 + \cdots + \left(1 - \frac{1}{1+\varepsilon}\right) \cdot \varepsilon^{n-2} = \frac{1-\varepsilon^n}{1-\varepsilon^2} \tag{3-50}$$

对于落尘凝结体体积 V_m，可按 Pietsch 提出的疏松因子 f_y 公式进行校正：

$$V_{tn} = \left[V_{ts} + f_y\left(V_{ts} - \frac{1}{1+\varepsilon}\right)\right] \cdot \frac{1}{\phi_p} \tag{3-51}$$

式中，f_y 为 Pietsch 疏松沉积因子，它的数值在 0~2 之间，尘粒间的内聚力与外力相等时取 f=0，内聚力远大于外力时 f=2。

3.5.2　煤尘沉积强度的测定方法

沉积煤尘是引起煤尘爆炸的一大隐患，煤尘的沉积强度（或称煤尘条件浓度）是指每昼夜（或产煤每千吨）在每平方米巷道上所沉积的煤尘量。通过测定煤矿井下煤尘沉积强度和落尘分布情况，可以确定矿井的粉尘洒落量和沉积量，确定一般用水冲洗巷道时的冲洗周期，了解矿井的粉尘火灾或爆炸指数等，对了解矿井的粉尘沉积参数和抑制粉尘爆炸有重要的指导意义。

测定煤尘的沉积强度有许多方法，例如吊盘法、清扫法、电气堆积法等。我国煤矿常用吊盘法。吊盘法是沿巷道走向，每隔一段距离设一个测点，在测点上选用一定尺寸的集尘板平稳地固定在巷道周壁上，用来承受矿井空气所携带的沉降煤，以便测算测点处巷道单位面积上，单位时间内的煤尘沉降量。集尘板如图 3-34 布置。

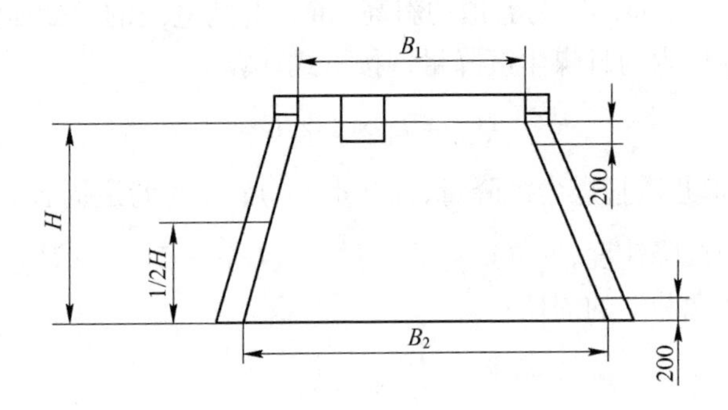

图 3-34　集尘板布置图（单位：mm）

可用白铁皮制成集尘板，设置集尘板时，在必要的地点采取了防止冒落或片帮下来的煤（岩）碎渣掉入盘内的措施。当有少量的煤（岩）碎渣掉入时，用镊子拣出后，再进行干燥、称重工作。布点时可排除个别煤尘严重的地点，布点力求均匀，同一测点上大部分布置了三个集尘板，部分沉积强度较低的位置可以只布置一个集尘板。

集尘板安装一天后，便可下井收集运掘进巷道及下运掘进巷道各测点的粉尘。方法为：当有少量的煤（岩）碎渣掉入时，先用镊子拣出，然后将煤尘小心倒入称量瓶内，当还有少量残余时用小勺将残余煤尘刮到集尘板一个角落，再用二氯甲烷冲洗集尘板表面及小勺，直至将附于其上的煤尘悉数吸入收集粉尘用的称量瓶内。并按要求贴好标签，封好瓶盖以便带回地面分析。在将其带上地面的过程中注意应尽量减少称量瓶的振荡。

集尘板安装两天后，便可下井收集回风巷道、材料巷道各测点的粉尘。收集方法同上。

煤尘沉积强度的计算按《煤矿井下粉尘防治规范》的要求进行，其中沉降速度的计算公式为：

$$U_{ci} = \frac{q_{ci}}{T_{cyi} \cdot A_{ji}} \tag{3-52}$$

式中，U_{ci}为某集尘板上的煤尘沉降速度，g/(m^2·d)；q_{ci}为在某一集尘板上采集的沉降煤尘量，g；T_{cgi}为该集尘板的采样周期，d；A_{ji}为该集尘板的面积，m^2。

煤尘沉积强度的计算按下式进行：

$$p_{ci} = \frac{U_{c1i}B_{1i} + 2U_{c2i}h_i + U_{c3i}B_{2i}}{A_i} \tag{3-53}$$

式中，p_{ci}表示测点 i 的煤尘沉积强度，g/(m^3·d)；U_{c1i}、U_{c2i}、U_{c3i}分别为在某一测点处巷道顶板、两帮及底板的煤尘沉降速度，g/(m^2·d)；B_{1i}、B_{2i}分别为

巷道的上、下净宽，m；h_i 为巷道的斜高，m；A_i 为巷道的净断面积，m^2。

单米长度巷道内的日煤尘沉降量，按下式计算：

$$Q_{mi} = L_i \times 1 \times \overline{U_{ci}} \tag{3-54}$$

式中，Q_{mi}为单米巷道日煤尘沉降量，g/(m·d)；L_i为巷道周长，m；$\overline{U_{ci}}$为该段巷道内煤尘平均沉降速度，$g/(m^2 \cdot d)$，$\overline{U_{ci}} = (U_{c1i} + 2U_{c2i} + U_{c3i})/4$

单独用水冲洗巷道的周期：

$$t_{cx} = \frac{C_{bx}}{p_i} \tag{3-55}$$

式中，t_{cx}为巷道煤尘冲洗周期，d；C_{bx}为煤尘爆炸下限浓度，取我国规定的煤尘爆炸下限浓度值 $45g/m^3$。

4 矿山粉尘的防控措施

多年来，各级厂矿企业、科研和职业病防治机构，在防尘工作中结合国情，已经做了不少工作，早在20世纪50年代即总结出了非常实用的“革、水、密、风、护、管、教、查”防尘八字经验，取得了巨大的成就。

4.1 掘进工作面防尘

巷道掘进是矿井生产过程中的主要产尘环节之一。掘进工作面按掘进方式可分为炮掘工作面和机掘工作面。炮掘工作面主要包括打眼、放炮、装岩、转载运输、支护等生产工序。

巷道支护方式有架棚、砌碴和锚喷等。现场检测表明，打眼、放炮和锚喷支护等生产工序产尘量大，是炮掘工作面的主要产尘工序。在机掘工作面中，掘进机割煤（岩）代替了打眼、放炮，其他工序基本一致，巷道支护有架棚、锚网支护等。在各生产工序中，掘进机割煤（岩）是机掘工作面最主要的产尘工序。

针对每个生产工序的产尘特点，我国煤矿经过多年总结完善，在掘进作业中实施了湿式打眼、放炮使用水炮泥、放炮喷雾、装岩洒水、净化风流和除尘器除尘等多项防尘技术措施，取得了良好的防降尘效果。

4.1.1 炮掘工作面防尘

4.1.1.1 打眼

打眼是炮掘工作面持续时间比较长、产尘量大的生产工序。干打眼时，工作面的粉尘浓度可达几百甚至上千毫克每立方米，因此打眼是炮掘工作面防尘的一个重要环节。目前采取的主要防尘措施是湿式打眼。

（1）凿岩机湿式凿岩主要用于岩石巷道掘进。湿式凿岩机按供水方式可分为中心供水和侧式供水两种，目前使用较多的是中心供水式凿岩机。湿式凿岩的防尘效果取决于单位时间内送入钻孔底部的水量。湿式凿岩使用效果好的工作面，粉尘浓度可由干打眼时的500~1400mg/m^{3}降至10mg/m^{3}以下，降尘效率达90%以上。但有的掘进工作面在湿式凿岩时仍出现粉尘浓度超标的现象，造成这种情况的原因主要是供水量和水压问题。水压直接决定供水量的大小。钻孔中水量越多，产生的粉尘在向外排出的过程中接触水的时间越长，湿润效果越好。但水压过高，也会造成钎尾返水，降低凿岩效果。此外粉尘的产生量还与钻头是否锋利、压风的风压有关，保持钻头锋利，保证足够风压（500kPa 以上），都可以减少细微粉尘的产生量。

（2）煤电钻湿式打眼适用于煤巷、半煤岩巷及软岩巷道掘进。采用煤电钻湿式打眼，工作面粉尘浓度可由干打眼时的 50～140mg/m³ 降至 9～18mg/m³，降尘率可达 75%～90%。煤电钻湿式打眼不仅具有良好的降尘效果，而且还能起到减轻钻头磨损、提高打眼速度的作用。

（3）干式凿岩捕尘对于没有条件进行湿式凿岩的矿井，如因受条件限制（岩石遇水膨胀、岩石裂隙发育而使湿式凿岩效果不明显），或受气象条件限制（高寒地区的冰冻季节），或水源缺乏时，应采用干式捕尘装置（干式孔口或孔底捕尘器）进行捕尘，以降低作业场所的粉尘浓度。

4.1.1.2　放炮

放炮工序持续时间虽短，但爆破瞬间产生的粉尘浓度却很高，可高达 300～800mg/m³。

因此放炮时必须采取有效的防尘措施。放炮采取的防尘措施主要有以下几点：

（1）水炮泥。使用水炮泥是放炮时必须采取的最常规、最有效的防尘方法，其机制是用装满水的塑料袋代替部分普通黏土炮泥充填到炮眼中，爆破时产生的高温高压使水袋破裂，将水压入煤岩裂隙，并使部分水汽化成水雾与产生的粉尘接触，从而达到抑制粉尘产生和减少粉尘飞扬的目的。使用水炮泥除具有降尘效果外，还能起到降低工作面温度、减少炮烟及 NO_x、CO 等有害气体、并能防止引燃事故的作用。炮泥在炮眼中常采用以下两种布置方式：1）先装炸药，再装水炮泥，最后装普通炮泥；2）先装水炮泥，再装炸药，再次装水炮泥，最后装普通炮泥。

（2）放炮喷雾。就是将压力水通过喷雾器（喷嘴）在旋转或冲击作用下，使水流雾化成细散的水滴，喷向爆炸产尘空间，使高速流动的雾化水滴与随风流扩散的尘粒相碰撞，湿润并使其下沉，达到降尘的目的。放炮喷雾方式分为高压水力喷雾和风水喷雾两种。喷雾器种类较多，根据其喷射动力分为水力喷雾器和风水喷雾器两类。

4.1.1.3　装岩（煤）

（1）人工洒水。人工装载煤岩前，先对爆破下来的煤岩进行充分洒水，装完后再对未湿润的煤岩进行洒水，直到装岩结束。

（2）喷雾器洒水。使用扒装机装岩时，可在距离工作面 4～5m 的顶板两侧安设喷雾器，对耙斗的整个扒装范围进行喷雾洒水。

（3）自动或手动喷雾系统。使用铲斗式装岩机装岩时，装岩机上可安装自动或手动喷雾系统进行喷雾洒水。

4.1.1.4 锚喷支护

锚喷支护是现今我国巷道掘进，特别是岩巷掘进中广泛采用的支护方式。锚喷支护有打锚杆眼、拌料、上料以及喷射混凝土等工序，产尘量都比较大，因此需要根据不同生产工序分别采用相应的防尘措施。

（1）打锚杆眼。锚杆眼多垂直或接近垂直于顶板布置，打眼时不仅施工困难，而且粉尘容易飞扬，难以控制。湿式作业时冲孔泥浆容易淋湿作业人员并影响操作。因此打锚杆眼时应采用解决粉尘问题的专用打眼设备。

（2）喷射混凝土。按输送喷料方式可分为干喷法和湿喷法两种。干喷法是采用压气输送混凝土混合料，在喷头内需再加水混合后才喷向巷道表面。湿喷法是采用机械或机械与压风联合输送混凝土混合料，在喷头处不需再次加水湿润混合料，就可直接喷向巷道表面。

干喷法因有部分、混合料在喷头内还未充分湿润就被高速喷出，粉尘产生量相当大，而且喷射料的回弹率也很高，但因其所使用的喷射机体积小、质量轻、移动方便、设备投资少，至今在我国煤矿锚喷支护中被广泛采用。而湿喷法虽然产尘环节和产尘量都比较少，并从根本上解决喷射混凝土的产尘问题，但由于存在设备复杂、投资多、占用空间大、移动不便等问题，至今难以采用。

目前喷射混凝土时主要采取以下几种降尘措施。

（1）改进喷射混凝土工艺，变干喷为潮喷。在喷射混凝土以前，对沙子等部分喷射料进行预湿，再与水泥混合，使混凝土混合料成潮料。喷射时在喷头处再加少量水，使混合料充分湿润后再喷出。喷射前需冲洗岩帮，潮料要求达到手捏成团、松开即散、嘴吹无灰的状态。通过这种改进，可大大减少喷射混凝土时的产尘量。

（2）低风压近距离喷射。试验证明，喷射机的工作风压和喷射距离直接影响着喷射混凝土时的产尘量和回弹率，作业场所的粉尘浓度随工作风压和喷射距离的增加而增加。为了尽量减少回弹率，提高降尘率，应控制输料管长度在 50m 以内、工作风压 120~150kPa、喷射距离 0.4~0.8m 为宜。

（3）采用配套混凝土喷射机除尘器。MLC 系列混凝土喷射机除尘器是一种喷锚支护混凝土喷射机的配套除尘设备，包括 MLC-Ⅰ型和 MLC-Ⅱ型。其除尘原理是以防爆离心式风机为动力，将含尘空气经伸缩风筒吸入除尘器中，在喷雾器密集水雾作用下，使粉尘湿润凝聚，同时在过滤网上形成拦截粉尘的水膜，将粉尘捕集下来，并在水雾的不断洗涤作用下，尘泥浆流入水槽中，经排污阀排出。部分透过滤网的水滴和尘泥被波形挡水板拦截下来，净化后的气体排入巷道内。MLC-Ⅰ型主要是用于治理混凝土喷射机上料口、余气口的粉尘。MLC-Ⅱ型主要用于治理喷射混凝土时喷枪及回弹料产生的粉尘。其布置方式如图 4-1、图 4-2 所示。

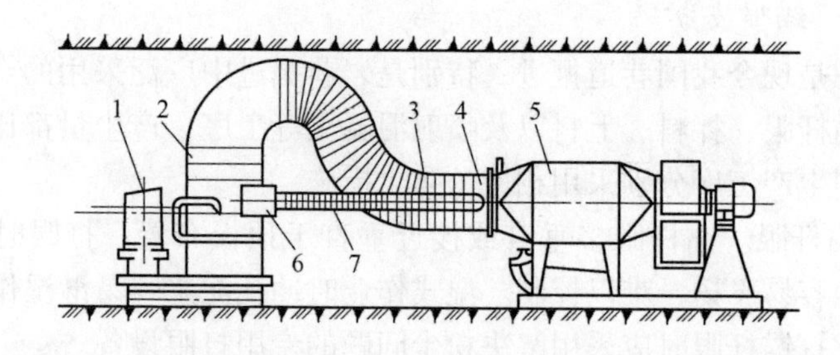

图 4-1　MLC-Ⅰ型混凝土喷射机除尘系统布置示意图

1—混凝土喷射机；2—吸尘罩Ⅰ；3—ϕ350mm 伸缩软风筒；4—三通管；
5—MLC-Ⅰ型喷射混凝土除尘器；6—吸尘罩Ⅱ；7—ϕ200mm 伸缩软风筒

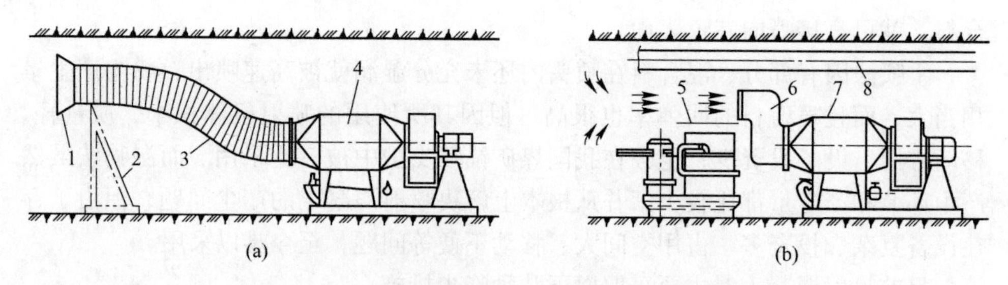

图 4-2　MLC-Ⅱ型喷射机除尘系统布置示意图

（a）示意图（一）；（b）示意图（二）

1—吸附罩；2—吸尘罩支撑架；3—ϕ350 伸缩软风筒；4—MLC-Ⅱ型混凝土喷射机除尘器；
5—混凝土喷射机；6—侧吸尘罩；7—MLC-Ⅱ型混凝土喷射机除尘器；8—压入式风筒

4.1.1.5　净化水幕

一般在距掘进工作面 50m 左右的位置安设 1~2 道风流净化水幕。净化水幕就是在巷道顶部安装一排 3~5 个相隔一定距离的喷嘴，使巷道全断面都喷满水雾。在打眼、放炮、运输及喷浆时打开净化风流。

4.1.1.6　定期冲洗积尘

定期用压力水冲洗距离工作面较远的巷道帮壁，清除散落在巷道顶、帮上的积尘，以防止积尘二次飞扬。

4.1.2　机掘工作面防尘

由于机掘工作面具有成巷速度快、劳动强度低等优点，近年来采用机掘的工作面数量越来越多。但机掘工作面也存在着掘进机割煤（岩）时产尘量特别大的问题。在不采取综合防尘措施的情况下，机掘工作面的粉尘浓度可达 3000mg/m^3 以上。因此，机掘工作面防尘的重点是采取各种减尘技术措施，降低掘进机割煤（岩）时的粉尘浓度。

4.1.2.1　确定掘进机最佳截割参数

选用截齿类型、截齿锐度、截齿布置方式经过优化设计、产尘量低的掘进机。通过实践确定合理的截割速度、截割深度、截割角度等参数，以减少粉尘产生量。

4.1.2.2　掘进机内外喷雾降尘

掘进机一般都具有内、外喷雾系统。掘进机作业时，可打开内外喷雾装置进行喷雾降尘。内喷雾装置的使用水压不得小于3MPa，外喷雾装置的使用水压不得小于1.5MPa，若内喷雾装置的使用水压小于3MPa或无内喷雾装置，则必须使用外喷雾装置和除尘器。掘进机的外喷雾装置的降尘效果很大程度上取决于能否在掘进机截割部周围形成均匀的喷雾水幕，以达到降尘和阻止粉尘向外扩散的目的。

4.1.2.3　采用掘进机配套除尘器除尘

掘进机内外喷雾装置（见图4-3）虽然可大大降低掘进机割煤时的粉尘浓度，但掘进工作面的粉尘浓度可能仍会超过国家卫生标准的要求，因此还需要采用掘进机配套除尘器进一步净化处理。

图4-3　掘进机喷雾系统

下面介绍几种掘进机配套除尘设备。

（1）KGC系列掘进机除尘器。KGC系列掘进机除尘器包括KGC-1型、KGC-2型和KGC-Ⅱ（A）型。主要由湿式过滤除尘器、离心式风机、脱水器、消声挡水板、排污泵和水路系统组成。其除尘原理是以湿式洗涤为主，过滤为辅。当含尘空气由带吸尘罩的吸入口被吸入后，经伸缩软风筒进入除尘器时，由喷嘴不断向过滤器喷雾，使粉尘得到充分湿润凝积，被过滤层形成的水膜拦截洗涤下来，尘泥水流入水箱并经排污泵排出。部分含尘水滴和净化后的空气经风机进入脱水器，水气分离净化后的空气排入巷道。

在实际使用时，可根据掘进机组类型、配套情况、巷道断面大小、吸尘罩的形式及安装位置等因素选用合适型号的除尘器。

（2）PSCF系列水射流除尘风机。PSCF系列水射流除尘风机由煤科总院重庆分院和淮南矿务局研制，包括PSCF-A3，PSCF-A4，PSCF-A5，PSCF-A6型。

主要由引射装置、导风筒、泵站和供（回）水管路组成。其捕尘原理是采用引射装置喷射出高速水射流造成负压，在导风筒内形成高速运动的水雾，捕捉空气中的粉尘，经过滤网后粉尘从气流中分离出来，达到净化空气的目的。这种除尘风机的特点是：安全可靠，噪声低，结构简单，质量轻，安装移动方便，维护量小，除尘效果好，除尘率可达99%。

PSCF系列水射流除尘风机与掘进机配套使用，一般通过可调支撑架固定在桥式转载皮带机上，泵站坐在小车上通过拉杆连接于转载机后下部的轮轴上，可实现联锁控制，集中操作。

（3）振弦式旋流除尘风机。针对常规矿用湿式过滤除尘器除尘效率低、脱水效果差的不足，且有些产品不符合现行有关国家标准的状况，在借鉴其他除尘器的基础上，某矿业集团研制出集振弦除尘与湿式旋流除尘脱水于一体的适合煤矿使用的振弦式旋流除尘风机。

振弦式旋流除尘风机主要由振弦板过滤、除尘器、斜流式风机、旋流脱水器等四部分组成，振弦板过滤除尘部分由两块振弦板过滤器组成。振弦板是由很细的不锈钢丝缠绕在矩形框架上制成，由于风流的作用，振弦板上的钢丝产生高频率震动，当压力水喷到振弦板时，水流在板面上伸展为薄膜，含尘气流通过振弦板过滤器时，在惯性碰撞、拦截及扩散等作用下，粉尘从气体中分离出来，使含尘气流得到净化。

湿式旋流除尘部分由气流导向装置和脱水器部分组成。从螺旋水雾区过来的气流中夹杂大量水滴和部分微细尘粒，经气流导向装置时，固定的导流叶片，使气流中的细小水滴和尘粒撞击在叶片上，形成大颗粒水滴和尘粒。同时气流在导流叶片作用下产生强烈螺旋，形成强大的离心力，水滴和尘粒向器壁浓缩，使水滴和尘粒沿脱水器内壁流下而被分离，除尘器排风口排出清洁空气。

振弦式旋流除尘风机配用单机斜流式风机。除尘风机结构采用气、粒两相流埋论设计，应用喷雾、过滤及旋流除尘机制，高效旋流脱水。当掘机割煤时，同时启动除尘风机，截割头产生的高浓度含尘气流经吸尘罩和软风筒进入除尘风机后，由于水雾作用，使含尘空气中的微细粉尘得到充分湿润，并相互碰撞、凝聚形成尘水混合物，尘水混合物在通过过滤网时被拦截下来形成尘泥。过滤后的气流进入脱水器进行高效脱水和再次尘气分离，使风流得到进一步净化，净化后的空气排至巷道中，尘泥则流入收集箱而后排出。该除尘风机具有以下特点：

1）采用复合除尘机制，除尘效率高，脱水效果显著。总粉尘除尘效率99%以上，呼吸性粉尘除尘效率90%以上，脱水效率达95%以上，耗水量约30L/min。

2）采用单机斜流式风机，克服了轴流式风机负压低、离心式风机风量小的缺点，具有风量大、负压高的特点。

3）斜流式风机叶片采用铜质叶片，采用新风道结构，使电机与污风隔离，因而具有高安全性，更适用于煤矿井下使用。

4）通过合理选用振弦式旋流除尘风机，并与掘进机机载配套，能够保证除尘风机安全、高效运行。

4.2 回采工作面防尘技术

采煤工作面是煤矿井下产尘持续时间长、产尘量大的主要生产场所，因此采煤防尘是煤矿井下防尘的重中之重。采煤工作面分为炮采工作面和机采工作面。炮采工作面的主要产尘工序是打眼、放炮、装煤、回柱放顶及运煤等。机采工作面包括高档普采、综采和综采放顶工作面，主要产尘工序为采煤机割煤、回柱放顶或移架、放顶煤等。采煤防尘的主要技术措施有煤层注水、机采工作面防尘和炮采工作面防尘三种。

4.2.1 煤层注水

4.2.1.1 煤层注水原理与影响因素

煤层注水是为了减少采煤工作面开采时产尘量的一项重要预防措施。《煤矿安全规程》中规定，除了注水后影响采煤安全的煤层或造成劳动条件恶化的薄煤层、不需注水的煤层和孔隙率小于4%、不易注水的煤层外，采煤工作面应采取煤层注水防尘措施。煤层注水就是通过密封在钻孔内的注水管，将水注入钻孔内，使压力水沿煤层层理、节理、孔隙以及裂隙渗入到即将开采的煤层中，增加煤体内的水分，使煤层得到预先湿润，从而降低开采时产尘的能力。影响水在煤体内渗透的主要因素有以下几条。

(1) 煤的裂隙和孔隙。煤的裂隙性和孔隙性是煤体的主要结构特征，也是实现煤层注水的先决条件，直接影响着煤层注水效果。在煤层注水中，常用透水性系数来表达水在某一压力梯度下在煤体内的通过能力。透水性系数越大，表示煤体透水性越强，煤层越容易湿润。

煤层的透水性与煤的裂隙发育程度、裂隙宽度及裂隙方向有密切关系。前苏联对液体沿煤层流动的特点深入研究后发现：在与主要原生裂隙面和层理面平行的方向上透水性系数最大；在与主要原生裂隙面垂直而与层理面平行的方向上透水性系数较小；在与主要原生裂隙面平行而与层理面垂直的方向上透水性系数最小。

孔隙率是孔隙的总体积与煤体的总体积的百分比。国外对烟煤的研究结果表明，当孔隙率小于4%时，煤层透水性极差，不能注水；当孔隙率为5%~15%时，煤层透水性较好，能实施注水；当孔隙率达到15%以上时，煤层具有很好的注水效果。

(2) 煤的变质程度。研究发现，高变质程度的煤，透水性系数小；低变质程度的煤，透水性系数中等；中等高变质程度的煤，透水性系数最大。

（3）支承压力。总的趋势是煤的孔隙率随煤层埋藏深度的增加而缩小，煤层透水性随埋藏深度的增加而降低。试验表明，在超前支承压力带或压力集中区内，煤体的孔隙率与未受采动影响的煤体相比要缩小60%～70%，煤层透水性较差。

（4）液体性质。煤是疏水性物质，与水不亲和。如果在水中添加表面活性剂，水的表面张力就会降低，就会提高注水对煤的湿润能力。

4.2.1.2　煤层注水方式

煤层注水方式有长钻孔注水、浅钻孔注水、中深钻孔注水等。每种注水方式都包括打钻孔、封孔和注水三大工序。

A　长钻孔注水

（1）打钻孔。钻孔沿煤层走向布置在走向长壁采煤工作面的进回风巷或者单独布置在回风巷或进风巷，沿煤层倾斜方向，平行于工作面向下或向上打钻孔。在进回风巷同时打钻孔，即为双向钻孔布置方式，若只在回风巷或进风巷单独打钻孔，即为单向钻孔布置方式。

一般单向钻孔长度应比工作面长度的少20～40m，双向钻孔长度应比工作面长度的1/2少5～10m。钻孔直径一般为40～60mm，若采用封孔器封孔，则孔径应适合封孔器的要求。

若采用水泥砂浆封孔，封孔段直径应扩大到75～90mm。钻孔间距取决于煤层透水性、煤层厚度和煤层倾角等综合因素，一般为10～25m。

（2）封孔。封孔是指在一定深度把注水管封在钻孔内。封孔质量是钻孔注水效果好坏的关键因素之一。要使压力水在孔口及其周围煤壁没有漏出，封孔段必须严密、坚实。封孔深度应超过巷帮煤体的破碎带，一般为6～20m。目前国内外采用的封孔方法有人工水泥砂浆封孔和封孔器封孔两种方法。封孔器有机械螺旋式封孔器、水力膨胀式封孔器及水力驱动式封孔器等多种类型，其中水力膨胀式封孔器封闭效果比较好，推广应用前景良好。

（3）注水。煤层注水系统有静压注水系统和动压注水系统两种。静压注水系统由静压水管供水，多孔连续注水。动力注水系统由水泵加压供水，由流量控制阀调节流量，可多孔注水。

静压注水时，可以不控制注水流量；采用动压多孔注水时，每个钻孔的注水流量一般选定在5～11L/min范围内。注水时间以煤帮在预测湿润范围内出现均匀的“出汗”现象，即从煤帮渗出水珠作为煤体受到充分湿润的标志，再多注一段时间即可结束注水。静压注水系统比较简单，管理方便，只要煤层透水性较强，能在两昼夜期间内，钻孔注水流量都大于1L/min，并在允许的时间内达到设计注水量的要求，就应优先采用。否则应采用动力注水系统。

（4）特点及适用条件。长钻孔注水具有注水时间长，湿润煤体范围大，采、注互不干扰等优点，为各国广泛采用，但存在对地质条件适用性差、钻孔定向及打钻孔困难等问题。

B 浅钻孔注水

钻孔布置在采煤工作面上，垂直煤壁或与节理面斜交打钻孔。煤层厚度1.8m以下时，可采取单排钻孔布置方式；大于1.8m时，可采取双排钻孔交错布置。如果煤层中含有夹石层，应根据其层数及间距等具体情况，选择开孔位置及打孔角度，使钻孔能进入各个分层。浅钻孔注水可每日一班或每日三班注水，钻孔长度根据工作面日进度或班进度而定。钻孔直径由封孔器直径而定，一般为42~55mm；钻孔间距3~7m；采用封孔器封孔，封孔深度随钻孔深度不同而不同，一般为1~1.5m。采用动压注水，注水压力以满足注水流量和不造成煤壁漏水为准，每个钻孔的注水时间应按限定的总注水时间和钻孔数量来加以分配，通常以煤壁“出汗”为结束注水的标志。

浅钻孔注水的优点是装备简单、机动灵活，缺点是钻孔数量多、湿润范围不大、易跑水、影响回采等，适用于地质构造复杂、煤层倾角不稳定、煤层薄的采煤工作面。

C 中深钻孔注水

钻孔也是布置在采煤工作面上，垂直煤壁打孔。钻孔长度略大于两个工作日进度。钻孔直径由封孔器直径的大小而定，一般为42~55mm；钻孔间距一般为7~12m；基本采用封孔器封孔，封孔深度一般为1~1.5m。一般采用动压注水，注水压力对于较软煤层为1~1.8MPa，对于硬煤层为2.5~5MPa。注水时间通常以煤壁“出汗”为结束标志。

这种注水方式对注水压力要求较高，注水工艺相对复杂。但与浅钻孔注水相比，具有钻孔数量较少、湿润范围较大且均匀、降尘效果较好的特点，适用于煤层赋存稳定并且循环作业中有准备班的采煤工作面。

4.2.1.3 煤层注水的降尘效果

煤层注水的降尘效果与注水之后煤体含水量的多少有直接关系。一般认为，煤体水分增加1%以上，才能具有降尘效果。要判断降尘效果如何，可通过考察煤体水分的增加量和降尘率的高低这两种办法。要检查煤体水分的增加量，一是考察煤壁的湿润范围和渗水状况，二是可以从煤壁上采集煤样进行水分分析来确定。

煤层注水的降尘率可以在开采时对比检测注水煤层与未注水煤层的粉尘浓度，通过计算来获得。

4.2.2 机采工作面防尘

4.2.2.1 采煤机组割煤

采煤机组割煤是机采工作面最大的产尘工序，是机采工作面防尘的关键。其防尘技术措施包括以下两个方面：一是要在机组割煤时，尽量地减少粉尘的产生；二是要尽可能地使所产生的粉尘在产生点就近凝聚而沉降下来。目前采取的防尘措施主要有以下几点。

（1）选用产尘量少的滚筒、合理确定采煤机的截割参数。选择截齿几何形状、截齿数和布置方式经过优化设计、粉尘产生量低的滚筒采煤机。适当地调整采煤机的牵引速度、滚筒转速与截割深度，找出三者最佳匹配值，可明显降低割煤时的粉尘产生量。

（2）改进采煤机喷雾系统。滚筒采煤机上安装有内、外喷雾系统。内喷雾是由安装在滚筒上的喷嘴向外喷雾，外喷雾则是由安装在截割部箱体上、摇臂上及挡煤板上的喷嘴向外喷雾。采煤机一旦出厂，内喷雾系统就难以改造。因此改革采煤机喷雾系统主要就是改进采煤机的外喷雾系统，方法就是在保留原有外喷雾系统不变的情况下，增设外喷雾系统的喷嘴，并进行合理布置。

（3）采用高效除尘技术。

1）高压荷电喷雾降尘技术。高压喷雾不同于普通中低压喷雾，主要在于供水压力和电介喷嘴。高压喷雾供水压力一般要大于 7.2MPa，喷嘴直径一般小于 1mm。高压喷雾时，单位体积的雾粒数要远远大于中低压喷雾，其降尘过程可看作是一个液态雾粒与固态粉尘的凝固过程。高压水通过喷嘴时，由于摩擦作用，喷出的雾粒带有一定的电荷。在雾粒与粉尘及空气组成的混合相中，带异性电荷的雾粒与尘粒相吸，从而增强了粉尘的凝聚力，提高了降尘率；带同性电荷的雾粒与尘粒相互排斥，增强了它们之间的运动。使之与异性尘粒的碰撞概率增大，同样提高了雾粒捕捉粉尘的能力。因此对于粒径小、质量轻的呼吸性粉尘，高压荷电喷雾降尘技术的降尘效果尤为突出。根据有关现场检测资料，在逆风割煤时采煤机司机处和采煤机回风侧 10m 处分别测定使用此项技术前后总粉尘浓度和呼吸性粉尘浓度情况。图 4-4 所示为割煤机喷雾降尘系统。高压荷电喷雾降尘技术的降尘效率见表 4-1。

图 4-4　割煤机喷雾降尘系统

表 4-1 高压荷电喷雾降尘技术的降尘效率

测尘位置	使用前粉尘浓度（总粉尘/呼吸性粉尘）/mg·m^{-3}	使用后粉尘浓度（总粉尘/呼吸性粉尘）/mg·m^{-3}	除尘效率/%
逆风割煤司机处	1861.7/233.3	20.0/5.9	98.9/97.5
采煤机回风侧 10m 处	3074.2/388.3	27.6/7.7	99.1/98.0

2）负压二次降尘技术。该装置是在滚筒采煤机机面上安装一个封闭的引射风筒，风筒内有两组引射喷嘴，两端头各有一组辅助喷嘴。其除尘机制如下。

①在装置进风端由于引射作用形成负压场，使其周围含尘空气连同前滚筒割煤时产生的粉尘吸入风筒内，煤尘与水雾相碰撞、结合而射出。

②在装置的出风端由于水雾、空气、粉尘所形成的混合气体以很高的速度从风筒内射出，也形成很强的负压场，将后滚筒割煤时产生的粉尘吸入，又使煤尘与雾粒碰撞、结合而沉降。

③在装置的吸风端装有一组喷嘴，形成高压雾屏，使前滚筒的含尘气流不向人行道扩散，从而降低了采煤机司机处和人行道的粉尘浓度，提高了降尘效果。根据有关现场检测资料，采煤机司机处和工作面回风巷分别测定使用此项技术前后总粉尘浓度和呼吸性粉尘浓度情况。负压二次降尘技术的降尘效率见表 4-2。

表 4-2 负压二次降尘技术的降尘效率

测尘位置	使用前粉尘浓度（总粉尘/呼吸性粉尘）/mg·m^{-3}	使用后粉尘浓度（总粉尘/呼吸性粉尘）/mg·m^{-3}	除尘效率/%
采煤司机处	1200.0/271.0	25.0/9.4	97.9/96.5
工作面回风巷	1195.2/410.0	44.5/18.5	96.3/95.5

4.2.2.2 回柱放顶或移架

普采工作面一般采用单体液压支柱和铰接顶梁支护顶板，回柱放顶之前应先向待回柱的顶板处和采空区喷雾预湿，在回柱的同时再用喷雾器顺风流向顶板尘源处进行喷雾降尘。

对于综采和综采放顶煤工作面，液压支架在架前、架间及架后均安装有喷嘴。在降架和移架过程中，可以手动或自动控制喷雾来降低移架时的粉尘浓度。

4.2.2.3 综采放顶煤工作面放煤口

综采放顶煤工作面放煤口是工作面产尘量大、喷雾降尘受影响的地点。目前一般的防尘措施是在放煤口周围安装高压喷嘴喷雾除尘。另外，现有一些大型煤矿根据文丘里原理设计出更为有效的捕尘装置，如放煤口负压捕尘装置等，放置在放煤口位置。这些装置的降尘率比较高，比普通喷雾法降尘率高出

20%~50%。

4.2.3 炮采工作面防尘

炮采工作面作业工序与炮掘工作面基本相似，采取的防尘措施也基本相同，主要是煤电钻湿式打眼、炮眼充填水炮泥放炮、放炮前后冲洗煤壁和顶板、装煤洒水、回柱放顶和运煤喷雾洒水等。

4.3 巷道、转载运输系统防尘

4.3.1 巷道防尘

净化入风源和治理产尘源是巷道防尘的两个重要方面。根据双鸭山七个生产矿连续两年矿井通风系统粉尘分布普查资料，矿井入风源从总入风，分区入风至采区入风，风流里粉尘浓度逐渐呈上升趋势。在无风流净化措施的情况下，春秋两季刮风时，粉尘浓度都超过 $2mg/m^3$。特别是提升入风主井、运输入风平巷，因入风巷道中存在新的产尘源，会使这种上升幅度呈明显变化，粉尘浓度常达 $3\sim5mg/m^3$ 至 $8\sim12mg/m^3$。设有煤仓和装车站的入风巷道，卸煤和装车时粉尘常达几十甚至上百毫克每立方米。因此，对于矿井进风系统的粉尘污染必须层层把关治理，环环设卡过滤。既要使入风流中浮游粉尘迅速地丧失飞扬能力，沉降下来，又要防止尘源对入风系统污染。

4.3.1.1 水幕净化

在井下入风巷道设置自动控制的水幕是净化入风流含尘的有效方法。主要入风巷常见的水幕布置形式有梯形水幕和半环形水幕。

水幕的雾化方式有风水喷雾和水力喷雾两种。风水喷雾一般采用 4 分或 6 分管制成梯形或半环形管，在管壁成 45°钻两排孔距离为 50~100mm，孔径为 0.8~1mm 的微细孔，靠风、水压综合作用，实现喷雾，形成净化雾墙。水力喷雾是用喷嘴喷雾，一般一道水幕帘安设喷嘴 16~32 个，水压不低于 392kPa（$4kg/cm^2$）。

净化水幕应保证水雾能密实过滤风流全断面，并连续不间断的动作。一般一处净化水幕应同时设置两道，间隔以不小于一列矿车的最大长度。自动控制的水幕还应适当加长间隔，以保证满足电动装置的延时时间，以实现矿车和行人通过时水雾不浇机车司机和行人，保证正常风流净化不间断。

净化水幕应安设在支护完好，壁面平整，无断裂破碎的巷道段内。一般安设位置：矿井总入风流净化水幕在距井口 20~100m 巷道内；分区和采区入风净化水幕在风流分叉口支流里侧 20~50m 巷道内；采煤回风流净化水幕在距工作面回风口 10~20m 回风巷内；掘进回风流净化水幕在距工作面 30~50m 巷道内；巷道中产尘源净化水幕在尘源下风侧 5~10m 巷道内。具体条件下需不需要安设净化水幕取决于风流里粉尘浓度。

一般情况下，如果矿井总入风粉尘浓度低于1.0mg/m^3，分区和采区入风粉尘浓度低于1.5mg/m^3，采掘工作面入风流粉尘含量低于1.5~2.0mg/m^{3}时，可以不设净化水幕。但应该指出，通风系统里的粉尘浓度是个变量，随时随地都在发生变化，这就要求经常对风流中的粉尘浓度情况进行采样测定，以便于及时采取预防措施。

水幕的控制方式可根据巷道条件，选用光电式、触控式或各种机械传动的控制方式。选用的原则是既经济合理又安全可靠，确保水幕不间断的使用。

4.3.1.2 洒水喷雾

进风和运输巷道中局部粉尘飞扬的地方，都可以采取喷雾洒水加以治理。皮带和溜子运输机转载处适合于采用水电联锁或其他声电和光电控制的喷雾洒水，最好是使喷雾洒水和运输机运转同步，避免运输机空转时继续洒水导致环境湿度增大，恶化作业环境。

停车、拉车频繁的井底车场和各水平车场，设机动和电动自喷雾洒水。一般，宜选择耗水量小、雾化效果好的喷雾器或喷嘴，安设数量应根据矿车内煤岩干燥起尘程度而定。矿车内装的破碎煤岩体干燥，且矿车由车场绕道起坡后又遇高速下向风流使粉尘飞扬严重时，提升前单车洒水量不能低于20~30L，并保证矿车内表层煤岩均匀湿润厚度不低于150~250mm。对于起尘比较集中且设有卸煤仓口和装车站的通风巷道，应采用密封大环形喷雾法。三吨矿车底卸仓因卸煤断面大，应同时实行上下束环形喷雾环喷雾。其中下喷雾水环应安在煤仓口周壁上，上喷水环设在煤仓口正对的巷道顶板下，以实现定点式或感应式自动控制，使喷雾洒水和卸煤同时动作。图4-5所示为井下巷道喷雾系统。

图4-5 井下巷道喷雾系统

4.3.1.3 密闭除尘

对产生粉尘飞扬较严重，且靠喷雾洒水治理效果不明显的巷道尘源，应考虑采用密闭-抽出-净化除尘系统。最简单的方法是用金属或塑料防尘罩或纤维滤尘罩将尘源密封起来，使之与风流隔离，然后把隔离收集起来的粉尘通过洒水冲淡或清扫加以处理。

采用防尘罩密闭除尘的方法在高瓦斯矿井运用时，常因防尘罩内无风流，容易造成瓦斯积聚而受到限制。这就要求在密闭罩内提供足以冲淡碎煤释放瓦斯量的适宜风量。理想的抽出式密闭除尘系统，不但可以避免瓦斯积聚，而且对危害最大的呼吸性粉尘也有明显的除尘效果。

4.3.1.4 密闭抽尘

对于产尘强度高且产尘较集中的井下煤仓卸煤翻笼、溜煤井和转载点等作业场所，当采用喷雾洒水等湿式作业措施仍不能使粉尘达到卫生标准时，必须采取密闭抽尘净化的措施。密闭抽尘系统的排风方式，在有条件时应尽量直接排至回风巷或地面：条件不具备时可考虑就地或就近净化。前者需设较长的排尘管道或硬质风筒，使得阻力大，并且粉尘对风机也有磨损作用，后者虽无前者缺点，但对净化设备要求除尘效率较高，否则有可能污染井下风源。

井下溜煤井（或溜煤眼）卸煤时由于诱导风流的作用，矿尘向外扩散飞扬，此时开凿一条与溜煤井相通的巷道、使其与总排风道（或分区风道）相连通，利用矿井总风压（负压）或局部抽出风机抽风，在溜井口就会形成向内流动的风流（见图4-6）。这种抽尘方式配合良好的井口密闭，可取得较好的防尘效果。如果回风道里有行人，可在局扇或密闭排风端外侧设3~5道净化风流水幕，使含尘风流得到过滤。

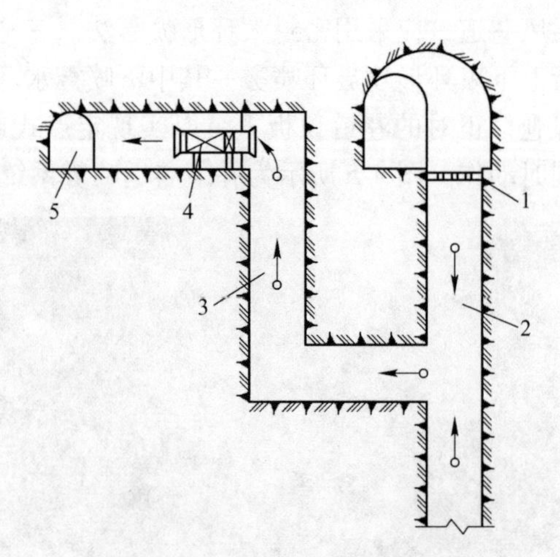

图4-6 溜井抽风净化系统示意图

1—溜井口格筛；2—溜井；3—抽风排尘巷道；4—除尘器及风机；5—排风巷道

溜井卸煤口和翻笼煤仓口，都应建立起密闭除尘系统。对于翻斗车卸煤或矸石的溜井，卸矿地点及溜井井口应用密闭材料完全罩住或隔离开，只留通过矿车的门洞（如图4-7（a）所示），或者只在溜井口设井罩，矿车在井罩之外，并留有开口的水平缝隙（如图 4-7（b）所示），图中 7 为运输机皮带做的密封物，8 为井罩隔板，它既起局部密闭作用，又使溜井口反风罩吸风量减少。据天宝山矿试验，溜井采用抽尘净化措施后，粉尘浓度可由 3.0mg/m^3 降至 0.8mg/m^3。

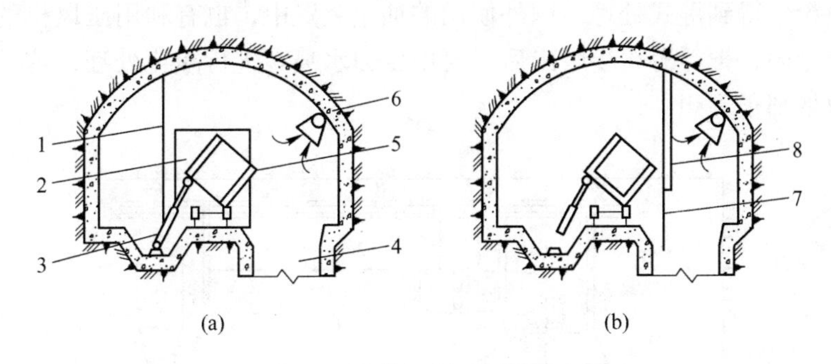

图 4-7 溜井卸矸石局部抽尘

1—井罩；2—门洞；3—气缸；4—溜井；5—矿车；6—局部抽气装置；7—密封物；8—井罩隔板

皮带直接上车的转载点，粉尘浓度一般均很高。这是因为煤体下落产生的粉尘飞扬与碎煤降落速度关系极大。只有相对缩小高差和减小降落速度，粉尘飞扬才能得到控制或减轻。简单的办法是在皮带下面安装一个下端稍微弯起的导向板（见图 4-8），这个导向板对破碎煤体的滑落起到了缓冲作用，从而减小了碎煤的落差和风流对煤粉的吹扬，减轻了粉尘飞扬。为了防止破碎煤在导向板的上缘漏出，导向板和滚筒间的空隙处应采用橡胶带密封（见图 4-9）以减少气流影响。

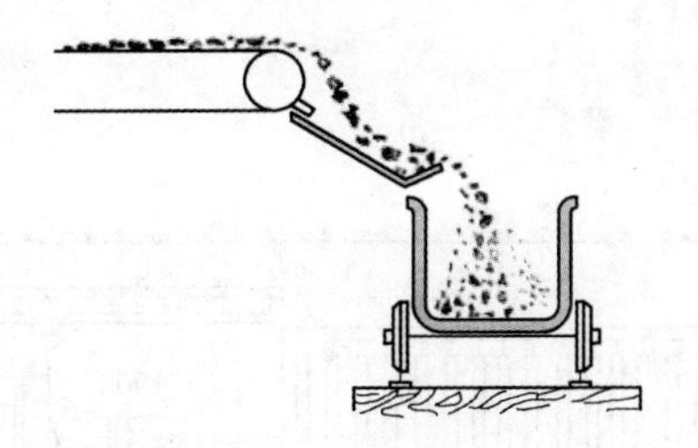

图 4-8 减低物料运动速度用的导向板

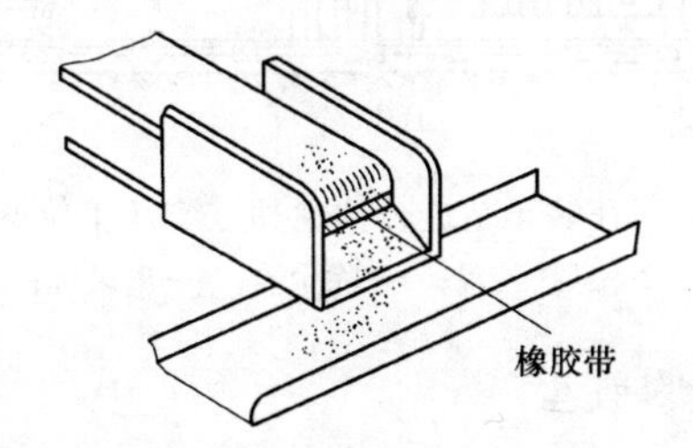

图 4-9 用橡胶带挡住导向板和滚筒间的空隙

在集中皮带巷中，当一条皮带向另一条皮带转载过程中产生较大粉尘时，可按图 4-10 布置抽出式除尘系统。除尘系统通过抽尘罩将粉尘全部罩住，利用轴流式扇风机把粉尘抽出来，然后经过喷雾器喷易使抽出的粉尘湿润，进而沉入集尘器，使粉尘得到湿式处理。国外使用的抽尘装置中，也有利用压风机的废气进行引射吸尘的，把浮游粉尘吸出后，再用压力水喷雾进行净化处理，这种方法一般除尘效果都很理想。

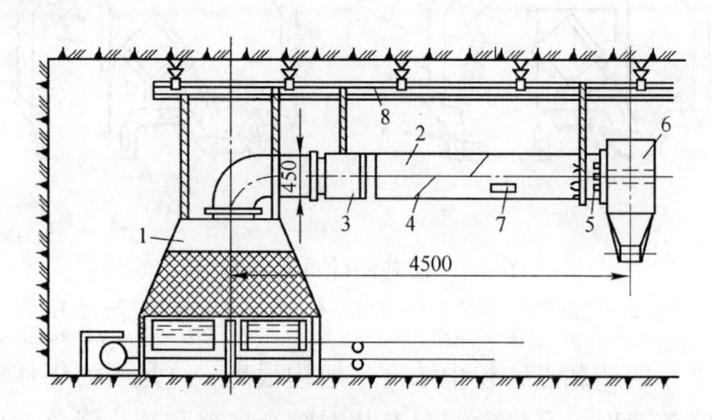

图 4-10　在转载点进行抽尘

1—抽尘罩；2—抽尘管；3—轴流式扇风机；4—斜板；5—喷雾器；6—集尘容器；7—观察窗；8—悬挂装置

装车站的抽出式除尘系统如图 4-11 所示。抽尘风筒的吸尘喇叭口要与水平成 45°紧贴煤仓口下风侧。喇叭口直径不小于 1000mm，抽出风筒是 400mm 硬质风筒。

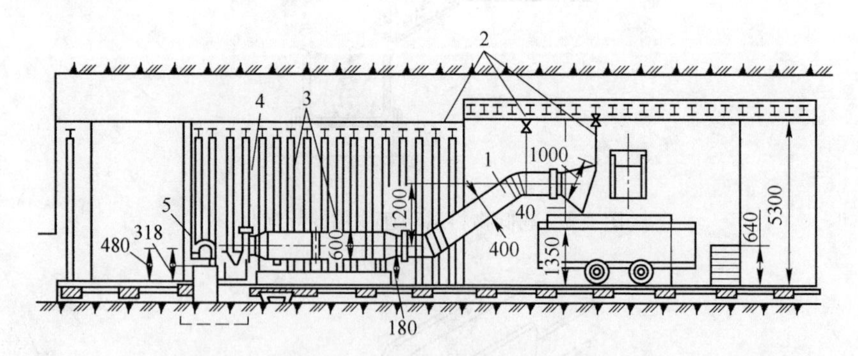

图 4-11　在装车站进行抽尘和过滤（单位：mm）

1—抽尘管；2—悬挂装置；3—除尘器；4—扇风机；5—电动机

4.3.1.5　巷道吸尘器吸尘

前苏联曾设计研制了一种能在轨道上行进的大型巷道吸尘器（见图 4-12）。这种吸尘设备主要有离心式除尘器、负压发生装置、细尘过滤器和带有吸尘罩的吸尘软管。这种吸尘器不仅可以吸出呈飞扬状态的粉尘，而且可以吸出巷道周壁上的沉积粉尘，因为吸尘气流的有效作用距离虽然很短，但在吸尘罩里装有压气喷嘴，喷嘴在反尘器工作时，喷射压气足以吹起距离较远的积尘，使得飞起的积尘很容易被吸进抽走。

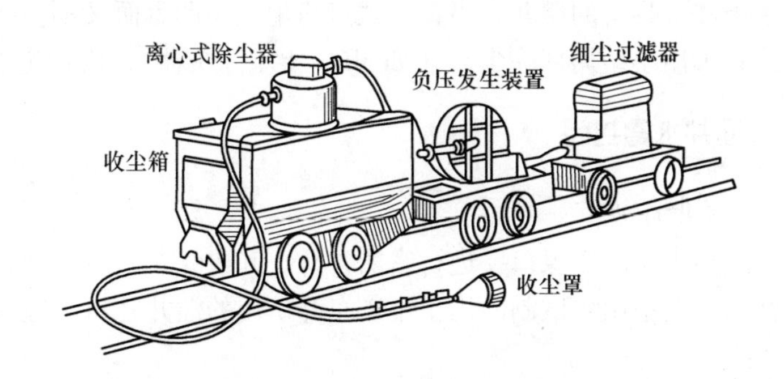

图 4-12　巷道里用的吸尘设备

4.3.2　运输转载系统防尘

落煤经工作面溜子道运送到运输巷道中间，由于机械振动摩擦又造成了煤的进一步破碎和飞扬各个转载点，由于两台溜子或皮带运输机搭接之间有高差，所以碎煤和粉尘由上往下滚，细微粉尘被风流吹起，产生局部煤尘飞扬。转载点煤尘飞扬的治理一般是定点喷雾，但有时效果不佳，主要原因是喷嘴安设角度不对，或喷嘴数量不足，喷水量满足不了消尘的要求。因此，如采用单喷嘴喷雾，则应选实心圆锥雾体的喷雾器，并安装在转载点回风侧 1m 处，成 45°角斜对尘源，这样可提高雾粒和煤尘尘粒碰撞几率，提高水雾降尘能消除粉尘飞扬，还可如图 4-13 所示成三星形设三个喷嘴，实现密封尘源式喷雾，试验证明这样效果最佳。

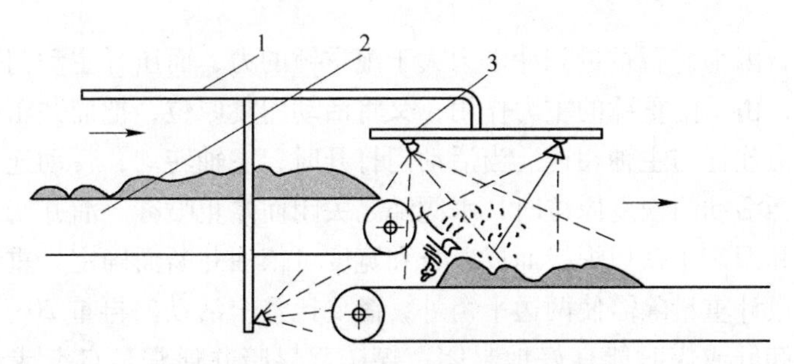

图 4-13　运输转载点喷嘴安设方式

1—供水管；2—皮带；3—喷嘴

除喷雾洒水外，对转载点尘源还可以采用局部密闭罩密封除尘或局部抽出式通风除尘的措施。密闭罩实际就是一个塑料或胶皮伞状帽，两头根据溜子或皮带宽度留有进出口，同时留进风和出风孔。此法除尘效果很好，但要有人检查通风孔和瓦斯，不能造成通风孔被浮煤堵塞，瓦斯积聚，埋伏事故隐患。

喷雾洒水条件不具备的矿井，当在转载点粉尘飞扬严重而又不便于局部密闭的情况下，最宜采用小型局部除尘器（如 MLC-Ⅰ型除尘器），实行定点除尘。

4.3.3　煤仓、溜井水雾封闭

4.3.3.1　溜井自动喷雾封闭

溜煤井和缓冲煤仓的卸煤口要进行密闭，防止卸放煤、矸后反冲含尘风流污染主平巷。江西省西华山矿试制的用于小矿车卸矿用的溜井井口重锤自动密闭装置如图 4-14 所示。

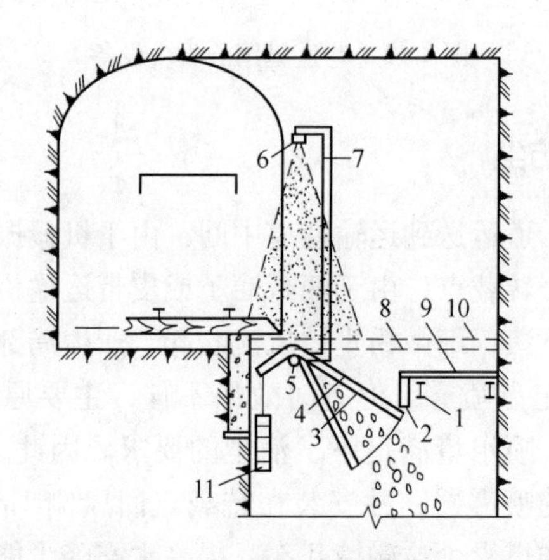

图 4-14　自动密闭溜井井盖

1—钢梁（或木梁）；2—侧密闭板；3—钢轨；4—钢板或木板；5—轴（轴的一端联水截门，转轴截门开）；6—喷雾器；7—水管；8—钢梁或木板；9，10—木板；11—可调配重

卸放矸石因为矿石重量和冲击力大于配重锤的力，而压开主动门。当矸石溜过活动门后，由于配重锤的主力作用，又将活动门复原位，把溜井密闭起来。喷雾器的水阀由连杆与主轴相连。当活动门打开时，主轴转动，带动连杆、使水阀启动喷雾。当活动门恢复原位时，水阀随之关闭而停止喷雾。溜井密封活动门可利用旧铁轨和旧矿车铁板焊接而成，长和宽度可依油井断面确定。重锤用矿车废轮组成，其设计重量除需使两边平衡外，尚要比整个活动门再重 20~30kg，确保活动门在不卸矸或煤时能良好地封闭。煤矿部煤暗井通常是自滑或经溜槽运输的，溜槽的倾角一般稍大于运输矿物的静止角。运煤时暗井应封闭起来，控制风流从中通过，有利于减少粉尘飞扬。

4.3.3.2　缓冲煤仓喷雾净化

底卸式矿车煤仓卸料口和皮带缓冲仓卸煤口卸煤矸时的防尘措施，目前常用的有封闭隔离、水雾净化和负压抽吸。采区煤仓或井下煤仓口在溜子或皮带卸货时，一般粉尘高达几十甚至上百毫克每立方米，特别是两台溜子或皮带机相对同时开动时，粉尘浓度会更高。如煤仓口无防尘措施，并且溜子（或皮带）巷道又为入风巷道时，那么高浓度粉尘对巷道污染将蔓延几十米甚至上百米，造成整个巷道周壁和电器设备上大量积尘，潜伏事故隐患。消除煤仓口粉尘飞扬的简单方法是实现全封闭式喷雾和局部隔离净化。其布置方式如图 4-15 所示。

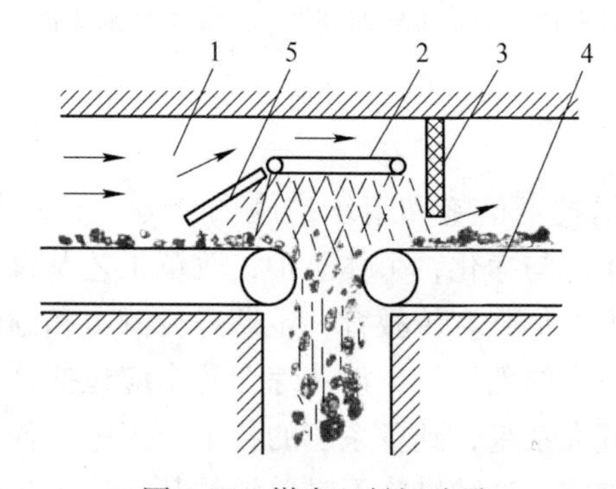

图 4-15　煤仓口封闭喷雾

1—新鲜风流；2—环形喷雾环；3—隔离滤网；4—皮带；5—迎风挡板

图中喷雾水环为 6 分管制作的圆形微孔喷雾器，其直径等于或略大于煤仓口直径。迎风板为木制、胶皮或塑料制板，板面与风流成钝角安设，引导风流从喷雾水环上部通过。滤尘隔离网用透气塑料编织物或细金属丝编织物制作，最宜两至三层，使水环喷射的水雾尚不能沉降的那部分粉尘在这里碰撞沉降。经过滤织物的风流，应保持清洁。

由于底卸煤仓每次卸载强度大，并且连续卸载，粉尘浓度高，所以在底卸仓口和仓口上部均要设自动喷雾装置。控制方式可采用光电自动控制或触点式自动控制。

4.3.3.3　滤网捕尘

为捕集采煤工作面飞扬的煤尘，日本有些矿井在工作面和回风道里设置喷雾器和塑料滤网，用以阻拦和捕集飞散的煤尘。所用喷雾器喷嘴直径为 8mm，喷射角为 103°，塑料网的网眼率为 52%~57%，网眼为 5mm。喷雾器和滤网安设如图 4-16 所示。采用这种措施，可以使下风侧风流中煤尘浓度大幅度降低，减轻了粉尘危害，提高了安全程度。

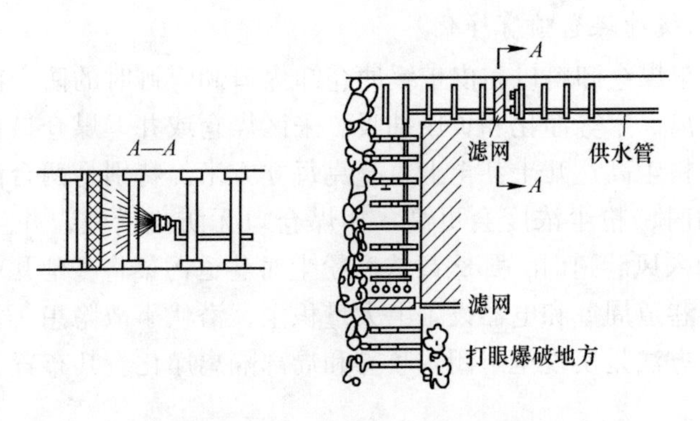

图 4-16　炮采工作面和回风道移动式捕尘滤膜

4.4　综合防尘

综合防尘措施包括技术措施和组织措施两个方面，其基本内容是：通风除尘；湿式作业；密闭尘源与净化；个体防护；改革工艺及设备以减少产尘量；科学管理、建立规章制度，加强宣传教育；定期进行测尘和健康检查。

在当前煤矿生产技术的条件下，矿井综合防尘应包括这样的含义：即从矿井采、掘、机、运、通五大系统，到各系统的各生产工序、各个环节都必须采取综合性防治粉尘的有效措施。这种措施不是单纯的某一项或某两项，也不是带有工序性空白环节的间隔性防尘措施，而是在任一产尘工序，任一产尘环节上都必须采取一项和几项行之有效的防尘措施，或者以某一项措施为主，某几项措施为辅，实现多种措施同时并举，使作业空间的粉尘浓度达到国家规定的卫生标准，真正消除或控制住煤尘危害，杜绝煤尘事故。

根据我国煤矿现阶段的防尘技术条件和技术装备，矿井综合防尘措施可大致归纳为五大类，具体为减尘、降尘、捕尘、排尘和阻尘，这也是综合防尘的五大环节。

(1) 减尘。减尘就是减少和抑制尘源，这是防尘工作治本性措施。它包括两个方面：一是减少各个产尘工序的产尘总量和单位时间内的产尘量，从产尘数量上把关；二是减少对人体危害最大的呼吸性粉尘所占的比例，在降尘质量上设防。例如，煤层预湿注水或注入化学试剂；上分层采空区灌水注浆；湿式凿岩和电煤钻水打眼，水封爆破和放炮充填水炮泥；改革截齿和钻具及减少炮眼的数量；寻求最佳截割参数等都属于减尘措施。减尘措施是实现粉尘浓度达到国家标准的根本途径。在矿井综合防尘实践中应优先考虑采用这类措施。

在矿井生产中，通过采取各种技术措施，减少采掘作业时的粉尘发生量是减尘措施中的主要环节，是矿山尘害防治工作中最为积极、有效的技术措施。减尘措施主要包括：矿床注水、改进采掘机械结构及其运行参数、湿式凿岩、水封爆破、添加水炮泥爆破、封闭尘源以及安装尘罩等。

（2）降尘。降尘是使悬浮于空气（或风流）中的粉尘及早地沉降，以减少浮游粉尘浓度的防治性措施。现阶段煤矿降尘主要是利用水雾适宜风速和其他办法加速粉尘的沉降。井下多采用洒水喷雾降尘，即利用压力水通过各种喷雾装置形成具有一定速度的细小雾粒、与浮游粉尘碰撞接触来湿润粉尘，迫使粉尘加速沉降。试验表明不同的雾粒直径、雾粒速度和密度，对不同粒度的粉尘有不同的效果。一般来说，对于小于5~7μm的呼吸性粉尘采用喷雾洒水效果并不明显。除洒水降尘外，还可以采用湿润剂降尘和泡沫降尘等新技术。

尽管采取了减尘措施，采、掘、装运等诸环节中仍然会产生大量的粉尘，这时就要采取各种降尘方法进行处理。降尘措施是矿井综合防尘工作的重要环节，现行的降尘措施主要包括干、湿式除尘器除尘以及在各产尘点的喷雾洒水，如放炮喷雾、支架喷雾、装岩洒水、巷道净化水幕等。

（3）捕尘。捕尘是一项将空气中浮游粉尘聚集起来处理的聚歼性措施，它主要是利用吸尘器和捕尘器来完成。吸尘器和捕尘器主要是利用扩散、碰撞、直接拦截、重力、离心力等原理使粉尘与空气分离，以降低空气中的浮游粉尘浓度，或者使粉尘连同空气一起通过含水雾滤层被收集捕捉、沉淀排出。国外煤矿多半采用的是湿式捕尘器，捕尘效率达到80%~90%以上。目前，虽然我国煤矿使用除尘器除尘还很不普遍，但在煤矿生产实践中，一部分除尘器已经在井下发挥了一定的作用。

4.4.1 通风除尘

4.4.1.1 通风除尘的作用

通风除尘的作用是稀释并排出矿内空气中的粉尘。矿内各种尘源在采取了防尘措施后，仍会有一定量的矿山粉尘进入矿井空气中，而且多为粒径不超过10μm微细矿山粉尘，这些粉尘能较长时间悬浮于空气中，同时由于粉尘的不断积聚，造成矿井内空气严重污染，严重危害人身健康。所以必须采取有效通风措施稀释并排走矿山粉尘，不使其积聚。通风除尘是矿井综合防尘的重要措施之一。

4.4.1.2 掘进通风除尘

在矿山各生产环节中，井巷开拓掘进是产生粉尘的主要环节之一。掘进打眼、放炮、支护、装矸和运输等工序不仅产生大量矿山粉尘，影响安全生产；而且还产生大量硅尘，严重危害着矿工的身心健康。因此，在采用必要的湿式作业的同时，还必须因地制宜采取有效的通风、干式捕尘及除尘器等综合防尘措施，才能保证掘进工作面粉尘浓度达到国家的卫生标准。

一般来讲，不依靠矿井主要通风机进行的有效通风，均称为局部通风。目前采用较多的是局部通风机通风除尘方式，这种通风对降低掘进时的粉尘浓度起了重要作用，表4-3为部分矿井掘进工作面凿岩时的粉尘浓度测定资料，从中可以看出通风的作用。

表4-3　局部通风除尘效果的对比

矿　山	矿尘浓度/mg · m^{-3}		矿　山	矿尘浓度/mg · m^{-3}	
	湿式作业（未通风）	湿式作业（通风）		湿式作业（未通风）	湿式作业（通风）
锡矿山	3.6~6.6	0.4~1.5	恒仁矿	4.54	2.60
盘古山	3.9~6.8	1.4~1.9	龙烟铁矿	6.57	2.1
大吉山	3.5	2.0			

为保证通风除尘的有效作用，要求新鲜风流有良好的风质，《金属非金属地下矿山安全规程》规定：入风井巷和采掘工作面的风源含尘量不得超过0.5mg/m^3。

根据通风方式的不同，局部通风排尘方法可分为矿井总风压（正压、负压）通风、扩散通风、引射器通风及局部通风机通风等四种方法。

对掘进防尘通风的要求如下：

（1）从防尘角度对通风方式的选择。抽出式局部通风只有当风筒吸风口距工作面很近时（如2~3m），才能有效地排出粉尘，稍远排尘效果很差。压入式通风的风筒出风口离工作面的距离在有效射程内时，能有效排出掘进头的粉尘，但含尘空气途经整个巷道，巷道空气污染严重。混合式通风兼有压入式和抽出式的优点，是一种较好的通风排尘方法。

（2）排尘效果对风速的要求。要使排尘效果最佳，必须使风速大于最低排尘风速，低于二次飞扬风速。根据实验观测，掘进巷道风速达到0.15m/s时，5μm以下的粉尘即能悬浮，并能与空气均匀混合而随风流运动。

使粉尘浓度最低的巷道平均风速称为最优排尘风速。它的大小与粉尘的种类、颗粒大小、巷道潮湿状况和有无产尘作业等有关。掘进防尘风量应使掘进巷道风速处于最优排尘风速范围内。除控制风速外，及时清除积尘和增加矿山粉尘湿润程度是常用的防尘方法。

总之，决定通风除尘效果的主要因素有工作面通风方式、通风风量、风速等。

1）最低排尘风速。5μm以下粉尘对人体的危害性最大、能使这种微细粉尘保持悬浮状态并随风流运动的最低风速称为最低排尘风速。对于矿井在水平井巷中，粉尘的重力和气流对粉尘的阻力作用方向互相垂直。此时使粉尘在风流中处于悬浮状态的主要动力是紊流脉动速度。如果尘粒受横向脉动速度场的作用力与粉尘重力相平衡，则尘粒处于悬浮状态。使粉尘粒子处于悬浮状态的条件是：紊流风流横向脉动速度的均方根值等于或大于尘粒的沉降速度。根据有关实验资料，最低排尘风速可用下面的经验公式计算：

$$v_s = \frac{3.17 v_f}{\sqrt{\alpha}} \tag{4-1}$$

式中，α 为井巷的摩擦阻力系数；v_f 为粉尘粒子在静止空气中均匀沉降的速度，m/s。

2）最优排尘风速。当排尘风速由最低风速逐渐增大时，粒径稍大的粉尘也能悬浮，同时增强了对粉尘的稀释作用。在产尘量一定的条件下，粉尘浓度随风速的增高而降低。当风速增加到一定数值时，工作面的粉尘浓度降到最低值。粉尘浓度最低值所对应风速称为最优排尘风速。

国内外对最优排尘风速进行了大量的实验研究，试验结果表明，在干燥的井巷中，无论是否有外加扰动，都存在最优排尘风速，如有外加扰动时，最优排尘风速较低，如图 4-17 所示。

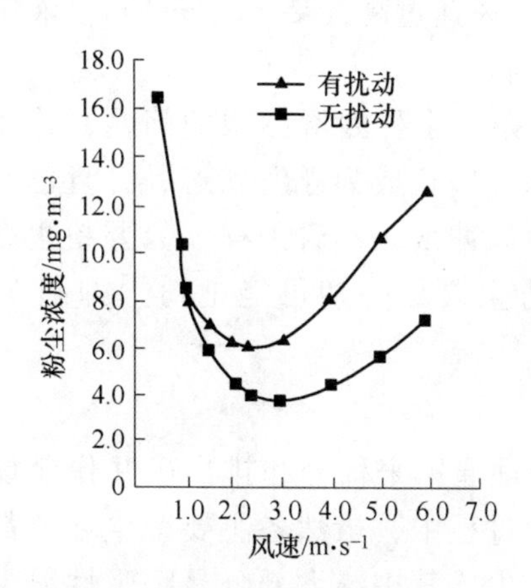

图 4-17 干燥井巷中最优排尘风速

在井巷潮湿的条件下，风速在 0.5~6m/s 范围内，随尘浓度不断下降，如图 4-18 所示。

3）扬尘风速。当风速超过最优排尘风速后，再继续增高风速，原来沉降的粉尘将被重新吹起，粉尘浓度再度增高。大于最优排尘风速时，粉尘浓度再度增高的风速称之为扬尘风速。粉尘飞扬的条件是风流作用在粉尘粒子上的扬力大于或等于粉尘粒子所受重力。扬尘风速可用下面经验公式计算：

$$v_b = (4.5 \sim 7.5)\sqrt{\rho_d g d} \tag{4-2}$$

式中，v_b 为扬尘风速，m/s；ρ_d 为粉尘粒子的密度，kg/m^3；g 为重力加速度，m/s^2；d 为粉尘粒子的直径，μm 。

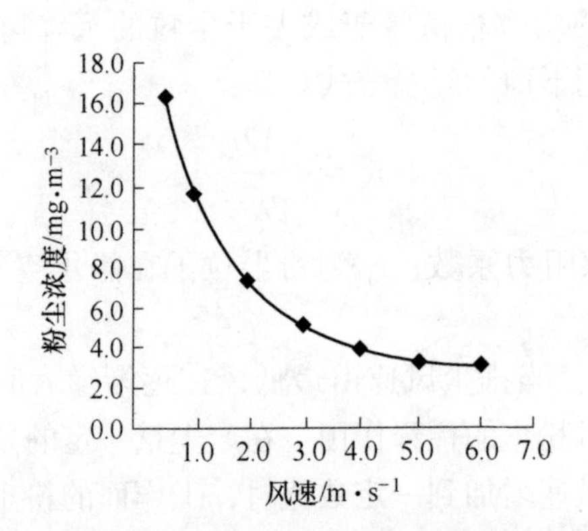

图 4-18　潮湿井巷中粉尘浓度与风速的关系曲线

通风排尘的关键是最佳排尘风速问题。如果风速偏低，粉尘不能被风流有效的冲淡排出，并且随着粉尘的不断产生，造成作业空间粉尘浓度的非定量叠加，导致粉尘浓度持续上升。风速过高，又会吹扬巷道、液压支架及老塘里的积尘，同样会造成粉尘浓度升高。

粉尘控制是一个复杂、多种因素影响的问题，首要的是最好不让粉尘在尘源处就变成浮游状态。一旦成为浮游状态，并且已经离开尘源时，降尘的有效方法就是集尘和通风冲淡。不管怎样，只要粉尘变成浮游状态，降尘将会更加困难。所以，防尘要尽一切可能把粉尘抑制在尘源处，这是非常重要的。

4.4.1.3　通风排尘

通风排尘是通过合理通风来稀释和排出矿井作业场所空气中粉尘的一种除尘方法。在井下作业过程中，虽然各主要产尘环节都采用了相应的防降尘措施，但仍有一部分粉尘，其中绝大部分是呼吸性粉尘悬浮于作业场所空气中难以沉降下来。针对这种情况，通风排尘是降低作业场所粉尘浓度非常有效的方法。

确定合理的通风排尘风速，通风排尘风速包括最低排尘风速、极限排尘风速和最优排尘风速。

（1）最低排尘风速。能使作业场所空气中的呼吸性粉尘保持悬浮状态，并随风流运动而被排出的最低风速，称为最低排尘风速，一般由实验方法确定。《煤矿安全规程》规定，运输巷、采区进回风巷、采煤工作面、掘进中的煤巷和半煤岩巷，允许最低风速为 0.25m/s；掘进中的岩巷、其他通风人行道为 0.15m/s 。国内目前推荐的最低排尘风速为 0.25~0.5m/s 。对于产尘量大的作业场所可适当增大最低排尘风速。

（2）极限排尘风速。极限排尘风速是指能使已经沉积下的粉尘在风流的作用下再次飞扬起来的风速。试验证明，当风速在 4m/s 以下时，粉尘浓度随着风速增加而降低；当风速超过 4m/s 时，粉尘浓度随风速增加而升高。《煤矿安全规程》规定，采煤工作面、掘进中的煤巷、半煤岩巷和岩巷，允许最高风速为 4m/s；运输巷、采区进回风巷允许最高风速为 6m/s 。

（3）最优排尘风速。最优排尘风速是指能使工作面粉尘达到最低浓度、获得最佳降尘效果的风速。一般干燥巷道为 1.2~2m/s ，在潮湿巷道和回采工作面采取防尘措施后将有所增加，一般为 2~2.5m/s。

4.4.2 湿式作业

湿式作业是矿山应用最普遍的一种防尘措施，按除尘机理可将其分为两类：一类是用水湿润、冲洗初生和沉积的矿山粉尘；一类是用水捕集悬浮于矿井空气中的粉尘。这两类除尘方式的效果均是以粉尘得到充分湿润为前提的。

4.4.2.1 用水湿润矿山粉尘

A 粉尘湿润机理

粉尘湿润是液体将尘粒表面气体挤出后在其表面铺展的过程。在这一过程中，固-气界面消失，形成固-液界面和液-气界面，所以湿润过程也就是固-液-气三相界面上表面能变化的过程。

粉尘的湿润性是决定喷雾洒水除尘效果的重要因素。它决定于液体的表面能（表面张力）和尘粒的湿润边界角。湿润边界角是指液体 L 和尘粒界面 AC 与液体表面的切线 AB 间的夹角，即$\angle BAC$，如图 4-19 可知：

$$\cos\theta = \frac{F_{\mathrm{d\cdot a}} - F_{\mathrm{d\cdot w}}}{F_{\mathrm{w\cdot a}}} \tag{4-3}$$

式中，$F_{\mathrm{d\cdot a}}$为尘、气界面的表面张力，Pa；$F_{\mathrm{d\cdot w}}$为尘、液界面的表面张力，Pa；$F_{\mathrm{w\cdot a}}$为液、气界面的表面张力，Pa。

若 $\cos\theta<0$，即 $\theta>90°$时，尘粒不被水湿润；若 $1>\cos\theta>0$，即 $\theta<90°$时，尘粒能被水湿润；如果 $\cos\theta=1$，即 $\theta=0$ 时，就能完全湿润。

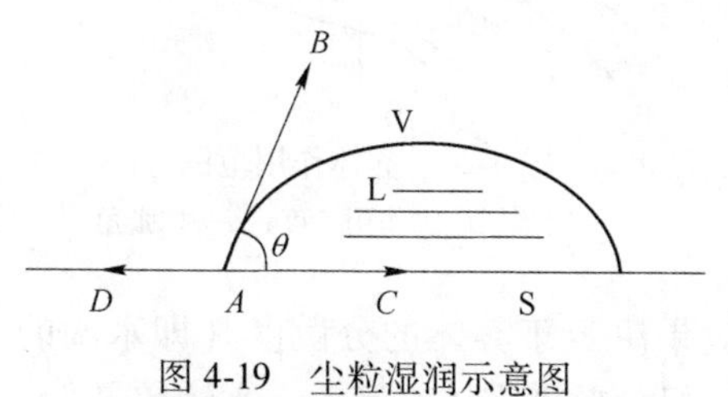

图 4-19 尘粒湿润示意图

V—气相；L—液相；S—固相

容易被水湿润的粉尘称亲水性粉尘，不容易被水湿润的粉尘称为憎水性（或疏水性）粉尘。根据粉尘的这一特性来选择除尘方式及设备，前者用水除尘的效果良好，后者用水除尘时，要在水中添加表面活性物质，降低水的表面张力，否则除尘效果差。

各种矿岩的湿润边界角大小因其矿物成分和岩石学成分不同而不同，表4-4列出了部分矿岩的湿润边界角。

表4-4　矿岩的湿润边界角

矿岩类型	边界角/(°)	矿岩类型	边界角/(°)
石英	0~10	贫煤	71
碳质页岩	43	肥煤	78
黏土页岩	0~10	气煤	62
砂页岩	0~10	长焰煤	60
无烟煤	68		

B　喷雾洒水的作用

喷雾洒水是将压力水通过喷雾器（又称喷嘴）在旋转或冲击作用下，使水流雾化成细散的水滴喷射于空气中，其作用范围如图4-20所示。喷雾洒水的捕尘作用主要体现为：

（1）高速流动的水滴与浮尘碰撞后，尘粒被湿润，由于凝聚、增重，并在重力作用下沉降。

（2）高速流动的雾体将其周围的含尘空气吸引到雾体内湿润下沉。

（3）将已沉降的粉尘湿润固结、增重，使之不易二次飞扬。

（4）增加沉积煤粉尘的水分，预防煤粉尘、瓦斯爆炸事故的发生。

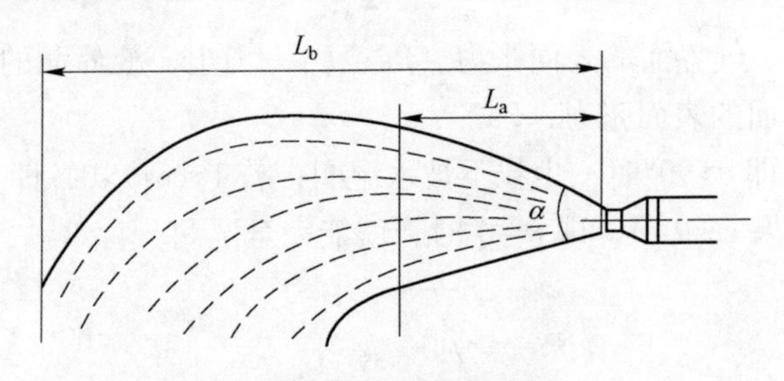

图4-20　雾体作用范围

L_a—射程；L_b—作用长度；α—扩张角

喷雾洒水的捕尘效果决定于雾体的分散度（即水滴的大小与比值）以及尘粒与水滴的相对速度。粗分散度雾体水滴大，水滴数量少，尘粒与水滴相遇时会因旋流作用而从水滴边绕过，不被捕获。过高分散度的雾体，水滴十分细小，容易气化，捕尘效率也不高。实验结果表明，用0.5mm的水滴喷洒粒径为10μm以上的粉尘时，捕尘率为60%；粉尘粒径为5μm时，捕尘效率为23%；粉尘粒径为1μm时，捕尘率仅有1%。将水滴直径减小到0.1mm，雾体速度提高到30m/s时，对2μm尘粒的捕尘率可提高55%。因此，粉尘的分散度越高，要求水滴的直径也越小，一般来说，水滴的直径在10~15μm时，捕尘效果最好，因其有利于冲破水的表面张力而将尘粒湿润捕捉。

喷雾洒水除尘，简单方便，广泛用于采掘机械切割、爆破、装载、运输等生产过程中，缺点是对微细尘粒的捕集效率较低。雾体的分散度、作用范围和水滴运动速度，决定于喷雾器的构造、水压和安装位置。应根据不同生产过程中产生的粉尘分散度选用合适的喷雾器，才能达到较好的除尘效果。

因此，喷雾洒水应在矿岩的装载、运输和卸落等生产过程和地点以及其他产尘设备和场所都需进行。矿山粉尘湿润后，尘粒间互相附着凝集成较大尘团，同时增强了对巷道周壁或矿岩表面的附着性，从而抑制矿山粉尘飞扬，减少产尘强度。某矿实测装岩过程洒水防尘效果是：

不洒水、干装岩工作地点矿山粉尘浓度大于10mg/m^3；

装岩前一次洒水工作地点矿山粉尘浓度约为5mg/m^3；

分层多次洒水工作地点矿山粉尘浓度小于2mg/m^3。

洒水要利用喷雾器进行，这样喷洒均匀，湿润效果好，耗水量少。洒水量应根据矿岩的数量、性质、块度、原湿润程度及允许含湿量等因素确定，一般每吨矿岩可洒水10~20L。生产强度高，产尘量大的设备或地点，应设自动喷淋洒水装置。

凿岩、爆破、出渣前，应清洗工作面10m内的巷道，进风道、人行道及运输巷道的岩壁，每季至少应清洗一次。

4.4.2.2 湿式凿岩

根据《矿山安全生产监督管理条例》，在矿井采掘过程中，为了大量减少或基本消除粉尘在井下飞扬，必须采取湿式凿岩、水封爆破等生产技术措施。在有条件的矿井还应通过改进采掘机械结构及其运行参数等方法减少采掘工作面的粉尘产生量。

湿式凿岩就是在凿岩工作中，将压力水通过凿岩机送入并充满孔底，以湿润、冲洗和排出产生的粉尘。它是凿岩工作普遍采用的有效防尘措施。

湿式凿岩有中心供水和旁侧供水两种供水方式，目前使用较多的是中心供水式凿岩机。湿式凿岩的防尘效果取决于单位时间内送入钻孔的水量。只有向钻孔底部不断充满水，才能起到对粉尘的湿润作用，并使之顺利排出。为了提高湿式凿岩的捕尘效果，应注意以下几个问题。

（1）水量。要有足够的水量，使之充满孔底，同时，要使钻头出水尽量靠近钎刃部分。这样，粉尘生成后就能立即被水包围并湿润，同时可以防止粉尘与空气接触，避免在其表面形成吸附气膜而影响湿润效果。钻孔中冲水程度越好，粉尘向外排出过程中与水接触的时间越长，湿润效果就越好。各种凿岩机在出厂时，都提出了供水要求，应按规定供水。

(2) 气动凿岩机应避免压气或空气混入凿岩水中。压气或空气混入凿岩用水进入孔底，一方面可能在粉尘表面形成吸附气膜；另一方面，在水中形成气泡，微细粉尘附于气泡而逸出孔外，从而严重地影响除尘效果。压气或空气混入的主要原因是：中心供水凿岩机水针磨损、过短、断裂或者各活动部件间隙增大。为此必须提高水针质量，加强设备的维修，以减少和消除这种现象的发生。再者，凿岩时，一定要先给水，后供风，避免干打眼，并且给水开关不要开得过小。

(3) 水压。水压直接影响供水量的大小。从防尘效果看，水压越高越好，尤其是上向凿岩，水压高能保证对孔底的冲洗作用。但是，由于水压过高时，会产生钎尾返水，返水冲洗机腔内的润滑油，阻止活塞运动，降低凿岩效果，因此对中心供水凿岩机要求水压比风压低50~100kPa。水压过低，供水量又会不足，易使压气进入水中，影响除尘效果。一般要求水压不低于300kPa。

(4) 使用降尘剂。为提高对疏水性粉尘和微细粉尘的湿润效果，可在水中加入降尘剂。前苏联试验表明，凿岩用水中加入湿润剂比用清水可降低粉尘浓度一半左右。

(5) 防止泥浆飞溅和二次雾化。从钻孔中流出的泥浆可能被压气雾化而形成二次矿山粉尘，这在凿岩产尘中占有很大比例，特别是上向凿岩，要采取泥浆防护罩，控制凿岩机排气方向等防治措施。

(6) 尽量减少微细粉尘产生量。保持钎头尖锐，保证足够风压（大于500kPa），水量充足等都可减少微细粉尘量的产生。

4.4.2.3　用水捕捉悬浮矿山粉尘

把水雾化成微细水滴并喷射于空气中，使之与尘粒相接触碰撞，使尘粒被捕捉而附于水滴上或者被湿润尘粒相互凝集成大颗粒，从而提高其沉降速度，加之采取必要的通风措施。这种措施对高浓度作业地点会大大提高对矿山粉尘的搜集及稀释排出，降低粉尘浓度的效果。图4-21所示为爆破后采取不同喷雾降尘措施降尘效果图。

A　水滴捕尘机理

(1) 惯性碰撞。如图4-22所示，尘粒和水滴之间的惯性碰撞是湿式除尘的最基本的除尘作用。直径为D的水滴与含尘气流具有相对速度，气流在运动过程中如果遇到水滴会改变气流方向，绕过物体进行运动，运动轨迹由直线变为曲线，其中细小的尘粒随气流一起绕流，粒径较大和密度较大的尘粒具有较大的惯

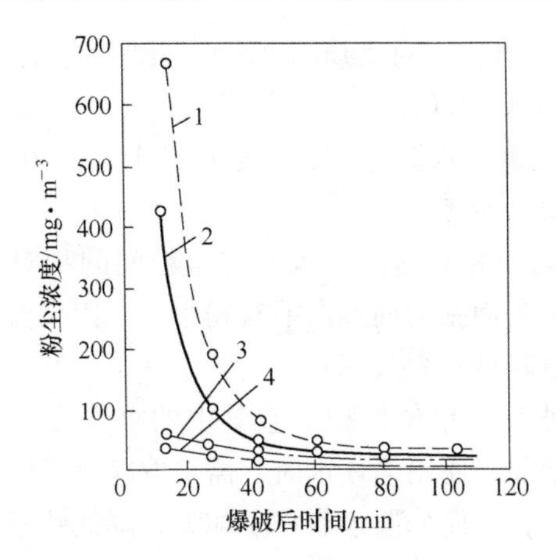

图 4-21 爆破区喷雾、通风与矿尘浓度的关系

1—无喷雾，无通风；2—无喷雾，有通风；3—有喷雾，无通风；4—有喷雾，有通风

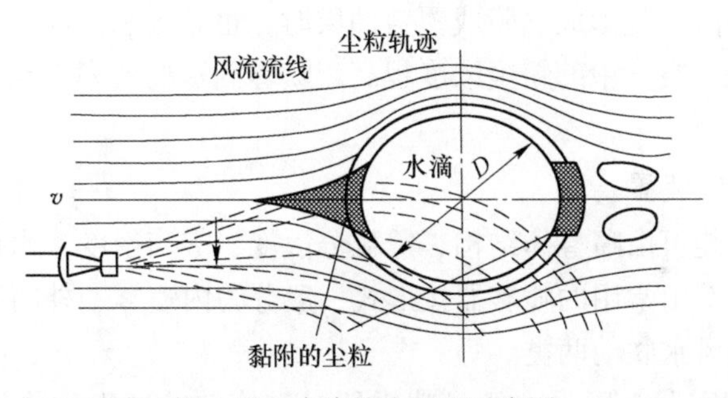

图 4-22 水滴捕尘机理示意图

性，便脱离气流的流线保持直线运动，从而与水滴相撞。由于尘粒的密度较大，因惯性作用而将保持其运动方向，在一定粒径范围的尘粒由于黏性与水滴碰撞并黏附于水滴上。相对速度越大，所能捕获的尘粒粒径范围越大，1μm 以上的尘粒，主要是靠惯性碰撞作用捕获。

（2）扩散作用。通常尘粒粒径 0.3μm 以下的粉尘，由于质量很小，随风流而运动，在气体分子的撞击下，微粒像气体分子一样，做复杂的布朗运动。但其扩散运动能力较强。在扩散运动过程中，可与水滴相接触而被捕获。

（3）凝集作用。凝集有两种情况，一种是以微小尘粒为凝结核，由于水蒸气的凝结使微小尘粒凝聚增大；另一种是由于扩散漂移的综合作用，使尘粒向液滴移动凝聚增大，增大后的尘粒通过惯性的作用加以捕集。水滴与尘粒的荷电性也促进尘粒的凝集。

B 影响水滴捕尘效率的因素

（1）水滴的粒径与分布密度。水滴粒径大小与分布密度是影响捕尘效率的重要因素，对于不同粒径的粉尘，有一捕获的最宜水滴直径范围，一般认为尘粒越小，最宜水滴直径越小，而对 5μm 以下的微细粉尘最适宜水的直径为 40～50μm，最大不宜超过 100～150μm。

在同样喷水量情况下，水滴越细，总表面积越大，在空气中的分布密度越大，则与粉尘的碰撞机会越多。

（2）水滴与尘粒间的相对速度。水滴与尘粒间的相对速度越高，冲击能量越大，有利于克服水的表面张力而湿润捕获粉尘。但因风流速度高而使尘粒与水滴的接触时间缩短，也降低捕尘效率。

（3）喷雾水量与水质。单位体积的空气中的喷雾洒水量越多，捕尘效率就越高，但所用动力也增加。使用循环水时，需采取净化措施，如水中微细粒子增加，将使水的黏性增加，且使分散水滴粒度加大，降低效率。

（4）粉尘的性质。粉尘的湿润性对湿式捕尘有重要影响。不易湿润的粉尘（疏水性粉尘）与水滴碰撞时，会产生反弹现象，虽然碰撞也难以将其湿润捕获。尘粒表面吸附空气形成气膜或覆盖油层时，也难被水湿润。密度大的粉尘相对易于被水捕获。空气中的粉尘浓度越高，喷雾洒水的效率也越高，但排出的粉尘浓度也越大。

C　喷雾洒水装置

喷雾器的性能可由喷雾体结构、雾粒分散度、雾滴密度、水压、水量等参数表示。中国井下矿山常用的喷雾器按形式一般分为内喷雾、外喷雾两种。按其动力可分为水力和风水联动两类。

（1）水力喷雾器。压力水经过喷雾器，靠旋转的冲击力作用，使之形成水幕喷出。水力喷雾器类型很多，目前市场有成品供应，其中，使用较好的武安-4 型喷雾器水力性能见表 4-5。水力喷雾器结构简单、轻便，具有雾粒较细、耗水量少、扩张角大的特点，但射程较小，适用于固定尘源喷雾，如采掘工作面运输机转载点、翻罐笼、料仓、装车站等处的喷雾降尘。单水喷雾器对捕捉 5μm 以下的粉尘，降尘率一般不超过 30%，但若提高水压、减小出水孔径，可增加喷射速度和雾滴分散度，提高降尘率。

表 4-5　武安-4 型喷雾器水力性能

出水孔径/mm	水压/MPa	耗水量/L·min^{-1}	作用长度/m	射程/m	扩张角/(°)	雾粒尺寸/μm
2.5	0.3	1.49	1.5	1.0	98	100～200
2.5	0.5	1.95	1.7	1.2	108	
3.0	0.3	1.67	1.6	1.3	102	150～200
3.0	0.5	2.11	1.8	1.3	110	
3.5	0.3	1.90	1.7	1.2	106	150～200
3.5	0.5	2.43	1.8	1.3	114	

（2）引射式喷雾器。引射式喷雾器是根据引射涡流原理制作的一种新型喷雾器。其特点是带有引风筒或引风罩，在喷雾的同时造成一股引射风流，具有二次雾化作用，提高了雾化质量。其具有结构紧凑合理、尺寸小、质量轻、使用方便可靠、降尘效果好等优点。

（3）气水喷雾器。这种喷雾器是根据压气雾化液体的原理设计的，即借助于压气的作用，使压力水分散成雾状水滴并喷射出去。

气水喷雾器具有雾化程度高、喷雾射程远等优点。在压力不小于 0.3～0.4MPa 、耗水量 10～12L/min 的情况下，能达到 5m 以上的射程，且水雾细、密度大，对呼吸性粉尘的捕获效果显著。一般捕尘效率可达 90%。

（4）喷雾自动控制。矿井有些作业，应考虑实行自动控制喷雾，如装车、卸车、卸矿等间断作业，装卸时要喷雾，不作业时应停止喷雾；净化水幕需长时间工作，车辆或人员通过时，应暂停喷雾；爆破后工作地点烟尘大，人员不能进入操作等。自控方式有机械、电触点、光电、超声波、爆破波等，应根据作业条件与环境采用。

4.4.2.4 “水炮泥”和水封爆破

“水炮泥”是用盛水的塑料袋代替或部分代替炮泥充填于炮眼内，爆破时水袋在高温高压爆破波的作用下破裂，使大部分水被汽化，然后重新凝结成极细的雾滴井和同时产生的粉尘相接触碰撞，形成雾滴的凝结核或被雾滴所湿润而起到降尘作用。水炮泥爆破除具有降尘效果外，对减小爆焰、降低湿度、防止引燃事故以及减少烟量和有毒有害气体含量效果也十分显著。

水封爆破和水炮泥的作用相同，它是将炮眼内的炸药先用炮泥填好，然后再给炮眼口填一小段炮泥，两段炮泥之间的空间，插入细水管注水、封堵水管孔后，进行爆破。由于水封爆破在炮眼的水流失过多时会造成放空炮，加之其作业过程较复杂等原因，现已处于逐渐被淘汰的状态。

水炮泥在炮眼中的布置方法对爆破效果很重要。一般情况下采用下面三种方法：

（1）先装炸药，再装水炮泥，最后装黄泥，如图 4-23 所示。

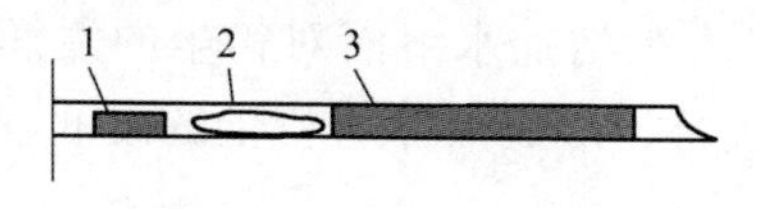

图 4-23 水炮泥布置图

1—黄泥；2—水炮泥；3—炸药

（2）先装水炮泥和炸药，再装水炮泥和黄泥。

（3）先装水炮泥和炸药，再装水炮泥（不装黄泥）。

具体装填方法，应视炮眼深度而定，国内矿井一般多采用第一种方式。

根据双鸭山矿务局在四次半煤岩、四次全岩巷道掘进时，对使用普通炮泥和水炮泥爆破产尘浓度进行了对比观测：在放炮后30s，工作面使用普通炮泥时粉尘浓度387.5mg/m^3，而采用水炮泥时为50mg/m^3，降尘效率达87%。

大电姚桥矿在煤巷掘进中使用水炮泥取得了类似的效果，见表4-6。

表4-6　水炮泥使用效果比较表

试验地点	测尘次数	作业程序	粉尘浓度/mg·m^{-3}			炮烟扩散时间/min	
			未用	使用	降尘率/%	未用	使用
4017掘进巷	12	拉槽	425	145	65.88	10	5
4015掘进巷	12	刷帮	845	245	71.00	10	5
平均			635	195	69.29		

如果在水炮泥中同时添加湿润剂、黏尘剂等物质，可大大提高降尘效率。此外，德国等西方国家已开始应用化学材料代替水炮泥中的水，这些材料大多具有较好的膨胀性能，因此爆炸时的封堵效果和降尘效果更好。中国研制出的凝胶水炮泥也取得了良好的降尘、降烟效果。

4.4.2.5　物理化学降尘技术

自20世纪60年代在国外井下矿山应用表面活性剂降尘以来，物理化学降尘技术得到了迅猛发展。中国是从20世纪80年代开始试验并推广应用降尘剂等物理化学降尘技术的，目前已在井下进行实验与应用的物理化学防尘方法主要有：水中添加降尘剂降尘、泡沫除尘、磁化水降尘及黏尘剂降尘等。

A　添加降尘剂降尘

水中添加降尘剂是在水力除尘的基础上发展起来的一种降尘技术。通常情况下，水的表面张力较高，微细粉尘不易被水迅速、有效地湿润，致使降尘效果不佳。但是，不可否认的是，水力除尘方法是迄今为止最为简便、有效、易于推广的除尘方法之一。

(1) 添加降尘剂机理。据实验，几乎所有的降尘剂都具有一定的疏水性，加之水的表面张力又较大，对粒径在2μm以下的粉尘，捕获率只有1%~28%左右。添加降尘剂后，则可大大增加水溶液对粉尘的浸润性，即粉尘粒子原有的固-气界面被固液界面所代替，形成液体对粉尘的浸润程度大大提高，从而提高降尘效率。

降尘剂主要由表面活性物质组成。矿用降尘剂大部分为非离子型表面活性剂，也有一些阴离子型表面活性剂，但很少采用阴离子型。表面活性剂是由亲水基和疏水基两面活性剂分子完全被水分子包围，亲水基一端被水分子吸引，疏水基一端被水分子排斥。亲水基被水分子引入水中，疏水基则被排斥伸向空气中，如图4-24所示。于是表面活性剂分子会在水溶液表面形成紧密的定向排列层，即界面吸附层。由于存在界面吸附层，使水的表层分子与空气接触状态发生变化，接触面积大大缩小，导致水的表面张力降低，同时朝向空气的疏水基与粉尘之间有其吸附作用，而把尘粒带入水中，得到充分湿润。

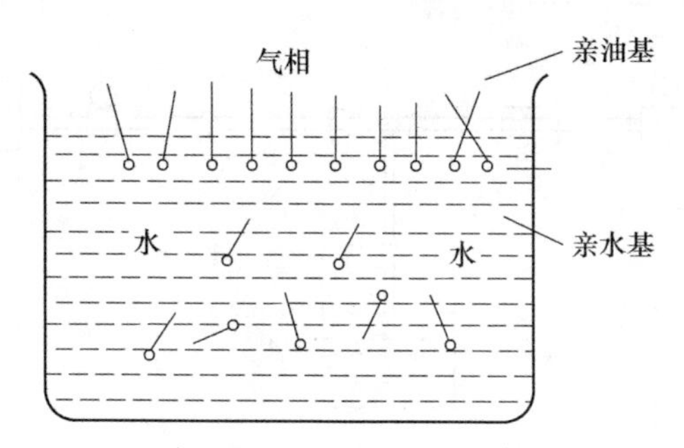

图 4-24 在水中的降尘剂分子示意图

（2）降尘剂的添加方法。降尘剂在实际应用中，不但要通过实验选择最佳浓度，而且还要解决添加方法。目前中国矿山主要采用以下五种添加方法。

1）定量泵添加法。通过定量泵把液态降尘剂压入供水管路，通过调节泵的流量与供水管流量配合达到所需浓度。

2）添加调配器。其添加原理是，在降尘剂溶液箱的上部通入压气（气压>水压），承压降尘剂溶液经液导管和三通元件添加于供水管路中。这种方法结构简单，操作方便，无供水压力损失，但必须以气压作动力。

3）负压引射器添加法。降尘剂溶液被文丘里引射器所造成的负压吸入，并与水流混合添加于供水管路中。添加浓度由吸液管上的调节阀控制。由于这种方法成本低、定量准确，较多被各矿井所采用。

4）喷射泵添加器。与前面的添加器相比，主要区别在于喷射泵有混合室，因此用喷射泵调配降尘剂可使其与水混合较好、定量更准确、供水管路压损小，工作状态稳定。

5）孔板减压调节器。降尘剂溶液在孔板前的高压水作用下，被压入孔板后的低压水流中，通过调节阀门获得所需溶液的流量。

B 泡沫除尘

泡沫除尘是用无空隙的泡沫体覆盖源，使刚产生的粉尘得以湿润、沉积，失去飞扬能力的除尘方法。

20 世纪 70 年代中期，英国最先开展了这方面的研究，此后，美国、日本等国相继试验与研究，取得了一定的成果。近年来，中国已在满安、汾西、铁法等矿务局进行了研究与试验，取得了良好效果。

1）泡沫剂与泡沫剂溶液。能够产生泡沫的液体叫泡沫剂。纯净的液体是不能形成泡沫的，只要溶液内含有粗粒分散胶体、胶质体系或者细粒胶体等形成的可溶性物质时才能形成泡沫。在中国矿山曾进行 17 种不同表面活性剂的发泡剂除尘实验，取得的最佳参数是：倍数 100~200 倍、泡沫尺寸小于 6~10μm。

2）发泡原理。现根据图 4-25 对发泡原理说明如下。

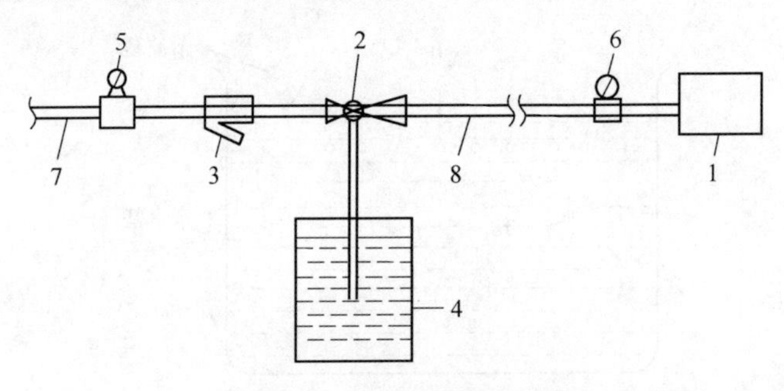

图 4-25　发泡原理示意图

1—发泡喷头；2—管路定量分配器；3—过滤器；4—发泡液储槽；5，6—压力表；7，8—高压软管

由高压软管 7 供给的高压水，进入过滤器 3 中加以净化，随后流入管路定量分配器 2，此处由于高压水引射作用将发泡液储槽 4 中的发泡液按定量（一般混合比为 0.1%~1.5%）吸出。含有发泡原液的高压水通过高压软管 8 流入发泡喷头。

在一定的风速下，喷洒在网格上的雾滴直径和均匀性，直接影响到成泡率的大小：雾滴过小时，容易穿过网孔漏掉，而不能成泡；雾滴过大，气泡耗液量增大，开始还可导致泡沫的强度和倍数增加，但增加到一定界限时二参数急剧下降，而且随着泡沫耗液量的增加，会使更多的溶液在发泡过程中不起作用。

泡沫降尘可应用于综采机组、掘进机组、带式运输机以及尘源较固定的地点，一般泡沫降尘效果较高，可达 90%以上，尤其是对降低呼吸性粉尘效果显著。

C　磁化水除尘

目前，国内外对水系磁化技术的应用日趋广泛，水系磁化这门边缘科学已引起各领域的高度重视。前苏联最先进行了磁化水除尘试验。据列宁矿山和十月矿山对磁化水与常水降尘率进行对比试验表明，其平均降尘率可提高 8.15%~21.08%，此外，在磁水中添加湿润剂还可在此基础上提高降尘率 38%左右。中国是从 20 世纪 80 年代末开始在井下进行有关实验研究的。

（1）磁化水降尘原理。磁性存在于一切物质中，并与物质的化学成分及分子结构密切相关，因此派生出磁化学。实践过程中又将其分为静磁学和共振磁学两种。目前国内外降尘用磁水器都是在静磁学和共振磁学理论基础上发展起来的。

磁化水是经过磁水器处理过的水，这种水的物理化学性质发生了暂时的变化，此过程叫做水的磁化。磁化水性质变化的大小与磁化器磁场强度、水中含有的杂质性质、水在磁化器内流动速度等因素有关。

磁化处理后，由于水系性质的变化，可以使水的硬度突然升高，然后变软；水的电导率、黏度降低；水的晶格发生变化，使复杂的长链状变成短链状，水的氢键发生弯曲，并使水的化学键夹角发生改变。因此，水的吸附能力、溶解能力及渗透能力增加，使水的结构和性质暂时发生显著的变化。

此外，水被磁化处理后，其黏度降低、晶构变小，会使水珠变小，有利于提高水的雾化程度，增加与粉尘的接触机会，提高降尘效率。

（2）国产磁水器。目前，中国矿山推广应用的磁水器主要有 TFL 系列磁水器、RMJ 系列磁水器及尘敌系列磁水器等，现将前两种磁水器简介如下。

1）TFL 型高效磁化喷嘴降尘器。TFL 系列磁水器分为 TFL-A、TFL-B、TFL-C 三种类型，是根据静磁学原理设计的。该磁水器选用钕铁硼高速磁铁，正交法使磁力线切割；通过折流直速度变换法加大水的磁化率；采用了切线注入法使喷嘴喷出的雾状呈 150°的空心圆锥形。因此具有磁化率高、体积小、雾化效果好、耗水量低等优点，其技术性能见表 4-7。

表 4-7 TFL 型磁水器技术性能

工作水压/MPa	磁场强度/GS	耗水量/L · min^{-1}	切割次数/次	使用水温/℃
0.3~3.5	2200~3000	<0.36	3	5~30

工作水压/MPa	规格（直径×高）/mm×mm			除尘效率①/%	
	A 型	B 型	C 型	全尘	呼吸性粉尘
0.3~3.5	15×62	20×64	25×70	36.5	49.2

①除尘效率是指与常水相比提高的幅度。

TFL 系列磁水器已在中国一些矿山进行工业性试验。在邢台矿务局邢台矿试验情况表明，使用该磁水器比使用非磁化喷嘴，全尘降尘率平均可提高 36.5%. 呼吸性粉尘平均可提高近 50%，见表 4-8。

表 4-8 TFL 型高效磁化喷嘴降尘效果

试验地点及工序	全尘浓度/mg · m^{-3}		[(a−b)/a]/%	试验地点及工序	全尘浓度/mg · m^{-3}		[(a−b)/a]/%
	非磁化水(a)	磁化水(b)			非磁化水(a)	磁化水(b)	
23306	14.5	9.4	35.0	23306	4.0	1.5	62.5
综采	16.0	14.0	12.5	综采	6.0	4.0	33.3
工作面	17.5	9.5	45.7	工作面	5.5	2.0	63.6
7708	23.4	13.0	44.4	7708	9.0	4.5	50.0
综采	19.0	10.5	44.7	综采	7.0	4.0	57.1
工作面	19.0	14.5	23.7	工作面	8.0	4.5	43.8

续表 4-8

试验地点及工序	全尘浓度/mg·m^{-3}		[(a-b)/a]/%	试验地点及工序	全尘浓度/mg·m^{-3}		[(a-b)/a]/%
	非磁化水(a)	磁化水(b)			非磁化水(a)	磁化水(b)	
7102	16.9	10.5	37.8	7102	7.0	5.0	28.6
综采	12.0	7.0	41.7	综采	6.0	3.0	50.0
工作面	12.0	6.5	45.8	工作面	6.5	2.5	61.5
平均	16.6	10.5	36.5	平均	6.56	3.4	49.2

2）RMJ 型磁水器。RMJ 型磁水器按规格分为 RMJ-1 型、RMJ-2 型、RMJ-3 型三种类型。

该磁水器是在前苏联的内磁式和美国的外磁式基础上开发的一种共振式磁场处理装置，它兼容了内外磁式的优点。据实验室测试表明，共振式磁场处理物对磁性的吸收率较高，从场型来看，共振场型优于交变场型。RML 型磁水器的结构特点是：场强适中、中等流速、切割次数合理。喷雾装置采六角塑料喷头，磁场处理的有效范围 50m。喷雾时的技术参数如下：水压为 1MPa 时，雾体的张角为 30°、有效射程 1.8m 、水的流量 1.9L/min。

在徐州矿务局韩桥矿试验结果表明：磁化后水的永久硬度由常水的 18.76 下降到 16.97 和 17.50 ；电导率由 0.95×10^3 S/m 下降为 0.78×10^3 S/m 和 0.72×10^3 S/m；pH 为 7.04 和 7.02，符合矿井防尘用水要求。此外，磁化水较常水黏度有所降低，有助于雾化和捕尘率的提高。对磁化水和常水的渗透压进行对比测定结果表明，磁水的渗透压比常水高约 10Pa。

（3）磁化水除尘应用前景。磁化水除尘技术在中国的应用已取得了初步成果，其优越性主要体现为：

1）磁化水降尘设备简单、安装方便、性能可靠；

2）成本低、易于实施、一次投入长期有效；

3）降尘效率高于其他物理化学方法。

据现场测试表明，清水、添加湿润剂及磁化水降尘对比情况是：若以清水降尘效率 100%计，则湿润剂降尘率为 166%，而磁化水降尘率 282%。因此，随着此项技术的日趋完善，必将产生良好的社会、经济效益。

D　黏尘剂抑尘

如前所述，在较大的风速下，沉积于矿井中的粉尘，会重新飞扬，形成二次尘源，此外，在煤矿中还可引起煤尘瓦斯爆炸事故。为此，各矿井普遍采用定期洒水、冲洗以及在巷道中撒布岩粉等措施，抑制粉尘的二次飞扬。

班后冲洗是目前最常用的方法，但是这种方法的缺点也很明显：由于矿井粉尘大多具有较强的疏水性、水的表面张力又很大，如之水分容易蒸发，洒水冲洗后，粉尘将迅速风干，重新具备飞扬的能力，致使矿井巷道周壁、棚梁、柱后及破碎岩石缝隙中存在着大量粉尘，造成了安全隐患。虽然至今仍有一些矿山还在应用着撒布岩粉抑制粉尘的方法，但由于其劳动强度大、撒布技术要求高等原因而趋于淘汰阶段，因此越来越多的国家正在倾向于应用黏尘剂抑制粉尘技术。目前，世界各国每年都有新的矿用黏尘剂配方专利在发表，其中较著名的有：美国的DCL-1803型黏尘剂、Conhex型黏尘剂，日本的SS-01剂和SS-02剂、TH-C剂，南非的ANTI型疏水防尘剂，德国的MONTAN型黏尘剂等。进入20世纪90年代，中国在此方面的研究与试验也取得了良好的效果，现已开发出NCZ-1型黏尘阻燃剂、丙烯酸酯型黏尘剂、乙内酰胺型黏尘剂及CM保湿型黏尘剂等。

(1) 吸湿性盐类黏尘剂作用原理。多数黏尘剂抑尘的原理是：通过无机盐（如氯化钙或氯化镁等）不断地吸收空气中的水分，使得沉积于黏尘剂的粉尘始终处于湿润状态，同时由于在黏尘剂添加有表面活性物质，所以它比普通的水更容易湿润矿井粉尘。

只有在空气相对湿度小于40%时，黏尘剂才会发生结晶现象。由于矿井空气湿度一般均在80%以上，因此黏尘剂是不会发生结晶的。黏尘剂溶液的浓度随着所处环境空气温度和湿度的变化而变化，主要体现为从空气中吸收或者排出水分。图4-26为NCZ-1型黏尘剂在不同相对湿度下的吸湿平衡浓度。

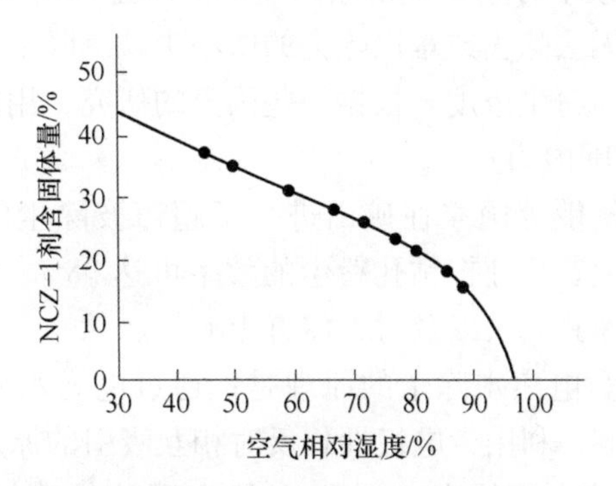

图4-26 NCZ-1型黏尘剂的吸湿平衡浓度

黏尘剂可以持续黏结由井下空气带来的、不断沉积于巷帮与底板的粉尘，随着黏结粉尘量的增加，黏尘剂需要不断吸收空气中的水分，达到新的吸湿平衡浓度，当粉尘沉积量超过平衡浓度时，黏尘剂将固化，需要重新喷洒黏尘剂。

(2) 黏尘剂抑尘方法的发展动向。如前所述，由于吸湿性无机盐类黏尘剂虽然具有抑尘效果好、成本低廉等优点，而得到了推广应用，但其缺点也是较明显的，如容易受许多因素影响而降低其黏尘效果，在空气湿度较大的井巷中或者在倾斜巷道中容易流失等，此外，若添加的缓蚀剂不当，则还将具有一定的腐蚀性。因此，目前世界各国开始试用一些有机物为主体的黏尘剂，这些黏尘剂具有机械防腐性和较高的黏性，因此很好地解决了无机盐类黏尘剂因流失而降低其有效使用期的问题，如美国的 DCL-1803 剂等有机物类黏尘剂在矿井中的有效使用周期达到了 3 个月以上。此外，这些黏尘剂不怕细菌分解，在 CO_2 等气体中也是稳定的。一些有机物类黏尘剂还具有触变性，即当黏尘剂受到机械负荷时，其黏性降低，负荷消失时黏性又自然恢复，因此可用水泵将它附着于巷壁上，以后恢复黏性持续捕尘。有机物类黏尘剂主要由高分子醇（如甘油、索氏体等）或低分子脂肪酸类组成，有些还添加有碳酸钙、氢氧化铝等无机物防腐剂。总之，新一代黏尘剂的研究成功，将对矿井综合防尘工作带来巨大的影响。

E　湿润剂

为提高水对疏水性矿山粉尘及微细矿山粉尘的湿润能力，可向水中加入湿润剂。湿润剂的主要作用是降低水的表面张力，提高湿润除尘的效果。中国现有 CHJ-l 型、HY 型等多种湿润剂，可应用于湿式作业用水中。

4.4.2.6　其他物理化学防尘技术

除上述理化除尘方法外，国内外一些粉尘研究部门还在探讨超声波除尘、电离水除尘、微生物法除尘等方面的降尘试验，均取得了一定效果。

(1) 超声波除尘。利用超声波除尘的基本原理是：在超声波的作用下，空气将产生激烈振荡，悬浮的尘粒间剧烈碰撞，导致尘粒的凝结沉降。试验证明，超声波可使那些用水无法除去或难以除去的微小尘粒沉降下来，但必须控制好超声波的频率以及相应的粉尘浓度。根据一些国家的研究，用超声波除尘的声波频率在 2000~8000Hz 范围内为宜。

目前已有德、法、俄等国家在矿山进行了超声波除尘的试验与研究。据报道，高效的超声波除尘装置捕捉钻孔粉尘的效率可达 98%~99%。但存在的问题是：功率消耗大、处理时间长以及对人体有影响等。

(2) 电离水除尘。电离水除尘的原理是：通过电离水使弥散于空气中的粉尘粒子及降尘雾滴带电，利用带电极性相反时相互吸引的原理，实现粉尘的凝聚沉降。据报道，国外矿山使用 R 、E 、A 静电喷涂的喷枪，在 30kV 的电压、500mA 的电流及 28. 2L/min 的流量下，使降尘雾滴充正电达到了良好的降尘效果。

(3) 声波雾化降尘技术。调查发现，当前的喷雾降尘技术，普遍存在着降低呼吸性粉尘效果差、耗水量大的缺点，其降尘率一般只有 30%左右。

为改善和提高喷雾降低呼吸性粉尘效果，煤炭科学总院重庆分院研究了声波雾化降尘技术。该项技术是利用声波凝聚、空气雾化的原理，从提高尘粒与尘粒、雾粒与尘粒的凝聚效率以及雾化程度来提高呼吸性粉尘的降尘效率。

产生声能的声波发生器是该项技术的关键。该项技术所研制的声波雾化喷嘴具有普遍压气雾化喷嘴的特点，雾化效果好，耗水量低，雾粒密度大。同时，产生的高频高能声波可以使已经雾化的雾粒二次雾化，减小雾粒直径，提高雾粒与尘粒的凝并效果。在风压为0.3~0.6MPa，耗水量小于1.0m^3/min的条件下，雾粒面积平均径小于30μm，对呼吸性粉尘的降尘率可以大于74%，对总粉尘的降尘率可以达到88%。但缺点是声波雾化喷嘴产生的声波频率在可听范围内，声压级较高，噪声较大；此外，雾粒变小易受环境风流的影响，寿命较短。解决好这两个问题，该技术将取得十分满意的结果。在石炭井白芨沟矿转载点应用该技术时，采用隔声罩等措施较好地解决了上述问题，并取得了良好的效果，总粉尘降尘达到了90.8%，呼吸性粉尘降尘率达到了93.5%。

（4）预荷电高效喷雾降尘技术。基础研究的结果表明，荷电水雾对呼吸性粉尘的降尘效果是随水雾荷质比的提高而线性上升的，最高可达75.7%。说明这一技术途径是可行的。实现这一目的的技术关键是能研制出耗水量小、雾化效果显著、雾粒密度大而且水雾能够荷上足够多的电荷的电介喷嘴。这种喷嘴是建立在传统喷雾降尘机理和电力作用机理的综合作用基础上的特殊雾化元件。

经过大量的定性和定量试验研究，确定了5种电介喷嘴。这些电介喷嘴的水雾荷质比与同型号的铜质喷嘴相比提高了22.7倍，并已形成了系列，可以满足不同尘源特点对不同的需要。这些电介喷嘴的雾化效果也较好，雾粒群的面积平均直径均小于85μm，有效射程、水量分布、水流量等参数均符合行业标准的要求。在各种水压下，雾粒密度均大于2 × 10^{8}颗/(s · m^2)。试验研究结果表明，总粉尘的降尘率是随着水压的上升而单调提高，说明这主要是传统喷雾降尘机理作用的结果。而呼吸性粉尘降尘率则随着水雾荷质比的提高而提高，不随水压的上升而单调提高，说明这主要是电力机理起作用的结果。当水压为1.0~1.5MPa时，水雾荷质比和水压均较高，可获得最高的呼吸性粉尘降低率。在实验室进行降尘试验时，水压在0.7~2.0MPa下电介喷嘴进行荷电喷雾，其呼吸粉尘的降尘率均达到60%以上。

4.4.3 密闭抽尘及净化

4.4.3.1 密闭

密闭的目的是把局部尘源所产生的矿山粉尘限制在密闭空间之内，防止其飞扬扩散，污染作业环境，同时为抽尘净化创造条件。密闭净化系统由密闭罩、排尘风筒、除尘器和风机等组成。矿山用密闭有以下形式。

（1）吸尘罩。尘源位于吸尘罩口外侧的不完全密闭形式，靠罩口的吸气作用吸捕矿山粉尘。由于罩口外风速随距离而急速衰减，控制矿山粉尘扩散的能力及范围有限，适用于不能完全密闭起来的产尘点或设备，如装车点、采掘工作面、锚喷作业等。

(2) 密闭罩。将尘源完全包围起来，只留必要的观察或操作口。密闭罩防止尘飞扬效果好，适用于较固定的产尘点各设备，如胶带运输机转载点、干式凿岩机、破碎机、翻笼、溜矿井等。

4.4.3.2 抽尘风量

(1) 吸尘罩。为保证吸尘罩吸捕矿山粉尘的作用，按下式计算吸尘罩的风量 q_V(m^3/s)：

$$q_V = (10x^2 + A)v_a \tag{4-4}$$

式中，x 为尘源距罩口的距离，m；A 为吸尘罩口断面积，m^2；v_a 为要求的矿山粉尘吸捕风速，m/s，矿山一般取 1~2.5m/s。

(2) 密闭罩。如矿岩有落差，产尘量大，矿山粉尘可逸出时，需采取抽出风量的方法，在罩内形成一定的负压，使经缝隙向内造成一定的风速，以防止矿山粉尘外逸。风量主要考虑如下两种情况。

1) 罩内形成负压所需风量 q_{V1}，可按下式计算：

$$q_{V1} = (\sum A)u \tag{4-5}$$

式中，A 为密闭罩缝隙与孔口面积总和，m^2；u 为要求通过孔隙的气流速度，m/s，矿山可取 1~2m/s。

2) 矿岩下落形成的诱导风量 q_{V2}。某些产尘设备，如运输机转载点，破碎机供料溜槽、溜矿井等，矿岩从一定高度下落时，产生诱导气流，使空气量增加且有冲击气浪，所以，在风量 q_{V1} 基础上，还要加上诱导风量 q_{V2}。

诱导风量 q_{V2} 与矿岩量、块度、下落高度、溜槽断面积和倾斜角度以及上下密闭程度等因素有关，目前多采用经验数值。各设计手册给出了典型设备的参考数。表 4-9 是胶带运输机转载点抽风量参考值。

表 4-9 胶带运输机转载点抽风量

溜槽角度 /(°)	高差 /m	物料末速 /m·s⁻¹	抽风量/m³·s⁻¹ 皮带宽度 500mm			皮带宽度 1000mm		
			q_{V1}	q_{V2}	$q_{V1}+q_{V2}$	q_{V1}	q_{V2}	$q_{V1}+q_{V2}$
45	1.0	2.1	50	750	800	200	1100	1300
	2.0	2.9	100	1000	1100	400	1500	1900
	3.0	3.6	150	1300	1450	600	1800	2400
	4.0	4.2	200	1500	1700	800	2100	2900
	5.0	4.7	250	1700	1950	1000	2400	3400

续表 4-9

溜槽角度 /(°)	高差 /m	物料末速 /m·s^{-1}	抽风量/m^3·s^{-1}					
			皮带宽度 500mm			皮带宽度 1000mm		
			q_{V1}	q_{V2}	$q_{V1}+q_{V2}$	q_{V1}	q_{V2}	$q_{V1}+q_{V2}$
60	1.0	3.3	150	1200	1350	500	1700	2200
	2.0	4.6	250	1600	1850	950	2300	3250
	3.0	5.6	350	2000	2350	1400	2800	4200
	4.0	6.5	500	2300	2800	1900	2300	5200
	5.0	7.3	600	2600	3200	2400	3700	6100

4.4.3.3 除尘器

密闭中含尘空气经风筒与风机抽出后，如不能直接排到回风巷道，必须用除尘器净化，达到卫生要求后，才能排到巷道中。

A 除尘器的类型

除尘器的类型按除尘作用机理可分为以下四种。

（1）机械除尘器，机械除尘技术是指依靠机械力进行除尘的技术，包括重力沉降室、惯性除尘器和旋风除尘器等，其结构简单、成本低，但除尘效率不高，常用作多级除尘系统的前级。

（2）过滤除尘器，包括袋式除尘器、纤维层除尘器、颗粒层除尘器等，其原理是利用矿山粉尘与过滤材料间的惯性碰撞、拦截、扩散等作用而捕集矿山粉尘。这类除尘器结构比较复杂，除尘效率高，但如果矿山粉尘含湿量大时，滤料容易黏结，影响其性能。

（3）湿式除尘器，湿式除尘技术也称为洗涤式除尘技术，是一种利用水（或其他液体）与含尘气体相互接触，伴随有热量、质量的传递，经过洗涤使尘粒与气体分离的技术。包括水浴除尘器、泡沫除尘器等。这类除尘器主要用水做除尘介质，结构简单，效率较高，但需处理污水，且矿井供排水系统较完善，应用较多。

（4）电除尘器，它是利用静电作用的原理捕集粉尘的设备，包括干式与湿式静电除尘器。它利用电离分离捕集矿山粉尘，除尘效率高，造价较高，但在有爆炸性气体和过于潮湿环境，不适于采用。每类除尘器都有多种形式，并向多机理复合作用除尘器发展。

B 除尘器性能

（1）除尘效率。

1）总除尘效率。指含尘气流通过除尘器时，所捕集下来的粉尘量占进入除尘器的总粉尘量的百分数，简称除尘效率，可按下式计算：

$$\eta = \frac{m_c}{m_i} \times 100\% \tag{4-6}$$

式中，η 为除尘效率,%；m_i为进入除尘器的粉尘量，mg/s；m_c为被捕集的粉尘量，mg/s。

在除尘器运行中，通常测定其入口风量与粉尘浓度和排出口风量与粉尘浓度。在入、排风量相等条件下，除尘效率可依下式计算：

$$\eta = \left(1 - \frac{C_o}{C_i}\right) \times 100\% \tag{4-7}$$

式中，C_i为除尘器入口风流中的粉尘浓度，mg/m^3；C_o为除尘器排出风流中的粉尘浓度，mg/m^3。

多级串联工作除尘器的总除尘效率，按下式计算：

$$\eta = [1 - (1 - \eta_1)(1 - \eta_2)\cdots] \times 100\% \tag{4-8}$$

式中，η 为总除尘效率,%；η_i为每一级除尘器清除风流中粉尘的能力，除决定于其结构形式外，还与粉尘的浓度、粒径分布、密度等性质及运行条件等因素有关。

2）分级除尘效率。除尘器的除尘效率与粉尘粒径有直接关系。对某一粒径或粒径区间原粉尘的除尘效率称为分级除尘效率，用下式表示：

$$\eta = \frac{m_{cd}}{m_{id}} \times 100\% \tag{4-9}$$

式中，m_{id}为进入除尘器的粒径区间为 d 的粉尘量，mg/s；m_{cd}为除尘器所捕集的粒径区间为 d 的粉尘量，mg/s。

实际运行中通过测定除尘器入、排风口的粉尘浓度与质量分散度，在入、排风风量相等条件下，用下式计算分级除尘效率：

$$\eta = \left(1 - \frac{C_o w_{cd}}{C_i w_{id}}\right) \times 100\% = \left[1 - (1 - \eta)\frac{w_{cd}}{w_{id}}\right] \times 100\% \tag{4-10}$$

式中，w_{id}为进入除尘器原粉尘中粒径区间为 d 的尘粒质量分数,%；w_{cd}为除尘器排出粉尘中粒径区间为 d 的尘粒质量分数,%；其他符号意义同前。

3）分级除尘效率曲线。将各粒径区间的分级除尘效率分别计算出后，画在除尘效率-粒径坐标上，连成平滑曲线即为分级除尘效率曲线，它可形象地表示除尘器对不同粒径尘粒的除尘效率，便于根据粉尘状况选择除尘器，并在除尘器之间进行比较。

4）通过率 D。是指从除尘器排出风流中仍含有的粉尘量占进入除尘器粉尘量的百分数，它可明显表示出除尘后的净化程度，用下式表示：

$$D = (1 - \eta) \times 100\% \tag{4-11}$$

（2）阻力。是指除尘器入口与出口间的压力损失，主要决定于除尘器的结构形式，工程中常用除尘器阻力系数。除尘器阻力由下式表示：

$$h = \xi\left(\frac{1}{2}\rho v^2\right) \tag{4-12}$$

式中，ξ 为除尘器阻力系数，量纲为1，实验值；v 为与 ξ 相对应的风速，m/s；ρ 为空气密度，kg/m^3。

（3）处理风量。除尘器的处理风量应满足净化系统风量的要求。各类除尘器及其不同规格、型号，都有最适宜的处理风量范围，作为选用的依据。

（4）经济性能。包括除尘器设备费、辅助设备、运转费，维修费以及占地面积等。各类除尘器的主要性能，见表4-10。

表4-10 各类除尘器的主要性能

除 尘 器		净化程度	最小捕集粒径/μm	初含尘浓度/$g\cdot m^{-3}$	阻力/Pa	除尘效率/%
重力沉降室		粗净化	50~100	>2	50~100	<50
惯性除尘器		粗净化	20~50	>2	300~800	50~70
旋风除尘器	中效	粗、中净化	20~40	>0.5	400~800	60~85
	高效	中净化	5~10	>0.5	1000~1500	80~90
湿式除尘器	水浴除尘器	粗净化	2	<2	200~500	85~95
	立式旋风水	各种净化	2	<2	500~800	90~85
	膜除尘器：卧式旋风水膜除尘器	各种净化	2	<2	750~1250	98~99
	泡沫除尘器	各种净化	2	<2	800~300	80~95
	冲击除尘器	各种净化	2	<2	1000~1600	95~98
	文丘里洗涤器	细净化	<0.1	<15	5000~20000	90~98
袋式除尘器		细净化	<0.1	<30	800~1500	>99
电除尘器	湿式	细净化	<0.1	<30	125~200	90~98
	干式	细净化	<0.1		125~200	90~98

4.4.3.4 矿用除尘器

由于矿山的特殊工作条件（如工作空间较小、分散、移动性强、环境潮湿等），除某些固定产尘点（如破碎硐室、装载硐室、溜矿井等）可以选用通用的标准产品外，常常要根据矿井工作条件与要求，设计制造比较简便的除尘器。矿山常用除尘器类型如下。

A 旋风除尘器及其工作原理

如图4-27所示，含尘气流以较高的速度（14~24m/s），切向方向沿外圆筒流进除尘器后，由于受到外筒上盖及内筒壁的限流，迫使气流做自上而下的旋转运动。在气流旋转运动过程中形成很大的离心力，尘粒受到离心力作用，因其密度比空气大千倍以上，使其从旋转气流中分离出来并依靠旋转气流的诱导及重力作用，甩向器壁而下落于集尘箱中。净化后气流旋转向上，由内圆筒排出。在旋转气流中，尘粒获得的离心力 F，见式（4-13）：

$$F = \frac{\pi}{6} \times d_p^3 \times \rho_p \times \frac{v_t^2}{R} \tag{4-13}$$

式中，d_p为尘粒直径，m；ρ_p为尘粒密度，kg/m^3；v_t为尘粒的线速度，m/s；R为旋转半径，m。

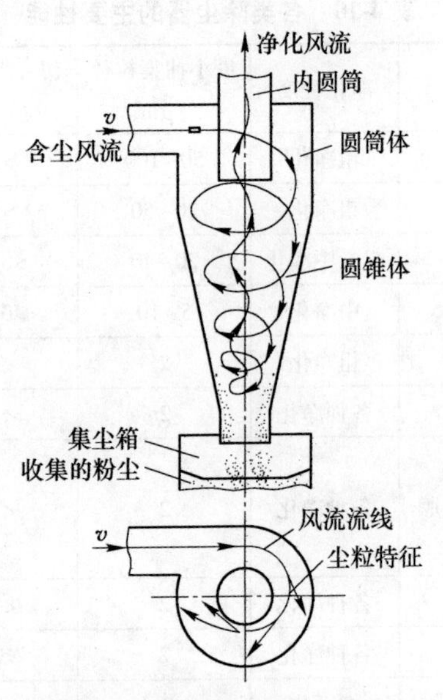

图 4-27　旋风除尘器示意图

旋风除尘的分离粉尘过程是比较复杂的，其有多种结构形式，对粒径 10μm 以上的矿山粉尘除尘效率较高，矿山多用作前级预除尘。

B　袋式除尘器

袋式除尘器是一种使含尘气流通过由致密纤维滤料做成的滤袋，将粉尘分离捕集的除尘装置，袋式除尘器主要由袋室、滤袋、框架、清灰装置等部分组成。其捕尘机理如图 4-28 所示。

初始滤料是清洁的，含尘气流通过时，主要靠粉尘与滤料纤维间的惯性碰撞、拦截、扩散及静电吸引等作用，将粉尘阻留在滤料上。机织滤料主要是将粉尘阻留于表面，非机织滤料除表面外还能深入内部，但都是在滤料表面形成一初始粉尘层。初始粉尘层比滤料更致密，孔隙曲折，细小而且均匀，捕尘效率增

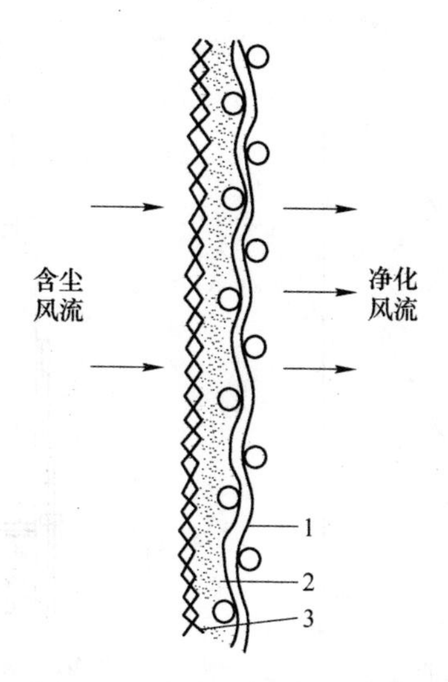

图 4-28 滤布过滤作用示意图

1—滤布；2—初始层；3—捕集粉尘

高，这是袋式除尘器的主要捕尘过程。图 4-29 表示新滤布与积尘后滤布的除尘效率的变化。

初始粉尘层形成后捕尘效率提高，继续捕集粉尘；随着捕集粉尘层的增厚，效率虽仍有增加，但阻力随之增大。阻力过高，将减少处理风量且可使粉尘穿透滤布而降低效率，所以，当阻力达到一定程度（1000~2000Pa）时，要进行清灰。清灰要在不破坏初始粉尘层情况下，清落捕集粉尘层。清灰方式有机械振动、逆气流反吹、压气脉冲喷吹等。常用滤料有涤纶绒布、针刺毡等。为增加过滤面积多将滤料做成圆筒（扁）袋形，多条并列。过滤风速一般为 0.5~2m/min，阻力控制在 1000~2000Pa 之内。适用于非纤维性、非黏结性粉尘。

袋式除尘器一般由箱体滤袋架及滤袋、清灰机构、灰斗等组成，用风机或引射器作动力。图 4-30 为简易袋式除尘器。

C 纤维层过滤器中的纤维层滤料

该纤维层滤料是用短纤维制成的蓬松的絮状过滤材料。含尘气流通过纤维层时，粉尘被纤维所捕获并沉积在纤维层内部。随着粉尘沉积量的增多，在纤维上形成链状聚合体，滤料的孔隙变得致密和均匀，除尘效率和阻力都随之增高。当达到一定容尘量时，部分沉积粉尘能透过滤料，效率开始下降，下降到设计规定的数值时，需更换新滤料适用于低含尘浓度气流的净化。国产涤纶纤维层滤料有多种型号，除尘效率为 70%~90%，阻力为 100~500Pa，过滤风速为 0.5~2m/s。常利用框架固定滤料，做成 V 形袋状。

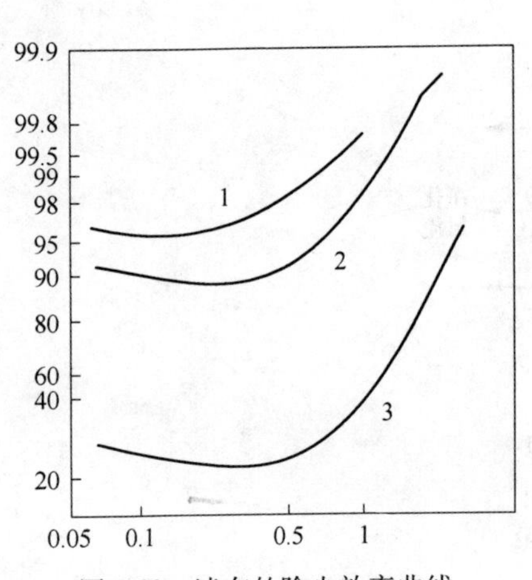

图 4-29　滤布的除尘效率曲线

1—积尘后；2—振打后；3—新滤布

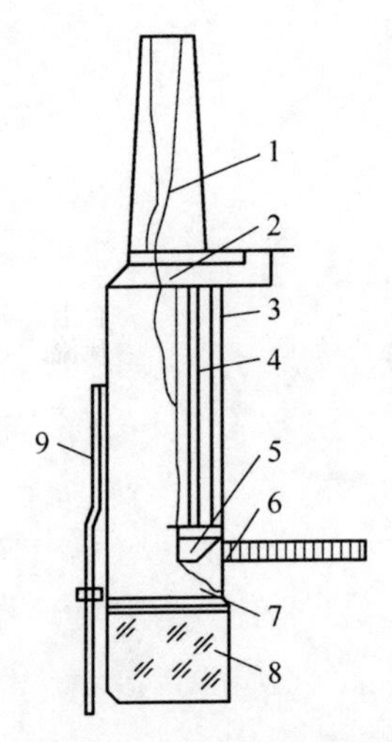

图 4-30　凿岩用布袋式除尘器

1—引射器；2—压气阀；3—振动器；4—布袋；5—锥体；6—尘气入口；7—箱体；8—储尘器；9—支架

D　水浴除尘器

在湿式除尘器中，为增强含尘气流中粉尘与水的碰撞接触机会，要使水形成水滴、水膜或泡沫，以提高除尘效率。水浴除尘器是构造简单的一种，如图 4-31 所示，含尘气流经喷头高速喷出，冲击水面并急剧转弯穿过水层，激起大量水滴分散于筒内，粉尘被湿润后沉于筒底，风流经挡水板除雾后排出。除尘效率与喷射速度（一般取 8～12m/s）、喷头淹没深度（一般取 20～30mm）等因素有关，除尘效率一般为 80%～90%，阻力为 500～1000Pa。

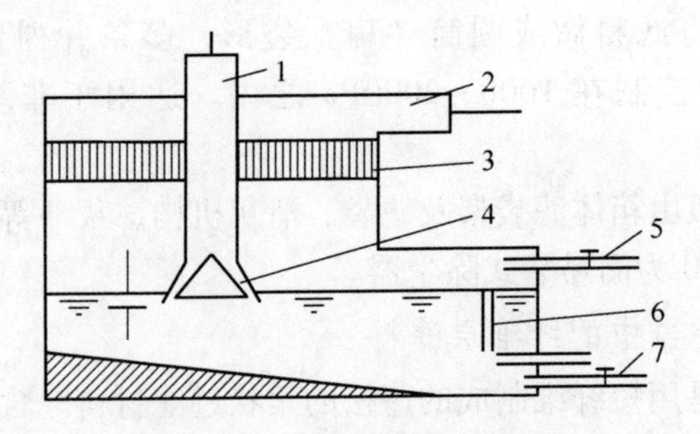

图 4-31　水浴除尘器示意图

1—进风管；2—排风管；3—挡风板；4—喷头；5—供水管；6—溢流管；7—污水管

E　湿式旋流除尘风机

湿式旋流除尘风机是由湿润凝集筒、扇风机、脱水器及后导流器四部分组成。含尘气流进入除尘风机即与迎风的喷雾相遇，然后又通过已形成水膜的冲突网；粉尘被湿润并凝聚，再进入扇风机。扇风机起通风动力和旋流源作用。为增强对粉尘的湿润，在第一级叶轮的轴头上装发雾盘，与叶轮一起旋转，将水分散成微细水滴。含尘风流高速通过风机并产生旋转运动进入脱水器。被水滴捕获的粉尘及水滴，受离心力作用被抛向脱水器筒壁并被集水环阻挡而流到储水槽中，风流经后导流器流出，风机的电动机要加防水密封。冲突网一般由2~5层16~60目的金属网或尼龙网组成，网孔小、效率高，尼龙网易被粉尘堵塞，金属网易腐蚀。除尘效率为85%~95%，阻力为2000~2500Pa，耗水量约15L/min。

F 旋流粉尘净化器

旋流粉尘净化器也是一种利用喷雾的湿润凝集和旋流的离心分离作用的除尘器（见图4-32）为圆筒形构造，可直接安装在掘进通风风筒的任一位置。为此，其进、排风口的断面应与所选用的风筒断面相配合。在除尘器进风断面变化处安设圆形喷雾供水环，其上面120°装3个喷嘴。在筒体内固定支架上装带轴承叶轮，叶轮上安装6个扭曲叶片，叶片扭曲10°~12°，并使叶片扭曲斜面与喷嘴射流的轴线正交。在排风侧设迎风45°的流线型百叶板，筒体下设集水箱和排水管。

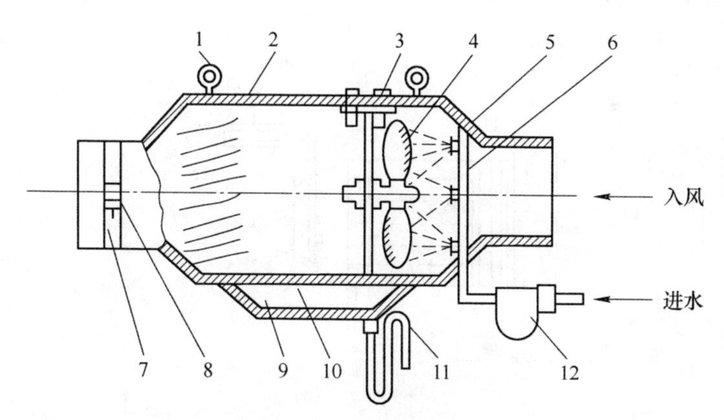

图4-32 旋流粉尘净化器

1—吊挂环；2—流线型百叶板；3—支撑架；4—带轴承叶轮；5—喷嘴；6—给水环；7—风筒卡紧板；8—螺栓；9—回收尘泥孔板；10—集水箱；11—排水U型管；12—滤清器

除尘器工作时，由矿井供水管供水，经滤水器和供水环上的喷嘴喷雾，同时，含尘风流进入除尘器因断面变大而风速降低，大颗粒矿山粉尘沉降，大部分矿山粉尘与水滴相碰撞而被湿润。在喷雾与风流的共同作用下，叶片旋转，使风流产生旋转运动，被湿润的矿山粉尘和水滴被抛向器壁，流入集水箱，经排水管排出。

未能被分离捕获的矿山粉尘和水滴，又被百叶板所阻挡，再一次被捕集而流入集水箱。迎风百叶板的前后设清洗喷嘴，可定期清洗积尘。除尘效率为80%~

90%，阻力约为 200Pa，耗水量约为 15 L/min。

G　湿式过滤除尘器

湿式过滤除尘器是利用抗湿性化学纤维层滤料、不锈钢丝网或尼龙网作过滤层并连续不断地向过滤层喷射水雾，在过滤层上形成水珠水膜的除尘作用综合在一起的除尘装置。由于在滤料中充满水珠和水膜，含尘气流通过时，增加了矿山粉尘与水及纤维的碰撞接触几率，提高了除尘效率。水滴碰撞并附着在纤维上因自重而下降，在滤料内形成下降水流，将捕集的矿山粉尘冲洗带下，流入集水筒中，起到经常清灰的作用，可保持除尘效率和阻力的稳定，并能防止粉尘二次飞扬。图 4-33 为湿式过滤除尘器的一种结构形式，由箱体、滤料及框架、供水和排水系统等部分组成。利用矿井供水管路供水，设水净化器，以防水中杂物堵塞喷嘴。喷嘴数目及布置，根据设计喷水量及均匀喷雾的要求确定。箱体下设集水筒，可直接将污水排到矿井排水沟，排水应设水封，以防漏风。为防止排风带出水滴，箱体内风速应不大于 4m/s，同时在排风侧设挡水板。滤料用疏水性化学纤维层，厚度 5~10L/(m^2 · min)，除尘效率在 95%以上。分级除尘效率曲线如图 4-34 所示，阻力小于 1000Pa。

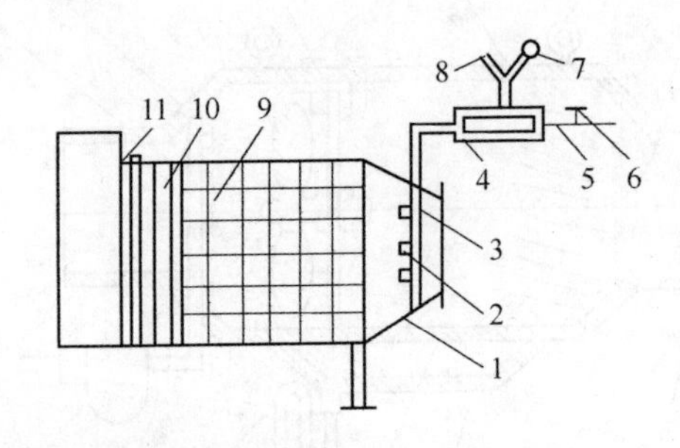

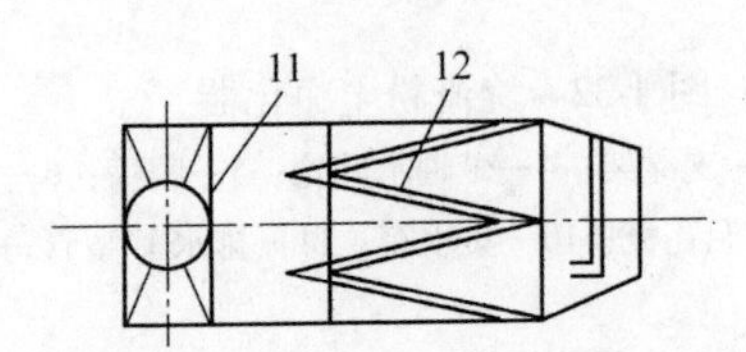

图 4-33　湿式过滤除尘器

1—箱体；2—喷嘴；3—供水管；4—水净化器；5—总供水管；6—水阀门；7—水压表；
8—水电继电器；9—滤料架；10—松紧装置；11—挡水板；12—集水桶

总之，随着矿山机械化程度的不断提高，与之配套的除尘器集中净化除尘已势在必行。目前，国内外研制的除尘器种类繁多、除尘原理各异，其除尘效果也有差别。但是，各类除尘器只有满足一定的技术要求和参数，才能在矿井下

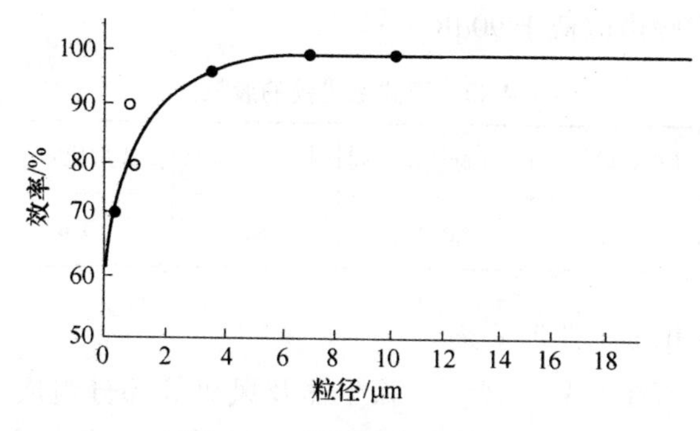

图4-34 分级除尘效率曲线

应用。

根据中国矿山行业标准的规定，各类除尘器应满足的技术要求如下：

（1）除尘器的电气设备应符合GB 3836.2有关规定，其配套电动机应具有在有效期内的防爆检验合格证。

（2）除尘器配套风机必须经国家有关安全产品质量监督检验中心进行摩擦火花性能检验，并取得检验合格证。

（3）除尘器的非金属材料应符合国家有关规定。

（4）通风机一般应置于除尘器后方，如通风机置于除尘器前方时，其入风口应有防护网和喷雾装置。

（5）各类除尘器之除尘效率应符合表4-11的规定。

表4-11 各类除尘器之除尘效率

项目	除尘器种类							
	空气过滤除尘器	旋风除尘器	湿式旋流除尘器	布袋除尘器	湿式除尘风机	冲击式除尘器	文丘里除尘器	湿式过滤除尘器
总粉尘除尘效率/%	≥85	≥85	≥90	≥90	≥95	≥95	≥99	≥97
呼吸性粉尘除尘效率/%	≥60	≥60	≥65	≥90	≥75	≥70	≥90	≥80

（6）除尘器的处理风量，应符合该产品标准规定的处理风量，其偏差不得大于8%。

（7）除尘器的漏风率小于等于5%。

（8）除尘器的工作阻力，应符合产品标准规定的工作阻力，其偏差不得大于10%。

（9）对于湿式除尘器而言，与除尘作用直接有关的洗涤液流量与进入除尘器内气体流量的比值称为液气比，其指标应符合表4-12的规定。

（10）连续工作的除尘器工作噪声应低于85dB（A），间断工作（每班少于

4h）的除尘器工作噪声应低于 90dB（A）。

表 4-12 湿式除尘器的液气比

除尘器种类	冲出式除尘器	湿式旋流除尘器	湿式除尘风机	湿式过滤除尘器	文丘里除尘器
液气比/$L \cdot m^{-3}$	0.1	0.2	0.3	0.4	0.5

4.4.3.5 密闭抽尘净化系统

一般由密闭（吸尘）罩、风筒、除尘器及风机等部分组成，风筒与扇风机的选择参看通风部分，应根据具体条件设计。矿井有许多产尘量大且比较集中的尘源，为保证作业环境，使粉尘浓度达到卫生要求和不污染其他工作地点，采取抽尘净化系统，就地消除矿山粉尘，常是经济而有效的方法，如掘进工作面、溜矿井、装载站、破碎机、运输机、锚喷机、翻笼等尘源，皆可考虑采取这一防尘措施，其应用情况简介如下。

（1）溜矿进井密闭与喷雾，适用于作业量较少，产尘量不高的溜井，图 4-35 是一例。井口密闭门采用配重方式关启，平时关闭，卸矿时靠矿石冲击开启。喷雾与卸矿联动，可采取脚踏、车压、机械杠杆、电磁阀等控制方式。如产尘量较大，也可设吸尘罩抽尘净化。

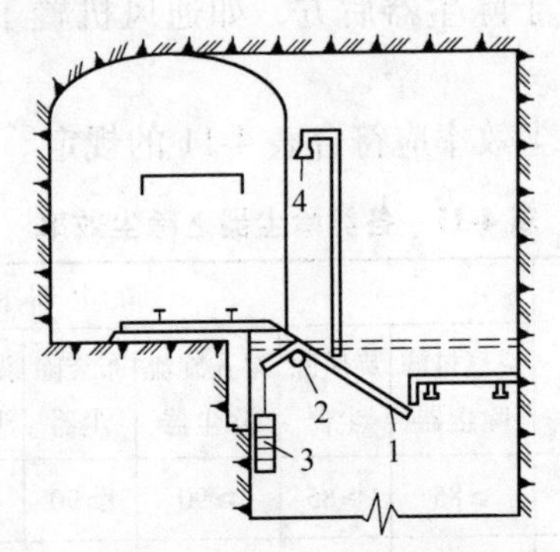

图 4-35 溜井进井密闭与喷雾

1—活动密闭门；2—轴；3—配重；4—喷雾器

（2）溜井抽尘净化，适用于卸矿频繁，作业量大，产尘量高的溜井，图 4-36 是一例。在溜井口下部，开凿一专用排尘巷道，通向附近的进（排）风巷道。

在排尘巷道中设风机与除尘器，抽出溜井内含尘风流诱导风流，并配合良好的溜井口密闭。可取得较好的防尘效果。

（3）干式凿岩捕尘。湿式凿岩的方法并不是在所有的矿井都能使用。在水源缺乏的矿井，冰冻期长而又无采暖设备的北方地方矿山，以及不宜用水作业溜井进井密闭与喷雾的特殊岩层（如遇水膨胀的泥页岩层等），都要考虑采用干式

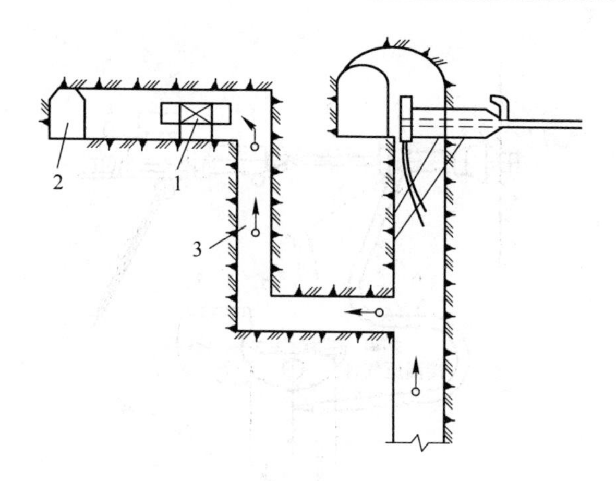

图 4-36 溜井抽尘净化

1—除尘器；2—巷道；3—含尘风流

凿岩方法。为了减少干式凿岩产生的大量粉尘，可采用干式捕尘系统。图 4-37 为中心抽尘干式凿岩捕尘系统之一例。抽尘系统用压气引射器做动力（负压为 30~50kPa），矿山粉尘经钎头吸尘孔、钎杆中孔、凿岩机导管及吸尘软管排到旋风积尘筒；大颗粒在积尘筒内沉降，微细尘粒经滤袋净化后排出。

中国矿山采用较多的还有 75-1 型孔口捕尘器，如图 4-38 所示。

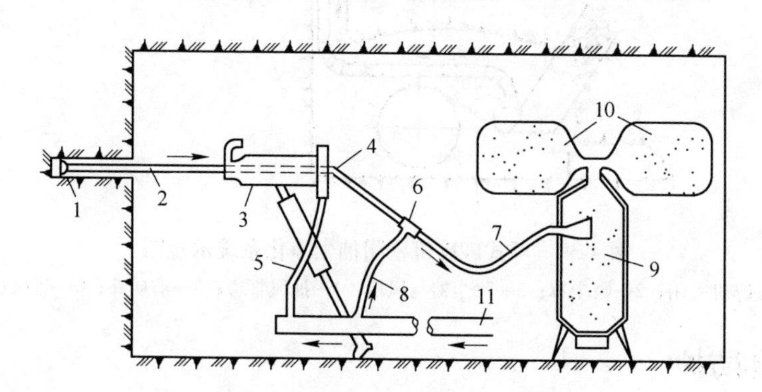

图 4-37 干式凿岩捕尘系统示意图

1—钎头；2—钎杆；3—凿岩机；4—接头；5—压风管；6—引射器；7—吸尘器；8—压风管；9—旋风积尘筒；10—滤袋；11—总压风管

（4）破碎机除尘。井下破碎硐室应有进、排风巷道，风量按每小时换气次数为 4~6 次计算。破碎机要采取密闭抽尘净化措施。图 4-39 是井下颚式破碎机密闭抽尘净化系统之一例。为避免矿山粉尘在风筒内沉积，筒风排尘风速取 15~18m/s。

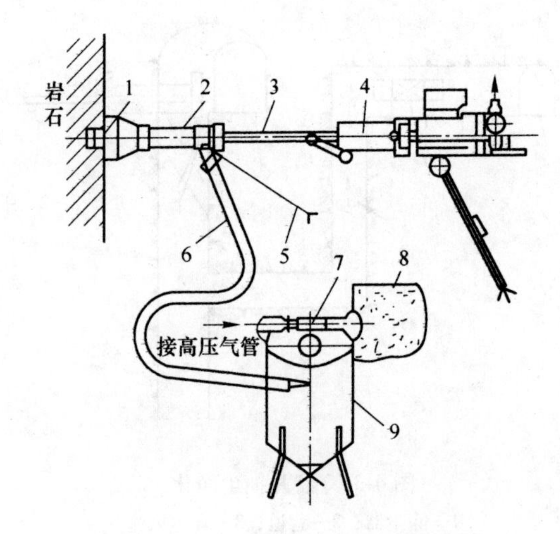

图 4-38　75-1 型孔口捕尘器装配图

1—捕尘罩；2—捕尘塞；3—钎杆；4—凿岩机；5—固定叉；
6—吸尘管；7—引射器；8—吸尘袋；9—滤尘筒

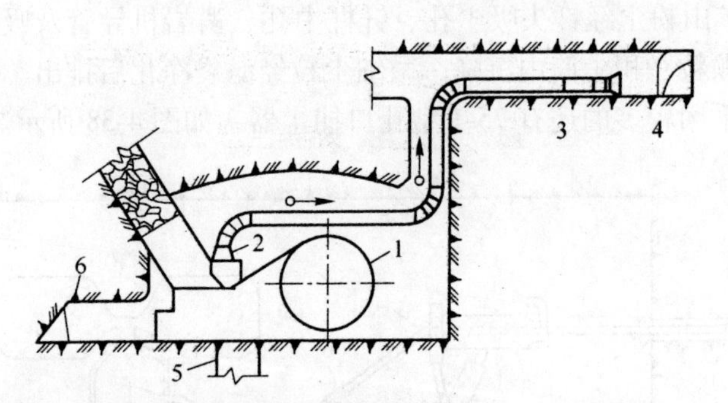

图 4-39　颚式破碎机密闭抽尘净化系统示意图

1—破碎机密闭；2—吸尘罩；3—除尘器与风机；4—抽风管道；5—溜矿井；6—进风巷道

4.5　个体防护

个体防护用品是指作业者在工作过程中为免遭或减轻事故伤害和职业危害，个人随身穿（佩）戴的用品。个体防护用品的作用，是使用一定的屏蔽体、过滤体，采取阻隔、封闭、吸收等手段，保护人员机体的局部或全部免受外来因素的侵害。在工作环境中尚不能消除或有效减轻职业性有害因素和可能存在的事故因素时，这是主要的防护措施，属于预防职业有害因素综合措施中的第一级预防。因此，个体防护用品的设计和制作应严格遵守四项原则：（1）便于操作、穿戴舒适，不影响工作效率；（2）符合国家或地方规定的技术（产品）标准，选用优质的原材料制作，保证质量，经济耐用；（3）不应对佩戴者产生任何损害作用，包括远期损害效应；（4）在满足防护功能的前提下，尽量美观大方。

4.5.1 个体防护用品分类

个体防护用品的种类很多，有人将其分为安全防护用品和职业卫生专用防护用品两大类。安全防护用品是为了防止工伤事故的，有防坠落用品（安全带、安全网等），防冲击用品（安全帽、安全防砸马甲、防冲击护目镜等），防电用品、防机械外伤用品（防刺、绞、割、碾、磨损及脏污等的服装、手套、鞋等），防酸、防碱和防油用品、防水用品、涉水作业用品、高空作业用品等。职业卫生专用防护用品是用来预防职业病的，有防尘用品（防尘、防微粒口罩等）、防毒用品（防毒面具、防毒衣等）、防高温用品、防寒用品、防噪声用品、防放射用品、防辐射用品等。但这种分类是相对的，多种防护用品同时具备防止工伤和预防职业病的用途。

一般根据个人防护用品所防护人体器官或部位，分为7 大类：（1）头部防护类，如安全帽、防护头盔、防寒帽等；（2）呼吸器官防护类，如防毒口罩、防尘口罩、滤毒护具等；（3）防护服类，如防机械外伤服、防静电服、防酸碱服、阻燃服、防尘服、防寒服等；（4）听觉器官防护类，如耳塞、耳罩、头盔等；（5）眼、面防护类：如防冲击护眼具（防护眼镜）、焊接护目镜及面罩、炉窑护目镜及面罩等；（6）手足防护类，如绝缘手套、防酸碱手套、防寒手套、绝缘鞋、防酸碱鞋、防寒鞋、防油鞋、皮安全鞋（防砸鞋）等；（7）防坠落类，如安全带、安全绳；还有皮肤防护用品等。近年来，随着科学技术的发展，一些具有高科技含量的多功能防护用品业已问世。

防护品应正确选择性能符合要求的用品，绝不能选错或将就使用，特别是绝不能以过滤式呼吸防护器代替隔离式呼吸防护器，以防止发生事故。可按2000年颁布的《劳动防护用品配备标准（试行）》、《劳动防护用品选用规则》的要求进行选择，并且按照每种防护用品的使用要求规范使用。在使用时，必须在整个接触时间内认真充分佩戴。其防护效果以有效防护系数（effective protective factor，EPF）来衡量，在接触时间内99%以上时间佩戴，有效防护程度可达到100%；不佩戴时间增多，其有效防护系数递减。

工厂车间内应有专人负责管理分发、收集和维护保养防护用品。这样不仅可以延长防护用品使用年限，更重要的是能保证其防护效果。耳罩、口罩、面具等用后应以肥皂清水洗净，并以药液消毒、晾干。过滤式呼吸防护器的滤料要按时更换，药罐在不用时应将通路封塞，以防失效。防止皮肤污染的工作服，用后应立即集中处理洗涤。

4.5.2 防护头盔，眼镜，面罩，防护服和防护鞋

4.5.2.1 防护头盔（安全帽）

在生产现场，为防止意外重物坠落击伤、生产中不慎撞伤头部，或防止有害物质污染，工人应佩戴安全防护头盔，俗称安全帽。防护头盔多用合成树脂类如改性聚乙烯和聚苯乙烯树脂、聚碳酸酯、玻璃纤维增强树脂橡胶等制成。我国国家标准 GB 2811—1989《安全帽》对安全头盔的形式、颜色、耐冲击、耐燃烧、耐低温、绝缘性、佩戴尺寸等技术性能有专门规定。标准中明确规定：垂直间距和佩戴高度是安全帽的两个最重要尺寸要求，这两项要求任何一项不合格都会直接影响到安全帽的整体安全性。垂直间距是指安全帽在佩戴时头顶最高点与帽壳内表之间的轴向距离（不包括顶筋的空间），尺寸要求是 25~50mm。佩戴高度是指安全帽在佩戴时安全帽侧面帽箍底边至头顶最高点的轴向距离，尺寸要求是 80~90mm。标准还要求在保证安全性能的前提下，安全帽的重量越轻越好（可以减少作业人员长时间佩戴引起的颈部疲劳）。安全帽的质量不应超过 400g。

根据用途，防护头盔可分为单纯式和组合式两类。单纯式由一般建筑工人、煤矿工人佩戴的帽盔，用于防重物坠落砸伤头部。机械、化工等工厂防污染用的以棉布或合成纤维制成的带舌帽亦为单纯式。组合式的有：（1）电焊工安全防护帽，防护帽和电焊工用面罩连为一体，起到保护头部和眼睛的作用。（2）矿用安全防尘帽，由滤尘帽盔和口鼻罩及其附件组成。防尘帽盔包括外盔、内帽和帽衬，外盔和内帽间为间距 14mm 的夹层空间，其中安置有半球状高效过滤层，将夹层空间分隔为过滤外腔和过滤内腔。帽盔前端设进气孔，连通外腔，内腔设出气孔，于帽盔两侧与橡胶导气管连接，再通往口鼻罩。口鼻罩按一般人面型设计，接面严密，并设呼气阀。每当吸气时，含尘空气通过外盔上的进气孔进入过滤外腔，通过高效过滤层净化后进入过滤内腔，净化后的空气再经出气孔橡胶导气管、口鼻罩进入呼吸道，呼出气由呼气阀排出。（3）防尘防噪声安全帽，为安全防尘帽上加上防噪声耳罩。

在防护头盔使用过程中应注意以下几个问题：

（1）使用前应检查外观是否有碰伤裂痕、磨损，帽衬结构是否正常，如存在影响其性能问题时应及时报废，以免影响防护作用。

（2）不得随意损伤、拆卸安全帽或添加附件，不得随意碰撞安全帽和调节帽衬的尺寸和将其当板凳坐，以免影响其强度和安全防护性能。

（3）佩戴者在使用时一定要系紧下颚带，将安全帽戴正、戴牢，不能晃动。

（4）安全帽不能在有酸、碱或化学试剂污染的环境以及高温、日晒或潮湿

的场所中存放，以防止其老化变质。

(5) 经受过一次冲击或做过试验的安全帽应作废，不能再次使用。

(6) 应注意在有效期内使用安全帽，植物枝条编织的安全帽有效期为两年，塑料安全帽的有效期限为两年半，玻璃钢（包括维纶钢）和胶质安全帽的有效期限为三年半，超过有效期的安全帽应报废。

4.5.2.2 防护眼镜和防护面罩

(1) 防护眼镜一般用于各种焊接、切割、炉前工、微波、激光工作人员，防御有害辐射线的危害。防护眼镜可根据作用原理将防护镜片分为两类：

1）反射性防护镜片。根据反射的方式，还可分为干涉型和衍射型。在玻璃镜片上涂布光亮的金属薄膜，如铬、镍、银等，在一般情况下，可反射的辐射线范围较宽（包括红外线、紫外线、微波等），反射率可达95%，适用于多种非电离辐射作业。另外还有一种涂布二氧化亚锡薄膜的防微波镜片，反射微波效果良好。

2）吸收性防护镜片。根据选择吸收光线的原理，用带有色泽的玻璃制成，例如接触红外辐射应佩戴绿色镜片，接触紫外辐射佩戴深绿色镜片，还有一种加入氧化亚铁的镜片能较全面地吸收辐射线。此外，防激光镜片有其特殊性，多用高分子合成材料制成，针对不同波长的激光，采用不同的镜片，镜片具有不同的颜色，并注明所防激光的光密度值和波长，不得错用。使用一定时间后，须交有关检测机构校验，不能长期一直戴用。

3）复合性防护镜片。将一种或多种染料加到基体中，再在其上蒸镀多层介质反射膜层。由于这种防护镜将吸收性防护镜和反射性防护镜的优点结合在一起，在一定程度上改善了防护效果。

还有一种防冲击镜片（防冲击眼护具），主要用以防止异物对眼部的冲击伤害。镜片用高强度的CR-39光学塑料或强化玻璃片。防冲击眼护具的各项指标，尤其是镜片、镜架的抗冲击性能及强度应符合GB 5890《防冲击眼护具》的要求，使之具有可靠的防护作用。

(2) 防护面罩。

1）防固体屑末和化学溶液面罩用轻质透明塑料或聚碳酸酯塑料制作，面罩两侧和下端分别向两耳和下颚下端及颈部延伸，使面罩能全面地覆盖面部，增强防护效果。

2）防热面罩除与铝箔防热服相配套的铝箔面罩外，还有用镀铬或镍的双层金属网制成，反射热和隔热作用良好，并能防微波辐射。

3）电焊工用面罩用制作电焊工防护眼镜的深绿色玻璃，周边配以厚硬纸纤维制成的面罩，防热效果较好，并具有一定电绝缘性。

4.5.2.3 防护服

防护服系指用于防止或减轻热辐射、微波辐射、X射线以及化学物污染人体而为作业者配备的职业安全防护用品。防护服由帽、衣、裤、围裙、套袖、手套、套裤、鞋（靴）、罩等组成。常见的防护服有防毒服、防尘服、防机械外伤服、防静电服、带电作业服、防酸碱服、阻燃耐高温服、防水服、水上救生服、潜水服、放射性防护服、防微波服、防寒服及高温工作服等。

（1）防热服。防热服应具有隔热、阻燃、牢固的性能，但又应透气，穿着舒适，便于穿脱；可分为非调节和空气调节式两种。

1）非调节防热服。①阻燃防热服：用经阻燃剂处理的棉布制成，不仅保持了天然棉布的舒适、耐用和耐洗性，而且不会聚集静电，在直接接触火焰或炽热物体后，能延缓火焰蔓延，使衣物炭化形成隔离层，不仅有隔热作用，而且不致由于衣料燃烧或暗燃而产生继发性灾害，适用于有明火、散发火花或在熔融金属附近操作以及在易燃物质并有发火危险的场所工作时穿着。②铝箔防热服：能反射绝大部分热辐射而起到隔热作用，缺点是透气性差。可在防热服内穿一件由细小竹段或芦苇编制的帘子背心，以利通风透气和增强汗液蒸发。③白帆布防热服：经济耐用，但防热辐射作用远比不上前两种。④新型热防护服：由新型高技术耐热纤维如Nomex、PBI、Kermel、P84、预氧化Pan纤维以及经防火后整理的棉和混纺纤维制成。如新型的消防防护服外层通常是Nomex、Kevlar或Kevlar/PBI材料混纺机织成面密度254.6g/m^2的斜纹布，具防火保护和耐磨性能，外层下面有聚四氟乙烯涂层的防水层，防止水进入和在服装内部产生水蒸气，以免产生热压；防水层下面是一层衬里，以增加静止空气含量，提高热绝缘性，通常采用的材料是Nomex针刺毡或高蓬松材料。曾经广泛使用的石棉防热服由于有石棉纤维污染的铝箔防热服能性，正被逐步淘汰。

2）空气调节防热服。①通风服：将冷却空气用空气压缩机压入防热服内，吸收热量后从排气阀排出。通风服需很长的风管，只适于固定的作业。还有一种装有微型风扇的通风服，直接向服装间层送风，增加其透气性而起到隔热作用。②制冷服：又可分为液体制冷服、干冰降温服和冷冻服，基本原理一致，不同处是防热服内分别装有低温无毒盐溶液、干冰、冰块的袋子或容器。最实用者为装有冰袋的冷冻服，在一般情况下，这种冷冻服装有5kg左右的冰块可连续工作3h左右，用后冷冻服可在制冷环境中重新结冰备用。

（2）化学防护服。化学防护服一般有两类：一类是用涂有对所防化学物不渗透或渗透率小的聚合物化纤和天然织物做成，并经某种助剂浸轧或防水涂层处理，以提高其抗透过能力，如喷洒农药人员防护服；另一类是以丙纶、涤纶或氯纶等织物制作，用以防酸碱。这些防护服，有一定的透气、透湿、防油拒水、防酸碱及防特定毒物透过的标准。根据防护程度的不同分成A~D级，A级提供最高的防护，整体密封，内含呼吸装备以防化学气体和蒸气；B级类似于A级，用于防护有毒的化学品的喷溅，但不是全密封的；C级提供化学品喷溅防护，可以不用呼吸器；D级只提供较少的防护。

（3）防尘服。防尘服一般用较致密的棉布、麻布或帆布制作。需具有良好的透气性和防尘性，式样有连身式和分身式两种，袖口、裤口均须扎紧，用双层扣，即扣外再缝上盖布加扣，以防粉尘进入。

4.5.2.4 防护鞋（靴）

防护鞋（靴）（protective shoes）用于防止劳动过程中足部、小腿部受各种因素伤害的防护用品，主要有下述品种。

（1）防静电鞋和导电鞋。防静电鞋和导电鞋用于防止人体带静电而可能引起事故的场所，其中，导电鞋只能用于电击危险性不大的场所，为保证消除人体静电的效果，鞋的底部不得粘有绝缘性杂质，且不宜穿高绝缘的袜子。

（2）绝缘鞋（靴）。用于电气作业人员的保护，防止在一定电压范围内的触电事故；在保证电气线路的绝缘性的前提下，绝缘鞋只能作为辅助安全防护用品，机械性能要求良好。

（3）防砸鞋。其主要功能是防坠落物砸伤脚部，鞋的前包头有抗冲击材料，常用薄钢板。

（4）防酸碱鞋（靴）。用于地面有酸碱及其他腐蚀液、或有酸碱液飞溅的作业场所，防酸碱鞋（靴）的底和面料应有良好的耐酸碱性能和抗渗透性能。

（5）炼钢鞋。能抗一定静压力和耐高温、不易燃，主要功能是防烧烫、耐刺割。

（6）雷电防护鞋。由纳米改性橡胶做成的雷电防护皮鞋，根据被保护物电阻越大雷击概率就越小，电阻越小雷击概率越大的原理，利用纳米改性橡胶高电阻性能制成。人体穿上这种雷电防护鞋，能大大减少由于电流流入大地后形成的跨步电压的伤害。常用于野外施工人员。

4.5.3 呼吸防护器

呼吸防护用品（respiratory protection equipments）是指为了防止生产过程中的粉尘、毒物、有害气体和缺氧空气进入呼吸器官对人体造成伤害，而制作的职业安全防护用品。包括防尘、防毒、供氧口罩和（或）面具三种。按呼吸防护器的作用原理，可将其分为过滤式（净化式）和隔离式（供气式）两大类。

4.5.3.1 过滤式呼吸防护器

以佩戴者自身呼吸为动力，将空气中有害物质予以过滤净化。适用于空气中有害物质浓度不很高，且空气中含氧量不低于18%的场所，有机械过滤式和化学过滤式两种。

（1）机械过滤式。机械过滤式主要为防御各种粉尘和烟雾等质点较大的固体有害物质的防尘口罩。其过滤净化全靠多孔性滤料的机械式阻挡作用，又可分为简式和复式两种，简式直接将滤料做成口鼻罩，结构简单，但效果较差，如一般纱布口罩。复式将吸气与呼气分为两个通路，分别由两个阀门控制。性能好的滤料能滤掉细尘，通气性好，阻力小。呼气阀门气密性好，防止含尘空气进入。在使用一段时间后，因粉尘阻塞滤料孔隙，吸气阻力增大，应更换滤料或将滤料处理后再用。我国国家标准 GB 2626—2006《呼吸防护用品——自吸过滤式防颗粒物呼吸器》将自吸过滤式防尘口罩分为四类，其阻尘率分别为 99%、95%、90%、80%，并规定各类口罩的适用范围。

（2）化学过滤式。化学过滤式简单的有以浸入药剂的纱布为滤垫的简易防毒口罩，还有一般所说的防毒面具，由薄橡皮制的面罩、短皮管、药罐三部分组成，或在面罩上直接连接一个或两个药盒如某些有害物质并不刺激皮肤或黏膜，就不用面罩，只用一个连储药盒的口罩（也称半面罩）。无论面罩或口罩，其吸入和呼出通路是分开的。面罩或口罩与面部之间的空隙不应太大，以免其中 CO_2 太多，影响吸气成分。防毒面罩（口罩）应达以下卫生要求：①滤毒性能好，滤料的种类依毒物的性质、浓度和防护时间而定（见表 4-13）；我国现产的滤毒罐，各种型号涂有不同颜色，并有适用范围和滤料的有效期；一定要避免使用滤料失效的呼吸防护器，以前主要依靠嗅觉和规定使用时间来判断滤料失效，但这两种方法都有一定局限性；现在开始应用装在滤料内的半导体气敏传感器来进行判断，收到了较好的效果。②面罩和呼气阀的气密性好。③呼吸阻力小。④不妨碍视野，质量轻。

（3）复合式。现在也有将以上两种做在一起，其滤料即能阻挡粉尘颗粒，又能阻挡有毒物质，称为防毒防尘口罩。

表 4-13 有害物质与滤料关系

防护对象	滤料名称
有机化合物蒸气	活性炭
酸雾	钠碳
氨	硫酸铜
一氧化碳	“霍布卡”
汞	含碘活性炭

4.5.3.2 隔离（供气）式呼吸防护器

经此类呼吸防护器吸入的空气并非经净化的现场空气，而是另行供给。按其供气方式又可分为自带式与外界输入式两类。

（1）自带式由面罩、短导气管、供气调节阀和供气罐组成。供气罐应耐压，固定于工人背部或前胸，其呼吸通路与外界隔绝。自带式有两种供气形式：1）罐内盛压缩氧气（空气）供吸入，呼出的二氧化碳由呼吸通路中的滤料（钠石灰等）除去，再循环吸入，例如常用的2h氧气呼吸器（AHG-2型）；2）罐中盛过氧化物（如过氧化钠、过氧化钾）及小量铜盐作触媒，借呼出的水蒸气及二氧化碳发生化学反应，产生氧气供吸入。此类防护器可维持30min~2h，主要用于意外事故时或密不通风且有害物质浓度极高而又缺氧的工作环境。但使用过氧化物作为供气源时，要注意防止供气罐泄漏而引起事故。现国产氧供气呼吸防护器装有应急补给装置，当发现氧供应量不足时，用手指猛按应急装置按钮，可放出氧气供2~3min内应急使用，便于佩戴者立即脱离现场。

（2）输入式常用的有两种。1）蛇管面具：由面罩和面罩相接的长蛇管组成，蛇管固置于皮腰带上的供气调节阀上。蛇管末端接一油水尘屑分离器，其后再接输气的压缩空气机或鼓风机，冬季还需在分离器前加空气预热器。用鼓风机蛇管长度不宜超过50m，用压缩空气时蛇管可长达100~200m。还有一种将蛇管末端置于空气清洁处，靠使用者自身吸气时输入空气，长度不宜超过8m。2）送气口罩和头盔：送气口罩为一吸入与呼出通道分开的口罩，连一段短蛇管，管尾接于皮带上的供气阀。送气头盔为能罩住头部并伸延至肩部的特殊头罩，以小橡皮管一端伸入盔内供气，另一端也固定于皮腰带上的供气阀，送气口罩和头盔所需供呼吸的空气，可经由安装在附近墙上的空气管路，通过小橡皮管输入。

4.5.4 皮肤防护用品

主要指防护手和前臂皮肤污染的手套和膏膜。

4.5.4.1 防护手套

防护手套品种繁多，对不同有害物质防护效果各异，可根据所接触的有害物质种类和作业情况选用。现国内质量较好的一种采用新型橡胶体聚氨酯甲酸酯塑料浸塑而成，不仅能防苯类溶剂，且耐多种油类、漆类和有机溶剂，并具有良好的耐热、耐寒性能。我国目前防护手套产品的国家标准为GB/T 1246—2006《劳动防护手套通用技术标准》。常见的防护手套如下。

（1）耐酸碱手套。该类手套一般应具有耐酸碱腐蚀、防酸碱渗透、耐老化作用，并具有一定强力性能，用于手接触酸碱液的防护。常用的有：1）橡胶耐酸碱手套，用耐酸碱橡胶模压硫化成型，分透明和不透明两种，应符合HG4-397-66《橡胶耐酸碱手套》中规定指标；2）乳胶耐酸碱手套，用天然胶乳添加酸稳定剂浸模固化成型；3）塑料耐酸碱手套，用聚乙烯浸模成型，分纯塑料和针织布胎浸塑两种。

(2) 电焊工手套。该类手套多采用猪（牛）绒面革制成，配以防火布长袖，用以防止弧光贴身和飞溅金属熔渣对手的伤害。

(3) 防寒手套。该类手套有棉、皮毛、电热等几类。外形分为连指、分指、长筒、短筒等。

4.5.4.2 防护油膏

在戴手套感到妨碍操作的情况下，常用膏膜防护皮肤污染。干酪素防护膏可对有机溶剂、油漆和染料等有良好的防护作用。对酸碱等水溶液可用由聚甲基丙烯酸丁酯制成的胶状膜液，涂布后即形成防护膜，洗脱时需用乙酸乙酯等溶剂。防护膏膜不适于有较强摩擦力的操作。

5　尘　肺　病

5.1　尘肺病概述

5.1.1　尘肺病的定义

根据尘肺病诊断标准中规定的尘肺病的定义是：尘肺病是由于在职业活动中长期吸入生产性矿物性粉尘并在肺内潴留而引起的以肺组织弥漫性纤维化疾病。但从尘肺发病机制及尘肺病的病理演变进展过程来看，肺组织纤维化只是吸入致病性粉尘，主要是吸入无机矿物性粉尘后肺组织一系列病理反应的结果。这一系列病理反应包括巨噬细胞性肺泡炎、尘细胞性肉芽肿和粉尘致肺纤维化。三种病理反应有先后发生的过程，但也会同时存在。ILO 对尘肺病的定义是：尘肺是粉尘在肺内的蓄积和组织对粉尘存在的反应。这个定义似乎概括了吸入粉尘后病理反应的全过程。此外，有些无机粉尘在肺内潴留，但并不引起肺泡组织结构的破坏或胶原纤维化形成，一般也不引起呼吸系统症状和肺功能损害，这类粉尘被称为惰性粉尘，此在肺内的潴留被称为“良性尘肺”。因此，普通职业病范畴所说的尘肺病是指因吸入粉尘所致的肺泡功能结构单位的损伤，其早期表现为巨噬细胞肺泡炎，晚期导致不同程度的肺纤维化。必须强调的是，尘肺作为目前我国主要的职业病，和劳动保障工伤保险待遇等密切相关。因此，尘肺病诊断必须根据我国颁布的职业病危害因素分类目录和职业病分类和目录，按照尘肺病诊断标准进行。我国职业病目录中规定了 12 种尘肺病的具体名称，即矽肺、煤工尘肺、石墨尘肺、石棉肺、炭黑尘肺、滑石尘肺、水泥尘肺、云母尘肺、陶工尘肺、铝尘肺、电焊工尘肺、铸工尘肺。

5.1.2　尘肺病的分类及命名

5.1.2.1　尘肺病的分类

尘肺病是由吸入不同的致病性的生产性粉尘而引起的职业性肺病。粉尘的化学性质不同，其致病的能力及其所致的肺组织的病理学改变也有所不同，但其基本特征是肺组织弥漫性纤维化。因此，尘肺病是不同无机矿物性粉尘所引起的这一类疾病的总称。

根据矿物粉尘的性质，尘肺病可分为：由含游离二氧化硅粉尘为主引起的矽肺；由含硅酸盐为主的粉尘引起的硅酸盐尘肺，包括石棉肺、水泥、滑石、云母尘肺和陶工尘肺等；由煤尘及含碳为主的粉尘引起的碳素尘肺，包括煤工尘肺、石墨尘肺、炭黑尘肺；由金属粉尘引起的金属尘肺，如铝尘肺。

5.1.2.2　尘肺病的命名

不同粉尘所致尘肺的命名尚没有规范化的方法，我国 2016 年公布的职业病目录中包括 12 种有具体病名的尘肺和 1 种根据《尘肺病诊断标准》和《尘肺病理诊断标准》可以诊断的其他尘肺。12 种尘肺的名称大部分是以致病粉尘的名称命名，个别是以工种名称命名，即矽肺、石墨尘肺、炭黑尘肺、石棉肺、滑石尘肺、水泥尘肺、云母尘肺、铝尘肺等是以粉尘的名称命名，而煤工尘肺、陶工尘肺、电焊工尘肺、铸工尘肺则是以工种命名。其中以矽肺和煤工尘肺最为重要。矿山开采凿岩、筑路及水利电力施工的隧道开凿、采石及粉碎都产生二氧化硅粉尘，均可引起矽肺。煤矿的采煤工主要接触煤尘，引起煤工尘肺。但煤矿工人中往往既采煤，又掘进，既接触煤尘，又接触硅尘，其尘肺的病理改变及病程则较为复杂，有人称之为“煤矽肺”。但我国职业病名单中没有“煤矽肺”，故不宜作为尘肺的诊断名称。

5.1.3　产生尘肺病的主要作业领域

许多工业生产过程都可以产生粉尘而引起尘肺病，因此尘肺病是当前我国危害最广泛而严重的职业病。在我国产生粉尘引起尘肺的主要作业领域是：

（1）矿山开采。各种金属矿山的开采，煤矿的掘井和采煤以及其他非金属矿山的开采，是产生尘肺的主要作业环境，主要作业工种是凿岩、爆破、支柱、运输。

（2）金属冶炼业中矿石的粉碎、筛分和运输。

（3）机械制造业中铸造的配砂、造型，铸件的清砂、喷砂以及电焊作业。

（4）建筑材料行业，如耐火材料、玻璃、水泥、石料生产中的开采、破碎、碾磨、筛选、拌料等；石棉的开采、运输和纺织。

（5）公路、铁路、水利、水电建设中的开凿隧道、爆破等。

5.2　尘肺病的发病机制

尘肺病的病因明确，系长期吸入生产性矿物性粉尘引起的肺组织纤维化。其发病机制近一个世纪来国内外进行了广泛深入研究，提出了各种学说，在发病过程的某一阶段或某一局部解释了 SiO_2 致肺纤维化的机理。然而至今仍有不少疑点得不到满意的解释。因此，尘肺病的基础研究一直受到各国的重视，只有真正了解尘肺发病的本质，对尘肺的预防、诊断和治疗才能有突破性的进展。

矽肺是长期吸入结晶型二氧化硅粉尘引起的肺组织广泛纤维化，是危害面最广和最严重的尘肺病，故而作为尘肺的代表性疾病，研究最多也较深入。早期人们认为矽肺的纤维化是结晶型 SiO_2的理化性状所致，提出了如机械刺激学说、化学溶解（中毒）学说等观点。后来，认为在疾病发生过程中不能忽视机体本身的反应，如免疫学说和个体对粉尘的易感性等问题日益受到重视。近 10 多年来，由于分子生物学技术的发展，对尘肺的发生在细胞过氧化、细胞因子、基因学说等方面的研究也有不少进展。本书主要以矽肺为代表讨论尘肺的发病机制，其他尘肺的纤维化具有一定的共性，可作借鉴。

5.2.1 粉尘的理化性状

5.2.1.1 刺激作用

石英粒子呈不规则状，具有尖锐、坚硬的棱角，且难溶解，故人们曾认为石英粒子这些物理特性所致的机械刺激作用引起的肺组织损伤及慢性炎症反应在石英致肺纤维化中起重要作用。但在后来的实验证明，硬度比石英更高的金刚砂（SiC），反而不产生肺纤维化，因此该观点逐渐为人们所放弃。

5.2.1.2 化学溶解（或中毒）作用

认为石英的致纤维化作用与它的溶解度有密切关系，Denny 等用 1%浓度以下的脱脂细铝粉与细石英粉尘混合并给家兔吸入，未见到肺纤维化，认为这是细小石英粒子被一层氢氧化铝所包绕，石英不能溶解的结果。后来，人们又发现溶解度比柯石英（Coesite）大 10 倍的超石英（Stishovite）并不引起纤维化，而柯石英却能致肺纤维化。随后对化学溶解的观点又有怀疑。

5.2.2 尘肺的免疫反应

自意大利学者 Vigliani 提出矽肺与免疫的关系以来，免疫反应在尘肺发病中的作用一直受到人们的重视。

矽肺的免疫现象主要表现在矽肺病人血清中免疫球蛋白的增高，并存在有 IgM 、IgA 及 IgG 免疫复合体，另在矽结节及其周围的免疫球蛋白和分泌免疫球蛋白细胞的增多，病人补体系统紊乱，如 C3 、C4 水平增高。此外，矽肺病时常伴有嗜酸性粒细胞增多，有的还观察到矽肺患者的抗核抗体水平和抗胶原抗体水平均可增高。也有报道不少矽肺病人并发全身性播散性红斑狼疮、关节炎、多发性皮肌炎，全身性硬皮病、结节病等，这些均支持矽肺的发生和机体的免疫系统反应有关。有认为石英本身不是抗原，只是起佐剂效应作用，提高对抗原的非特异性免疫反应。而吸附在石英粒子表面的蛋白可能是石英粒子激活巨噬细胞的抗原。因此，认为矽肺是一种佐剂病。

实验证明在石英尘的作用下，肺泡巨噬细胞被激活并吞噬石英尘粒，随后释放出各种细胞因子，如白细胞介素-1（IL-1）、肿瘤坏死因子（TNF-α）和巨噬细胞生长因子（MDGF）等，它们可作用于 T 淋巴细胞和成纤维细胞。T 淋巴细胞受到刺激可释放出淋巴细胞因子。T 淋巴细胞有 Th1 细胞和 Th2 细胞两个亚群，Th1 细胞激活时释放 IL-2 和 TFN-r，而 Th2 细胞分泌 IL-4 、IL-5 、IL-6 和 IL-10。因此，认为 Th1 是免疫刺激细胞，Th2 是免疫抑制细胞。IL-10 可刺激 B 淋巴细胞增生分泌抗体。现已发现矽结节中有抗原抗体反应形成的免疫复合物，浆细胞及多种免疫球蛋白。对矽结节中玻璃样物质分析表明，结节中蛋白质占 80%，脂类占 17%，碳氢化合物占 3%。在 80%蛋白质中球蛋白占 60%，胶原蛋白为 40%。

这些成分类似于大家公认的免疫反应产物——淀粉样物的组成，说明石英尘可激活 T 淋巴细胞和 B 淋巴细胞，产生多种抗自身抗原抗体，从而导致自身组织的损伤。但个体易感性和矽肺的特异抗原性问题仍未搞清楚。

5.2.3 肺泡巨噬细胞反应和细胞因子的释放

巨噬细胞来源于骨髓内单核细胞，具有吞噬外来的异物、变性物质，抗感染，抗肿瘤，维护其周围肺组织及内环境的平衡，增强和调节炎症反应和免疫应答等多方面的功能，并可由多种物质刺激使其活化。肺泡腔内的巨噬细胞不断地受到外源性物质的刺激，处于活化状态。巨噬细胞的活化可引起功能性变化和产生多种酶、细胞刺激物质和代谢产物。当肺部发生炎症或免疫反应时，巨噬细胞可释放出各种介质，以控制和增强其反应能力。

一般认为石英粉尘吸入肺部的早期，首先表现为急性炎症细胞（中性粒细胞）反应，其释放白细胞毒素及趋化因子（如 C3 、C5a 、白细胞三烯等），进一步促使中性白细胞增多和肺泡巨噬细胞增生。肺泡巨噬细胞吞噬尘粒，致使巨噬细胞损伤并释放出溶酶体酶（溶菌酶、酸性磷酸酶、组织蛋白酶、乙醇半乳糖苷酶及葡萄糖醛酸酶等）及分泌各种生物活性物质（如细胞因子），同时伴有炎症反应和各类细胞（包括成纤维细胞）的增生及胶原纤维的增多，终形成矽（尘）性纤维化。通过多年研究，现已公认在矽（尘）肺发病中肺泡巨噬细胞起着关键性靶细胞的作用。

20 世纪 60 年代初英国学者通过实验证明，培养的肺泡巨噬细胞加入石英粉尘后，能分泌一种致纤维化 H 因子，一种同质酸性蛋白质，分子量约 15000，具抗原性，在体外能刺激成纤维细胞合成胶原。在体内肺泡巨噬细胞由于 SiO_2 的作用，而遭受损伤和死亡，在反复作用下产生大量致纤维化因子，引起肺纤维化。造成肺泡巨噬细胞损伤的是由于石英粒子对细胞膜结构的破坏，不仅造成溶酶体膜、线粒体膜完整性的损伤，同时由于细胞质膜完整性受损造成细胞内钙的蓄积。这种钙稳态的改变也被认为是石英对肺泡巨噬细胞损伤和造成细胞死亡的机制之一。

细胞因子是一组具有调控炎症、免疫反应和创伤愈合作用的多效应蛋白，巨噬细胞是细胞因子的主要来源。此外，中性粒细胞、淋巴细胞、肺泡上皮细胞（Ⅰ型和Ⅱ型）等受到刺激时也可产生细胞因子。细胞因子种类繁多，来源各异，但在结构和功能上有其共同的特点，即细胞因子为小分子分泌性蛋白或多肽，其量微小，但具有极高的生物活性。每种细胞因子均与其相应的受体结合，产生信号，表达其生物学功能。每种细胞因子受体可分布于多种细胞上，使其表达多种功能。细胞因子的作用多由细胞本身或相邻的细胞以自分泌或旁分泌的形式提供细胞间通讯机制。多数细胞因子具有生长因子活性，即具有上行调节作用，促进细胞生长。细胞因子还具有多相性和网络性。由于粉尘颗粒反复、持续地激发巨噬细胞及其他细胞产生和释放各种细胞因子或致纤维化的相关因子，使肺组织产生硅结节及间质纤维化成为一个慢性和不断的过程。目前已知在矽肺纤维化发展过程中，涉及的细胞因子有IL-Ⅰ（白介素-1）、TNF-α（肿瘤坏死因子-α）、PDGF（血小板生长因子）、FNC（纤维粘连蛋白）、PGE（前列腺素 E）、TGF-β（β-转化生长因子）、IGF-1（胰岛素样生长因子-1）、AM-FF（肺泡巨噬细胞源致纤维化因子）、AMDGF（肺泡巨噬细胞源生长因子）和神经肽等。

这些细胞因子有的可直接刺激或几种细胞因子协同作用刺激成纤维细胞增殖和促进胶原合成产生纤维化。由此可见，矽肺纤维化的发生发展过程是多细胞和多种生物活性物质（多细胞因子）参与的，有促进与抑制相互作用的复杂过程，是机体调控与相互制约作用的结果。

有认为未受刺激的细胞内的细胞因子呈低水平转录，仅在基因转录和翻译被激活的情况下，细胞活化后才能达到前炎性水平。细胞因子具有介导前炎症和间质活化过程中的多效应性。中性粒子引起巨噬细胞（靶细胞）细胞因子基因表达能力的增强被认为是尘肺形成的关键，如 TNF-α 在尘肺发生过程中有多种效应，成为尘肺研究的焦点。Piguet 等用 Northorn 杂交技术证明，给小鼠肺内注入二氧化硅后第 3 天和第 15 天，TNF-αmRNA 增高。又有人（Rosenthal 等）认为，石棉纤维与人Ⅱ型肺泡上皮细胞株 A549 作用，可引起 IL-8（一种极强的中性粒细胞趋化因子）基因转录。通过 PCR 检测发现，$10\mu g/cm^2$的温石棉和青石棉都能使 IL-8mRNA 增高，这一过程伴有 IL-8 释放。而两种非致病性粉尘，如硅酸钙和二氧化铁不能刺激 IL-8 的生成，证明了尘粒反应的特异性。

Driscoll 等分别给大鼠吸入和注入二氧化硅和石棉后，大鼠全肺 MIP-1α（巨噬细胞炎性蛋白）和 MIP 2 基因转录活性增高，两组 BAL 细胞的 MIP-1α 活性上调。从 TNFα 在尘粒反应中的作用来看，TNFα 基因的激活可能是粉尘粒子和巨噬细胞相互作用的结果，随后再激活其他细胞因子。

5.2.4 氧化应激反应与自由基

巨噬细胞在氧化酶（NADPH）的作用下，使分子氧减少一个电子形成超氧阴离子（O_2^-·），经过一系列连续反应形成 H_2O_2 和羟自由基（OH·）。这些活性氧（ROS）都是氧化剂。而 OH·是生物系统中最常见的，具有毒性很强的致病自由基。暴露于石英或石棉的巨噬细胞可产生多功能的 NO 自由基。NO 与 O_2 产生高活性的超氧亚硝基自由基（ONOO—）损伤组织细胞。也有认为 H_2O_2 通过与粉尘中铁的作用可产生更多的自由基。现已证明 H_2O_2 在大鼠实验尘肺中可以介导和促进尘肺纤维化的作用。

尘粒本身就是氧化剂的重要来源，其表面可产生自由基。而氧化效应可由尘粒本身或白细胞源的氧化剂或两者共同作用直接氧化损伤组织细胞或通过氧化应激刺激细胞活化。

随电子自旋共振（ESR）光谱仪等技术的发展，进一步分析石英的化学活性部位，认为石英粒子表面的硅烷醇基团（≡SiOH）是石英致纤维化的生物活性部分。当石英被切割或研磨时，其晶体断裂，断裂的表面生成 Si 和 Si—O 自由基，其与空气中的水蒸气作用（或在水的介质中）形成硅烷醇基团和羟基自由基。硅烷醇的羟自由基（·OH）可由相应阳离子取代或与氨基酸、胆固醇、磷脂等的相应基团形成氢键结合，当与细胞膜上的磷脂基团形成氢键结合时导致细胞膜的溶解。而石英粉尘的溶血作用与其表面吸附磷脂成分有关。有认为石英表面的硅烷醇与二酰基磷脂胆碱的三甲铵正电荷发生静电的作用可导致细胞膜的溶解和溶酶体的损伤，致使大量蛋白水解酶和溶酶体水解酶释放造成细胞死亡。这种观点启发人们使用高分子化合物 PVNO（克矽平）或铝制剂（柠檬酸铝）与石英表面硅烷醇基团中的—OH 结合，以稳定巨噬细胞膜免遭石英的生物活性作用。

关于抗氧化问题，Janssen 研究大鼠吸入尘粒后的氧化应激反应，通过分子杂交（Northern Western）技术发现吸入二氧化硅后大鼠全肺的抗氧化酶 Mn-SOD mRNA 基因表达增强，表明尘肺时存在有抑制过高的过氧化物。周君富等给矽肺病人适当补充维生素 C 、维生素 E 、β-胡萝卜素等抗氧化剂或茶多酚和银杏叶制剂等抗氧化药物，对减缓病人体内的氧化、过氧化和脂质过氧化损伤程度和缓解硅肺病情有积极意义。有人用非酶性抗氧化剂丁硫堇（一种合成 GSH 抑制剂）进行处理，比较灌注二氧化硅小鼠实验组与对照组的炎性反应发现当 GSH 水平降低时，二氧化硅引起的炎性反应明显增强，证明了 GSH 在尘肺时抗二氧化硅的正常防御作用。

5.2.5 肺泡上皮细胞反应与纤维化的形成

肺泡上皮细胞是肺泡结构的重要组成部分，分为Ⅰ型和Ⅱ型两种。在人体肺总细胞群中，Ⅰ型肺泡上皮细胞约占 8%，Ⅱ型肺泡上皮细胞占 16%，内皮细胞占 30%，间质细胞占 37%，肺泡巨噬细胞占 2%~5%。这些细胞共同维持肺生理和代谢功能的平衡，一旦平衡失调即可造成肺损伤，引发疾病。

Ⅰ型肺泡上皮细胞（又称膜性肺泡细胞）维持肺的气体交换和屏障作用。当受到石英毒或炎症反应所释放的蛋白酶和水解酶作用时造成Ⅰ型上皮细胞的损伤，表现为细胞肿胀，或浆膜收缩，细胞连接间隙消失，有的部位Ⅰ型上皮细胞脱落为Ⅱ型肺泡上皮所修复。实验表明，大鼠染尘后2~4天，可出现Ⅰ型上皮细胞的肿胀和脱落，Ⅱ型上皮细胞增生7~15天可见受损部位Ⅱ型上皮细胞开始修复30~60天均为Ⅱ型上皮细胞所覆盖，此时，肺泡巨噬细胞明显增生90~180天出现明显广泛的纤维化。

Ⅱ型肺泡上皮细胞（又称颗粒性肺泡细胞）主要制造和分泌肺表面活性物质，降低肺泡表面张力，维持肺泡的通气功能。它是一种磷脂蛋白的复合物，在细胞内质网合成，储存在板层体中，其蛋白质部分占10%，磷脂部分占90%，主要为卵磷脂，由磷脂酰胆碱（Phosatidylcholine，PHC）和磷脂酰甘油（Phosphatidyl glycerol，PHG）构成。由于Ⅱ型肺泡上皮细胞含有独特的碱性磷酸酶，通过组织化学特殊染色可以作出Ⅱ型上皮细胞形态上的鉴别和定量研究。实验证明，Ⅱ型上皮细胞受到石英毒刺激时其细胞体积变大，DNA合成增加，磷脂代谢加强，合成表面活性物质的速度为细胞数量增生速度的19倍。这是由于磷脂具有抑制石英诱发的巨噬细胞脂质过氧化而起保护作用，其机理可能是表面活性物的卵磷脂分子中的N^{+}—（COH_3）$_3$基与石英表面的SiO自由基相结合，减弱了石英对细胞膜的损伤，也可能是降低了由石英激活的中性粒细胞产生的自由基的损害。E型肺泡上皮细胞还可以分泌前列腺素（PGE2），抑制成纤维细胞合成胶原。

纤维化是结缔组织增生的终局，其受到一系列复杂因素的影响和调控。首先表现在受损部位产生炎性趋化性，由巨噬细胞及中性粒细胞释放出细胞因子如自转化生长因子（TGF-β）和细胞外基质成分如纤维粘连蛋白（FN），促使成纤维细胞吸附在受损部位及其细胞外基质，刺激成纤维细胞的增殖，并合成透明质酸（HA）。后者可以通过巨噬细胞释放细胞增殖因子参与纤维化过程，透明质酸可能是成纤维细胞活化的一种标志物。加上其他细胞因子（PDGF，TGF-α和TGF-β）与FN协同作用，加速了细胞内胶原的合成和释放到细胞外的过程，再通过肽链的交联，形成成熟的胶原纤维。而抗TNF抗体能抑制成纤维细胞增殖和胶原的合成。

目前已知胶原蛋白至少有13种，一般的疤痕组织主要由Ⅰ型和Ⅱ型胶原组成。正常肺中Ⅰ型和Ⅲ型胶原的比例为2∶1，在矽肺组织其比例基本不变。实验证明矽肺的早期主要是Ⅲ型胶原快速增长，以后其增长速度变慢，Ⅰ型胶原增长速度加快。纤维化病变程度较轻的肺组织中，Ⅲ型胶原纤维含量较多，而晚期硅肺以Ⅰ型胶原纤维为主。如对矽肺病人肺组织的分析可见。0^{+}及一期矽肺组织以Ⅲ型胶原纤维分布较多，Ⅰ型较少，而在二期或三期矽肺病人的肺组织主要是Ⅰ

型胶原纤维，Ⅲ型较少。由此可见，借助肺组织中胶原纤维的类型可判断不同粉尘的致纤维化能力和肺纤维化病变的程度。关于胶原的含量，可以通过传统的比色法来测定肺组织中胶原蛋白含量（氯胺 T 法），也可通过酶联免疫法（ELISA）来测定特异的Ⅰ型或Ⅲ型胶原含量及分布；也可利用胶原基因的 cDNA 探针进行分子杂交，测量肺组织中胶原 mRNA 的表达情况，还可采用组织化学特殊染色方法（天狼星红 Sirius red3F），在一张肺组织切片中通过偏光显微镜观察Ⅰ型和Ⅲ型胶原纤维的分布情况。

研究表明矽肺胶原与正常胶原在结构和性质上有明显不同。矽肺胶原的碳链缩短，螺旋松散，有序结构减少，其中含有较多的硅氧烷基，说明 SiO_2 不是以原形存在于矽肺胶原中，而是形成硅氧烷的桥键，加强矽肺胶原的交联。同时矽肺胶原固有的极化潜力低于正常胶原，矽肺胶原不出现电子自旋共振（ESR）信号，其稳定自由基减少，其余的硅已由—Si—状态变成—R—Si—OH，从而解释了矽肺结节为何能不断增长和扩大。

总之，由于 SiO_2 粉尘的毒性导致肺组织纤维化病变的形成过程是十分复杂的，涉及多种细胞，多种生物活性物质，表现有炎症反应，免疫反应，细胞与组织结构的损伤与修复，胶原增生与纤维化的形成，是多种因素互相作用与互相制约的结果，最终形成矽结节。而这种纤维化组织的特点是其中含有大量的硅氧基形成的桥基，能把胶原更紧密地连接起来，且不断增大，致使矽肺病变不断发展。

5.2.6 尘肺发病研究几个主要动向

（1）近年来，有认为二氧化硅粉尘与某些细胞膜受体结合通过特异的第二信使诱导产生信号传导通路，再激活某些细胞激酶，发生细胞核内某些细胞因子的转录造成损伤。例如认为钙在二氧化硅诱发的肺泡巨噬细胞激活中可能起到第二信使的作用。酪氨酸激酶通路可能是 SiO_2 通过它导致巨噬细胞产生细胞因子等。

（2）还有研究发现氧化亚氮自由基（NO—）与二氧化硅诱发的毒性有关。二氧化硅进入肺内诱导产生的巨噬细胞反应和炎症反应，使大量多形核白细胞迅速激活，诱导产生 NO 合成酶，催化 NO 大量产生，即 NO 合成酶可在巨噬细胞和中性粒细胞中被诱导，而脂多糖体、TNF-α、趋化性肽、血小板活化因子、白细胞三烯 B4 等均是 NO 合成酶的诱导剂。NO 合成酶催化产生的大量 NO 导致血浆中 NO 浓度增高，在肺组织中形一个“NO 自由基库”不断地释放出 NO，促使肺组织损伤和纤维化。

（3）细胞间隙连接通讯是指细胞间通过间隙连接交换离子和一些小分子传递生长抑制/增殖信息，通过调控保持正常生理功能，研究认为这些功能的抑制与硅肺纤维化发生涉及的某些细胞因子有关。

(4) 癌基因研究。癌基因是指具有诱导细胞发生恶性转化能力的基因。在正常细胞中存在有原癌基因，它具有促进正常细胞生长、增殖、转化和发育等功能，当被激活后就成为具有潜在诱导细胞恶性转化的癌基因，所以是原癌基因的异常形式。在正常细胞中存在有癌基因和抑癌基因，通过自主调控，维持机体的生理平衡，而原癌基因激活或抑癌基因失活扰乱了细胞的生长、分化和/或凋亡控制系统，促使癌症的发生，所以是细胞发生恶性转化导致肿瘤发生的关键。石棉和 SiO_2 是国际癌症研究机构（IARC）确认的人类致癌物，近些年来，对矽肺或石棉肺相关肺癌的癌基因或抑癌基因的表达和突变的研究，以及 SiO_2 粉尘与肺癌发生的关系已有不少报道。

石棉是一种遗传毒性致癌物，主要引起肺癌、恶性间皮瘤。其诱变作用以大片段、多位基因缺失为特征。诱变机制包括对分裂期细胞染色体的直接干扰作用和通过活性氧的间接作用，研究较多的是石棉致癌与癌基因或抑癌基因突变的关系。目前研究的与职业性肺癌和恶性间皮瘤有关的主要的癌基因有 ras 家族的 Ha-ras 和 k-ras、myc 家族、sis、c-fos、c-jun 等，抑癌基因主要有 p53、p16、WT-1 和 FHIT 等。

石英是近年被确认的人类致癌物，且 IARC 的结论仅涉及石英与肺癌的关系。对与石英致癌有关的癌基因和抑癌基因研究尚处于起步阶段。刘秉慈等报道，石英作业工人的肺癌完全有别于普通肺癌的 k-ras 及 p53 基因突变谱。基因突变谱的不同，显示硅尘可能具有特异的致癌和致癌机制。在矽肺相关肺癌中，p53 基因的第 8 外显子突变率高（44%），k-ras 基因的第 12 密码子上未见一例突变；而在普通肺癌中，p53 基因的突变仅有 20%发生在第 8 外显子上。k-ras 基因的第 12 密码子突变是 k-ras 基因突变的主要密码子，占全部 k-ras 基因突变的 70%~100%。结果提示石英对 DNA 的攻击具有其特殊性。

5.3 尘肺病的病理

尘肺病是我国发病人数最多、最常见的职业病。自 1866 年 Zenker 首先提出尘肺一词，概括了因吸入粉尘所引起的肺部疾病以来，对尘肺的认识有很大的进展，而病理学在认识尘肺的病因及发病中起了重要的作用。

尘肺病是由于长期吸入生产性粉尘所引起的以肺组织纤维化为主的疾病，现在认为粉尘吸入所致的组织反应不仅只限于终期的肺纤维化，应包括病理改变的全过程。因此，认为尘肺是因吸入粉尘所致的肺泡功能结构单位的损伤，其早期表现为巨噬细胞肺泡炎，晚期导致不同程度的肺纤维化。在尘肺的发生上粉尘的性质、浓度和粒径的大小，暴露时间是重要因素。而肺组织对粉尘的清除反应是决定尘肺发病的重要环节。正常人的呼吸道具有清除粉尘的黏液纤毛流（或称黏液纤毛阶梯）和肺泡以及间质的清除机制。这种不同层次的清除粉尘机制是一个连续的时相过程，快相约占吸入总尘量的 70%～95%，在数天内即完成；慢相约占吸入总尘量的 10%，一般要 100 天以上，甚至多年后才被排出，因为那些进入到肺间质或肺泡腔内而沉积下来的粉尘是难以清除的。当人体的清除功能减弱，吸入的粉尘量大于清除量（超负荷）时，粉尘就被蓄积在肺组织内造成肺损伤，大量的及长时间的粉尘蓄积则导致尘肺病的发生。

5.3.1 尘肺的基本病理改变

肺组织内粉尘的大量蓄积势必引起肺结构的损伤，其表现不论吸入粉尘的理化特性或生物学活性如何，一般基本病变是相似的。主要表现为巨噬细胞性肺泡炎、尘细胞肉芽肿和尘性纤维化。

5.3.1.1 巨噬细胞性肺泡炎

大量研究表明，任何外源性的刺激物如粉尘、化学物或生物激惹物、致敏原等，只要进入并阻留在肺泡内，首先引起的是巨噬细胞性肺泡炎。其起始阶段（数小时至 72h）表现为肺泡内有大量中性多形核白细胞为主要成分的炎性渗出物，而后（3 天以后）肺泡内巨噬细胞增多并取代白细胞而形成以肺泡巨噬细胞占绝对优势，伴有少量中性多形核白细胞和巨噬细胞、脱落的上皮细胞、脂类及蛋白成分的肺泡炎。在实验性矽肺中可见到中性多形核白细胞和巨噬细胞增生的“两个高峰”以及肺泡巨噬细胞吞噬尘粒，尘细胞坏死崩解的现象，肺泡上皮细胞（Ⅰ型上皮细胞）及肺毛细血管内皮细胞也有不同程度的变性坏死。

现在认为中性多形核白细胞释放的活性氧（ROS）和巨噬细胞大量合成及分泌的各种生物活性因子能直接损伤肺泡上皮细胞及毛细血管，致使肺组织结构受到明显破坏。

5.3.1.2 尘细胞性肉芽肿（或结节）

在巨噬细胞性肺泡炎的基础上，粉尘和含尘巨噬细胞（尘细胞）可在肺组织的呼吸性细小支气管及肺泡内、小叶间隔、血管及支气管周围、胸膜下及区域性淋巴组织内聚集形成粉尘灶即尘斑或尘细胞肉芽肿或结节。在实验性矽肺中可观察到这种肉芽肿从起始阶段的尘细胞结节发展成为细胞纤维性结节及纤维细胞性结节，终形成胶原纤维组成的纤维性结节。晚期，胶原纤维矽结节可出现玻璃样变或相互融合病灶。应该指出的是，上述病理过程任何一个阶段的尘性病变除尘细胞、胶原纤维外，常有少量的淋巴细胞、浆细胞等其他成分。人们可根据尘细胞肉芽肿病变的不同阶段来判断某一粉尘的致肺纤维化病变的能力。

5.3.1.3 尘性纤维化

当肺泡结构受到严重破坏，不能完全修复时，则为胶原纤维所取代而形成以结节为主的结节性肺纤维化或为弥漫性肺纤维化或两者兼有之。矽肺对常见有典型的结节性纤维化，晚期在结节和间质纤维化基础上可形成块状纤维性病灶。

5.3.2 尘肺的病理类型和诊断

5.3.2.1 尘肺的病理分裂

根据我国尘肺病理诊断标准，可将其分为三型。

（1）结节型。尘肺病变以尘性胶原纤维结节为主，伴有其他尘性病理改变的存在。如最常见的矽肺和以硅尘为主的其他混合型粉尘所致的尘肺。

（2）弥漫纤维化型。尘肺病变以肺的尘性弥漫性胶原纤维增生为主，伴有其他尘性病变。如石棉肺及其他硅酸盐肺，和其他含硅量低的粉尘所致的混合型尘肺。

（3）尘斑型。尘肺病变以尘斑伴有灶周肺气肿为主，并有其他尘性病变的存在。如单纯性煤肺和其他碳系尘肺，以及一些金属尘肺。

5.3.2.2 尘肺的病理诊断

尘肺的病理诊断和尘肺的X线诊断一样，必须严格按照国家标准的规定来执行。首先是定性诊断，即根据职业史和病变的性质进行尘肺的命名及病理分类；其次，根据标准作出尘肺的分期；再次，作出相关的并发病的诊断。

鉴于尘肺的诊断涉及国家劳保规定、职业病待遇，政策性强，诊断时要严格执行国家《尘肺病理诊断标准》诊断者应该是从事该专业的病理工作者，并能熟练掌握尘肺病理诊断的内容和标准，工作中可以参考尘肺病理诊断标准片，必要时通过会诊来作出符合实际的正确诊断。

我国的《尘肺病理诊断标准》是根据多年来我国职业病病理工作者汇集的697例尘肺尸检病例的材料进行研究后制定的，其涉及23种粉尘作业工种，基本反映了我国工业生产中无机粉尘的危害性质和粉尘吸入后的肺部反应。由于暴露粉尘的性质不同，粉尘浓度的高低、接尘时间的长短及个体易感性的差别，肺组织纤维化的表现形式有所不同，诊断时主要依据肺组织纤维化的形态来分类，以结节病变为主的称为结节型尘肺；以尘斑为主的称为尘斑型尘肺；以弥漫性纤维化病变为主的称为弥漫纤维化型尘肺。然后再按主要病变的损害程度与分布范围分为Ⅰ、Ⅱ、Ⅲ期。《尘肺病理诊断标准》是我国从病理上诊断尘肺的唯一依据，它适用于我国规定的12种尘肺，并与我国尘肺X线诊断标准相呼应，具有实用性。

应该指出的，根据GBZ 25—2014标准规定的病理诊断要求，该标准只适用于尸检或外科肺叶切除的标本，其他生物材料，如支气管肺活检、针刺肺活检、小块肺活检等因取材过于局限，对Ⅱ期弥漫纤维化型尘肺有一定参考价值，对其他类型尘肺均不适用。锁骨下淋巴结活检及肺灌洗液细胞学检查可作为病因学诊断参考，不能作为病理形态学诊断的标本。

5.4 尘肺病的表现特征

5.4.1 尘肺病的发病症状

尘肺病的病理基础是肺组织弥漫性、进行性的纤维化，尘肺病的病程及临床表现决定于生产环境粉尘的浓度、暴露的时间及累计暴露计量，以及有无并发症和个体特征。

一般来说尘肺病是一种慢性疾病，病程均较长，在临床规范治疗的情况下，许多尘肺病病人的寿命甚至可以达到社会人群的平均水平。但短期大量的暴露于高浓度粉尘和（或）游离二氧化硅含量很高的粉尘，肺组织纤维化进展很快，易发生并发症，病人可在较短时间内出现病情恶化。

5.4.1.1　症状

尘肺病病人的临床表现主要是以呼吸系统症状为主的咳嗽、咳痰、胸痛、呼吸困难四大症状，此外尚有喘息、咯血以及某些全身症状。

（1）咳嗽。咳嗽是尘肺病病人最常见的主诉，主要和并发症有关。早期尘肺病病人咳嗽多不明显，但随着病程的进展，病人多合并慢性支气管炎，晚期病人常易合并肺部感染，均使咳嗽明显加重。特别是合并有慢性支气管炎者咳嗽可非常严重，也具有慢性支气管炎的特征，即咳嗽和季节、气候等有关。尘肺病病人合并肺部感染，往往不像一般人发生肺部感染时有明显的全身症状。可能仅表现为咳嗽明显加重。吸烟病人咳嗽较不吸烟者明显。少数病人合并喘息性中气管炎，表现为慢性长期的喘息，呼吸困难较合并单纯慢性支气管炎者更为严重。

（2）咳痰。尘肺病病人咳痰是常见症状，即使在咳嗽很少的情况下，病人也会有咳痰，主要是由于呼吸系统对粉尘的清除导致分泌物增加所致。在没有呼吸系统感染的情况下，一般痰量不多，多为黏液痰。煤工尘肺病病人痰多为黑色，晚期煤工尘肺病病人可咳出大量黑色痰，其中可明显看到有煤尘颗粒，多是大块纤维化病灶由于缺血溶解坏死所致。石棉暴露工人及石棉肺病病人痰液中则可验到石棉小体。如合并肺内感染及慢性支气管炎，痰量则明显增多，并呈黄色黏稠状或块状，常不易咳出。

（3）胸痛。胸痛是尘肺病病人最常见的主诉症状，几乎每个病人或轻或重均有胸痛，其和尘肺期别以及临床表现多无相关或平行关系，早晚期病人均可有胸痛，其中可能以矽肺和石棉肺病人更多见。胸痛的部分原因可能是纤维化病变的牵扯作用，特别是有胸膜的纤维化及胸膜增厚，脏层胸膜下的肺大泡的牵拉及张力作用等。胸痛的部位不一定常有变化，多为局限性；疼痛性质多不严重，一般主诉为隐痛，亦有描述为胀痛、针刺样痛等。

（4）呼吸困难。呼吸困难是尘肺病的固有症状，且和病情的严重程度相关。

随着肺组织纤维化程度的加重，有效呼吸面积的减少，通气/血流比例的失调，缺氧导致呼吸困难逐渐加重。并发症的发生则明显加重呼吸困难的程度和发展速度，并累及心脏，发生肺源性心脏病，使之很快发生心肺功能失代偿而导致心功能衰竭和呼吸功能衰竭，是尘肺病病人死亡的主要原因。

（5）咯血。咯血较为少见，可由于上呼吸道长期慢性炎症引起黏膜血管损伤，咳痰中带少量血丝；也可能由于大块状纤维化病灶的溶解破裂损及血管而咯血量较多，一般为自限性的。尘肺合并肺结核是咯血的主要原因，且咯血时间较长，量也会较多。因此，尘肺病病人如有咯血，应十分注意是否合并有肺结核。

（6）其他。除上述呼吸系统症状外，可有程度不同的全身症状，常见的有消化功能减弱，胃纳差，肿胀，大便秘结等。

5.4.1.2 体征

早期尘肺病病人一般无体征，随着病变的进展及并发症的出现，则可有不同的体征。听诊发现有呼吸音改变是最常见的，合并慢性支气管炎时可有呼吸音增粗、干性啰音或湿性啰音，有喘息性支气管炎时可听到喘鸣音。大块状纤维化多发生在两肺上后部位，叩诊时在胸部相应的病变部位呈浊音甚至实变音，听诊则语音变低，局部语颤可增强。晚期病人由于长期咳嗽可致肺气肿，检查可见桶状胸，肋间隙变宽，叩诊胸部呈鼓音，呼吸音变低，语音减弱。广泛的胸膜增厚也是呼吸音减弱的常见原因。合并肺心病心衰者可见心衰的各种临床表现，缺氧、黏膜发绀、颈静脉充盈怒张、下肢水肿、肝脏肿大等。

5.4.2 尘肺病的并发症

尘肺病病人由于长期接触生产性矿物性粉尘，使呼吸系统的清除和防御机制受到严重损害，加之尘肺病慢性进行性的长期病程，病人的抵抗力明显减低，故尘肺病病人常常发生各种不同的并发症。尘肺并发症对尘肺病病人的诊断和鉴别诊断、治疗、病程进展及预后都产生重要的影响，也是病人常见的直接死因。我国尘肺流行病学调查资料显示，尘肺病病人死因构成比呼吸系统并发症占首位，为51.8%其中主要是肺结核和气胸；心血管疾病占第二位，为19.9%，其中主要是慢性肺源性心脏病。因此，及时正确的诊断和治疗各种并发症，是抢救病人生命、改善病情、延长寿命、提高病人生活质量的重要内容。本节讨论尘肺并发呼吸系统感染、气胸、肺源性心脏病和呼吸衰竭。

5.4.2.1 呼吸系统感染

呼吸系统感染，主要是肺内感染是尘肺病病人最常见的并发症。由于长期接触粉尘，在粉尘的化学和物理作用的刺激下，呼吸道黏膜损伤，常合并慢性支气管炎，呼吸道分泌物增加，长期的慢性炎症和机械刺激作用使呼吸系统的清除自净功能严重下降。肺部广泛的纤维化，使肺组织损伤，通气功能下降，纤维化组织的收缩、牵拉，使细支气管扭曲、变形、狭窄，引流受阻；加之慢性长期的病程，病人抵抗力降低，都是尘肺病病人易于发生肺内感染的原因。

感染的病原微生物可以是细菌、病毒、支原体、真菌等。院外感染以流感嗜血杆菌和肺炎双球菌为多见，其次是葡萄球菌、卡他莫拉菌（卡他微球菌）、链球菌等；亦有大肠杆菌、绿脓杆菌等革兰阴性杆菌。部分尘肺病病人长期住院极易发生院内感染，治疗往往更困难。院内感染主要是病人相互交叉感染和医源性感染，以革兰阴性杆菌为多见，其中绿脓杆菌和大肠杆菌最多，医疗用品消毒不彻底，特别是尘肺病病人常用的雾化吸入装置、吸氧设备等是发生院内感染的主要原因。长期、反复滥用抗生素和激素，是致复杂多菌群感染，微生物产生耐药性，造成临床治疗困难的主要原因。

（1）临床表现。并发感染时，主要表现是咳痰量增多，咳嗽加重，痰可呈黄色脓性，亦可是白色黏稠痰，呼吸困难加重。病人可有无力、食欲缺乏等全身症状；可有发烧，但多不明显，或仅是低热，少见有高热者。检查时可在局部听到干湿性啰音，多在背部肺底部，有时可闻及痰鸣音，实验室检查可见血白细胞增加，中性白细胞比例增高。

（2）诊断。根据病人临床表现，咳嗽、咳痰、呼吸困难突然明显增加，要考虑到肺部感染的可能，应做进一步的检查。X 射线检查是最重要的，和既往 X 射线胸片比较，新出现的淡薄的、不规则的斑片状阴影，多见于中下肺叶，有时可在多处发生，连续观察变化较快，即可作出感染的诊断，及时给予治疗。痰液的细菌学检查具有病原学意义，顽固的反复的肺内感染，痰液的细菌学检查和药敏实验更为重要。痰液细菌学检查必须避免污染，取样前应先让病人咳出上呼吸道的痰液，清洁口腔，并用 1%的过氧化氢漱口，保证所取痰液来自深部呼吸道。痰液应立即送检，首先涂片检查以确定痰液是来自深部呼吸道，即显微镜在低倍视野下鳞状上皮细胞小于 10 个，然后再行培养和药物敏感实验。

5.4.2.2 气胸

尘肺并发气胸是急诊，诊断不及时或误诊，可造成严重后果，应予十分重视。

肺组织纤维化使肺通气/血流比例失调，导致纤维化部位通气下降，而纤维化周边部位则代偿性充气过度造成泡性气肿，泡性气肿相互融合成为肺大泡。发生在肺脏层胸膜下的肺大泡破裂致气体进入胸腔是发生气胸的主要原因。肺组织表面和胸膜的纤维化及纤维化组织的牵拉和收缩，也可发生气胸。气胸发生往往有明显的诱因，任何能使肺内压急剧升高的原因都可导致发生气胸，这些主要是：合并呼吸系统感染时，咳嗽、咳痰加重，用力咳嗽和呼吸困难，通气阻力增加，肺内压升高，使肺大泡破裂；用力憋气，如负重、便秘时发生气胸；意外的呛咳，如异物对咽部及上呼吸道的刺激等。

（1）分类。根据发生原因的不同气胸分为自发性气胸和创伤性气胸两种。由肺组织原发疾病致肺气肿、肺大泡破裂使空气进入胸腔引起的气胸为自发性气胸，故尘肺病病人并发的气胸是自发性气胸。肺部无明确的疾病的健康者，多为青壮年，有时也可发生气胸，称之为“单纯性气胸”或“特发性气胸”也属于自发性气胸。按肺脏裂口及胸腔压力的不同气胸分为三种：

1）闭合性气胸。裂口较小，肺组织弹性较好，肺脏收缩后裂口可自动完全闭合，空气不再进入胸腔。胸腔积气可由血液-淋巴管系统吸收，胸腔负压很快恢复，肺脏复张。

2）开放性气胸。裂口接近胸膜粘连的底部，既受到肺组织收缩的牵拉，又受到胸膜粘连的牵拉，裂口不能闭合。肺组织纤维化致收缩不良或裂口位于纤维化的部位，也使裂口无法闭合。胸腔通过气管树和大气直接相通，气体可自由进出胸腔，胸腔内压和大气压相等，胸腔积气可随呼吸有变化，故也称为“交通性气胸”。由于裂口经久不能闭合，胸腔长时间和大气直接相通，加之胸腔插管排气等医源性原因，常造成胸腔感染。尘肺病病人肺组织及胸膜的广泛纤维化，肺组织收缩不好，加之黏膜的牵拉，使形成的裂口很难闭合，故尘肺病病人并发开放性气胸并不少见，临床病程较长。

3）张力性气胸。裂口呈活瓣样，吸气时裂口张开，呼气时裂口闭合，空气只能进入胸膜腔，而不能排出，胸腔积气逐渐增多，胸腔压力随之逐渐增高。咳嗽则加剧胸腔压力的升高，咳嗽前声门关闭，肺内压力增高，使裂口张开，气体进入胸腔；呼气时肺内压力降低，裂口关闭，气体无法排出。随着胸腔压力的增高，患侧肺可完全萎陷，纵隔向对侧移位，压迫对侧肺脏和大静脉，血液回流发生障碍。此类气胸是最严重的。

（2）临床表现。症状和体征主要决定于气胸发生的快慢、气胸的类型、胸腔气体的多少及是否合并胸腔内感染等。如气胸发生缓慢，进入到胸腔的气体较少，病人可没有症状，可能只是在体检中才发现胸腔有积气。尘肺病病人由于胸膜纤维化常发生局限性包裹性气胸，一般胸腔气体较少，临床症状也不明显。有时可见同时发生多个包裹性气胸。急性发病者，以突然感到患侧胸部强烈的刺痛或胀痛，疼痛可向同侧的背部和肩部放射。一般在一侧肺体积压缩30%时病人会有明显的呼吸困难发生，随着肺压缩体积的增加，呼吸困难将加重，严重时病人有窒息感觉。若伴有胸腔出血者，病人可有休克表现，面色苍白、四肢阴冷、冷汗淋漓甚至血压下降。合并胸腔感染时可有脓胸，病人有持续高热，甚至产生感染性毒血症。临床上也可见到在一侧气胸治疗过程中又发生另一侧气胸，或双侧同时发生气胸，应特别注意。

体检患侧胸廓显饱满，呼吸运动减弱，呼吸音及语音减低。气管及纵隔向对侧移位。叩诊患侧呈鼓音，左侧气胸时心脏浊音界缩小甚至消失，右侧气胸时肝浊音界下降。气胸可致肺容量及通气量明显减少，但此时不应该作肺功能检查。

X射线检查，可见积气的胸腔透亮度增加，肺纹理消失，肺脏被压缩，和积气的胸腔之间可见发线状的脏层胸膜。如有感染或胸腔积液，可见液平面。

(3) 诊断。尘肺病病人突然发生典型的气胸症状和体征，临床诊断并不困难，及时进行X射线检查，则可明确诊断，并确定肺脏被压缩的程度。轻度气胸，胸腔积气较少，病人没有明显的症状，则需要依赖X射线的检查方能得到诊断。

胸膜腔内压测定，对气胸及其分类的诊断有很大价值。临床提示有气胸可能不能明确诊断时，用人工气胸器测定胸膜腔内压，负压消失，通常胸膜腔内压高于大气压。抽气后压力下降，留针观察1~2min，如压力不再上升，可能为闭合性气胸。如果胸膜腔内压接近大气压，即在“0”上下，抽气后压力不变，可能是开放性气胸。如果胸膜腔内压为正压，抽气后降为负压，留针观察则变为正压并逐渐上升，提示张力性气胸。

胸膜下的巨大肺大泡可能有气胸的体征，应注意和气胸鉴别。但病人无明确诱因，也无突发的胸痛、呼吸困难等典型的气胸症状。X射线检查，透亮的肺大泡内仍可见细小的条纹影，为肺泡间隔的残留；大泡的边缘也没有发线状的脏层胸膜影。

5.4.2.3 慢性肺源性心脏病

慢性肺源性心脏病是由于肺、胸或肺动脉慢性病变引起的肺循环阻力增高，右心室超负荷造成肥大，最后导致心力衰竭。尘肺病病人发生慢性肺源性心脏病的主要原因一是尘肺病变本身，二是尘肺病病人多合并慢性支气管炎。尘肺致肺组织广泛的纤维化，使肺通气面积缩小，通气/血流比例失调，局部或广泛的肺气肿使肺内压升高，压迫肺毛细血管床；肺组织纤维化也使肺毛细血管床减少，肺血管受纤维化的压迫和牵拉，管腔面积缩小；肺血管本身纤维化，管壁增厚，弹性减小；这些都使肺动脉压升高，肺循环阻力增加，从而增加右心后负荷。尘肺病病人合并慢性支气管炎是非常普遍的。长期的慢性支气管炎使气道狭窄，通气阻力增加，继之发生肺气肿、肺内压增高进一步导致肺动脉压升高，也是尘肺病病人合并慢性肺源性心脏病的主要原因。此外，尘肺病病人长期慢性缺氧可引起心肌变性，并常继发红细胞增多，使血液黏稠度增加，也导致肺循环阻力增加。我国尘肺流行病学调查资料显示，尘肺并发肺源性心脏病以煤工尘肺、石棉肺、水泥尘肺为多见，分别占死因构成比的25%、28%和29%。

(1) 临床表现。主要和心功能有关，心功能分为代偿期和失代偿（衰竭）期。

1）代偿期。心脏在动员储备力量超负荷工作情况下，可以保持基本正常的血液循环和机体活动对血液和氧气的需要，此时病人仍以原发病的临床表现为主。检查可有肺动脉压增高和右心肥大的特征，心脏受累的主要表现是肺动脉第二音亢进和上腹部剑突下可见比较明显的心脏搏动，大部分尘肺合并肺心病的病人均有肺气肿的体征，胸廓呈桶状，肋间隙较宽，叩诊呈过清音或鼓音，呼吸音减弱。由于肺气肿，心脏虽有增大，但心浊音界则多无扩大。肝浊音上界下降到第五肋间以下。心电图检查可见肢体导联低电压和右心肥大改变。

2）失代偿期。随着病程的进展，心脏功能逐渐出现失代偿，即心脏不能搏出同静脉回流及身体组织代谢所需相称的血液。特别是在合并肺部感染时，使心脏功能很快恶化，表现为呼吸困难加重、心悸、甲床及黏膜发绀；由于静脉回流受阻出现颈静脉怒张、肝脏肿大和压痛、下肢水肿、少尿等；心律增快，可闻及由于相对三尖瓣关闭不全引起的剑突下收缩期吹风样杂音或心前区奔马律。心功能衰竭往往和呼吸功能衰竭同时发生，加重呼吸困难和缺氧的表现，出现严重的二氧化碳滞留导致高碳酸血症和呼吸性酸中毒；神经系统累及时出现头痛、烦躁不安、语言障碍，以至嗜睡和昏迷，发生肺性脑病。

（2）诊断。尘肺病病人并发肺心病的诊断主要是在心功能代偿期确定是否心脏已经受累及，即是否有肺动脉高压及右心肥大，如有右心功能衰竭的表现，诊断则不困难。肺动脉高压及右心增大应根据体征、X 射线检查、心电图、超声心动图、心向量图等。

1）体征。肺动脉区第二音亢进，剑突下有明显的心脏搏动并闻及吹风样收缩期杂音，三尖瓣区也可有收缩期杂音。

2）X 射线检查。

①右前斜位肺动脉圆锥明显凸出≥7mm；

②后前位肺动脉段凸出高度≥3mm；

③左前斜位右心室扩大；

④右下肺动脉干扩张，横径≥15mm；

⑤中心肺动脉扩张和外围分支纤细，形成鲜明对比。

3）心电图检查。

①主要条件：

额面平均电轴明显右偏≥900；右心肥大，V1 导联 R/S≥1，或 aVR 导联 R/S 或 R/Q≥1，或 Rvl+Sv5>1.05mV；心脏重度顺钟向转位，V5 导联 R/S≤1，或 V1-3 可呈酷似心肌梗死的 Qr、Qs 或 qr 型；肺型 P 波。

②次要条件：肢体导联低电压及右束支传导阻滞（完全性或不完全性）。

5.4.2.4 呼吸衰竭

尘肺并发呼吸衰竭是尘肺病病人晚期常见的结局。随着尘肺所致肺组织纤维化的进展，正常的肺组织被纤维化组织取代以及胸膜纤维化的发生，肺的容量、通气量降低，有效呼吸面积减少；纤维化部位的有效通气减少，血流则可能相应正常，而没有纤维化的部位则发生代偿性气肿或通气过度；二者均导致通气不足和通气/血流比例失调。尘肺病病人长期咳嗽、咳痰，呼吸道分泌物增多，多数合并慢性支气管炎，均导致呼吸道狭窄，呼吸阻力增高，发生阻塞性通气障碍。由于尘肺纤维化病变呈进行性的加重，病程较长，晚期尘肺病病人多并发慢性代偿性呼吸衰竭。上呼吸道及肺部感染、气胸等诱因是导致发生失代偿性呼吸衰竭的主要原因；滥用镇静及安眠类药物也是导致尘肺病病人呼吸衰竭的原因之一。严重尘肺病例由于肺组织大面积纤维化及合并慢性呼吸系统感染，可表现长期的严重失代偿性呼吸衰竭。尘肺病病人的呼吸衰竭多表现为缺氧和二氧化碳潴留同时存在。缺氧对中枢神经系统、心脏和循环系统以及细胞和组织代谢、电解质平衡都有明显的影响。二氧化碳潴留对中枢神经系统、呼吸及酸碱平衡则有明显的影响。

(1) 定义及分类。呼吸衰竭是由于呼吸功能严重障碍，以致在静息呼吸空气的情况下，病人不能维持正常的动脉血氧和二氧化碳分压。临床上分为代偿性及失代偿性呼吸衰竭。前者是指病人虽有缺氧和（或）二氧化碳潴留，但在呼吸空气的情况下仍可维持自身日常的正常基本生活；有些病人长期处于代偿性呼吸衰竭，故也称为慢性呼吸衰竭；后者是指在一定诱因作用下发生严重的缺氧和二氧化碳潴留甚至呼吸性酸中毒，必须进行临床医疗才能维持生命活动的危重情况，故也称为急性呼吸衰竭。

根据呼吸衰竭的病理生理特点，结合血气实验室检查，临床所见的呼吸衰竭可分为两种类型。

1) 缺氧和二氧化碳潴留同时存在（Ⅱ型呼吸衰竭）。肺泡有效通气量不足，肺泡氧分压下降，二氧化碳分压增高，肺泡-肺毛细血管血之间的氧和二氧化碳压差减少，影响氧和二氧化碳的气体交换。这一类型主要是由于通气功能障碍所致，通气不足所引起的缺氧和二氧化碳潴留的程度是平行的。治疗以增加通气量为主。

2) 缺氧为主，伴有轻度或没有二氧化碳潴留（Ⅰ型呼吸衰竭）。主要见于动静脉分流，通气/血流比例失调或弥散功能障碍的病例。由于氧和二氧化碳的动静脉分压差差别很大及二者的解离曲线特性不同，在通气/血流比例失调的情况下，当血液通过通气不足的肺泡时，既不能充分释放二氧化碳，也不能吸收足够的氧气；而当血液通过通气过度的肺泡时，二氧化碳的释放则易于进行，但仍不能吸收足够的氧气。故通气/血液比例严重失调的结果是机体有明显的缺氧，没有或仅有轻度的二氧化碳潴留。

（2）临床表现。

1）缺氧的临床表现。呼吸困难是缺氧的主要症状。在呼吸衰竭代偿期，病人有轻度的呼吸困难，活动较多或轻体力活动时觉气短、呼吸费力、胸闷等，休息后可得到缓解。在失代偿期，呼吸困难明显加重，早期表现呼吸频率加快，呼吸表浅，随缺氧的加重和时间延长，呼吸变深，频率变慢；严重时出现呼吸窘迫甚至潮式或间隙式呼吸，患者可出现烦躁不安、神志恍然、谵妄、昏迷。可并发肝肾功能的损害，尿中出现蛋白、红细胞及管型，血尿素氮升高。呼吸衰竭晚期可发生胃肠黏膜缺氧而致糜烂、出血。发绀是缺氧的主要体征，尘肺病病人呼吸衰竭表现为中心性发绀，发绀程度主要决定于血中还原型血红蛋白的量，故受到血红蛋白总量的影响，一般在血氧饱和度低于75%时即有明显的发绀。

2）二氧化碳潴留的临床表现。主要表现为精神和神经方面的症状，早期表现为头胀、头痛，继之表现为烦躁不安、兴奋、失眠、幻觉、神志恍然及精神症状，最后进入神志淡漠、昏迷，即肺性脑病。二氧化碳潴留时碳酸酐酶作用加强，离解出更多的 H^+，使血液 pH 值下降致呼吸性酸中毒。由于个人对呼吸性酸中毒的代偿能力不同，临床症状和二氧化碳潴留程度的关系也因人而异。

二氧化碳潴留病人常有面部肌束及四肢震颤，手部可有扑翼样震颤或间隙抽动。昏迷病人瞳孔缩小，对光反应迟钝或消失。神经系统检查肌腱反射减弱或消失，锥体束征可呈阳性。患者周围血管扩张，四肢浅表静脉充盈，皮肤潮湿、红润。深度昏迷病人或伴严重酸中毒时，血压下降。有休克和循环衰竭的表现。

（3）诊断。根据尘肺病史及导致呼吸衰竭的诱因，具有缺氧及二氧化碳潴留的临床表现，结合有关体征，一般均可作出正确的诊断。但许多尘肺病病人的呼吸衰竭发生缓慢，临床表现也相对隐匿，诊断往往疏忽，此时严密的观察病情，及时的实验室血气分析对诊断和治疗都是很重要的。动脉血氧分压（PaO_2）正常为 12.64～13.3kPa（95～100mmHg），二氧化碳分压（$PaCO_2$）为 4.66～5.99kPa（35～45mmHg）。当 $PaO_2 < 8$kPa（60mmHg），$PaCO_2 < 6.66$kPa（50mmHg），为Ⅰ型呼吸衰竭，即低氧血症；当 $PaO_2 < 8$kPa（60mmHg），$PaCO_2 > 6.66$kPa（50mmHg），为Ⅱ型呼吸衰竭，既有低氧血症，又有二氧化碳潴留。

6 矿山系统常见尘肺病

6.1 矽肺

6.1.1 概述

矽肺是由于长期吸入游离二氧化硅粉尘所致的以肺部弥漫性纤维化为主的全身性疾病。粉尘中游离二氧化硅含量的多少、生产环境中粉尘浓度的高低以及生产者暴露时间的长短是矽肺病发生、发展及转归的主要影响因素。

6.1.1.1 接触机会

石英近似纯的游离结晶型二氧化硅，此外几乎各种矿物和岩石均含有不同程度的游离二氧化硅，故其职业性接触机会十分广泛，主要有以下几个方面。

（1）采矿业。钨矿、铜矿、金矿、铅锌矿等是我国发生矽肺较多的矿山，其他矿山如煤矿、铁矿、镍矿、铀矿及非金属矿的岩石中均含石英，也可引起矽肺。在矿山的作业中以凿岩工、放炮工、支柱工、运输工接触粉尘最多，尤其是干式凿岩，粉尘浓度很高、矽肺发病非常严重。

（2）开山筑路、挖掘隧道和涵洞中的风钻工、爆破工、运输工接触粉尘最多，矽肺发病很高，发病工龄很短，病程进展很快，有人称“急进型矽肺”或“快型矽肺”。

（3）建筑材料行业中的采石、轧石、石料粉碎加工等各工种均可引起矽肺。由于乡镇企业的发展，这个行业占有很大比重，因为设备简陋，是我国目前发生矽肺的一个很重要的行业。

（4）耐火材料，从原料准备、制造、焙烧等各工种均接触石英粉尘，曾是发生矽肺的主要行业之一，而且病变也较严重。

（5）石英加工行业，石英的粉碎、研磨、运输过程中均有接触，其中研磨危害比较严重。

（6）钢铁冶金业中的选矿、烧结、冶炼中的加料，炼炉的修砌，其中砌炉工危害最大。

（7）机械制造业，主要是铸钢车间，因为铸钢件的型砂含石英量很高，在型砂造型、烧铸、开箱、清砂、喷砂等工种中均接触石英粉尘，尤其清砂、整理工接触最多。其发病率高，发病工龄短，病变进展快、病情重，属于典型矽肺。

而铸铁车间，其铸铁件型砂常用河沙及混合一定比例的黏土、石墨、焦炭粉、石灰石和滑石粉，为混合性粉尘，其所罹患的尘肺，发病工龄较长，进展缓慢，病变较轻，属混合性尘肺，称铸工尘肺。

（8）石料加工，采用手工或机械加工各种石料物件、工艺品、雕刻字画等，大部分在露天作业，但在作业时粉尘飞扬接近呼吸带，粉尘游离二氧化矽含量很高，工作时间长，是典型矽肺，常为快进型。合并肺结核高，死亡率很高。

（9）水利建设与地质勘探中开凿水电隧洞和地质探洞均接触石英粉尘，矽肺发病也较高。

（10）玻璃、搪瓷业。主要是备料车间的石英粉碎、运输的工人接触较多，由于采取了主要采取综合防尘措施，矽肺发病已明显下降。

（11）陶瓷行业，原料含有石英砂，过去矽肺发病较高，近年来采取了综合防尘措施，矽肺发病已明显下降。

（12）造船工业中的喷砂、除锈，在20世纪六七十年代矽肺发病率很高，自改革工艺，采用钢丸喷砂后，已无矽肺发生。

6.1.1.2　*矽肺的分类*

由于接触粉尘中的游离二氧化矽含量不同，作业场所粉尘浓度不同，其所引起的矽肺临床表现、疾病的发展和转归，甚至病理改变也不同，一般认为有以下几种。

（1）慢性（或典型）矽肺。粉尘中的游离二氧化矽含量低于30%，接触工龄一般在20~45年发病。病变以胶原化矽结节为主，并常先发生在肺上叶，可能与肺下叶对粉尘的清除较好有关。这种单纯矽结节一般小于5mm，对肺功能的损害也多不明显。一些研究表明，没有临床症状和肺功能损害。X射线胸片上只有小阴影改变的病人寿命并不受影响。矽肺可形成进行性大块状纤维化，通常发生在两肺上部，是由于纤维结节融合所致。慢性矽肺的病理改变在即使脱离粉尘接触之后也仍然会进展。

（2）快进型矽肺。粉尘中二氧化矽含量在40%~80%之间，接触工龄一般在5~15年发病，纤维化结节较大，X射线上可形成“暴风雪”样改变，进行性大块状纤维化可发生在两肺中野，病变进展很快，肺功能损害常较严重。此型矽肺多见于石英磨粉工和石英喷砂工。

（3）急性矽肺。也称矽性蛋白沉着症，是一种罕见的由矽尘引起的矽肺，发生在接触二氧化硅含量很高且浓度也很高的粉尘作业工人中。Betts在1900年首先报道了矽肺的这种临床类型。此后，Buechner和Ansari报道了4例喷砂工在接触硅尘4年后发生急性矽肺。一般在接触1~4年发病，迅速进展并因呼吸衰竭而死亡。病理特征和非特异性肺泡蛋白沉着症所见相同，即肺泡由脂质蛋白物所填充。临床表现为明显的进行性的呼吸困难和缺氧，气体弥散功能严重受损。

6.1.2 发病机制

矽肺的发病机制长期以来国内外都在研究，资料不少，学说很多，如表面活性学说、机械刺激学说、化学中毒学说、免疫学说及近年研究提出的细胞因子、氧自由基、癌基因等，但各有偏颇，仍不清楚。目前以 Heppleston 提出细胞毒学说是研究热点，该学说认为吞噬石英粉尘颗粒后的肺巨噬细胞发生崩解、坏死后，释放出一种能促进成纤维细胞增生和促进胶原形成的细胞因子，称为 H 因子。进一步研究认为，H 因子并非一种，而是种类很多，如肿瘤坏死因子（TNF-α）、成纤维细胞生长因子（FGF）、表面细胞生长因子（EGF）、转化生长因子（TGF-β）、拟胰岛素生长因子（IGF）、血小板生长因子（PDGF）白细胞三烯（LTB4、LTC4）、白细胞介素（IL-lα，IL-6）、淋巴因子（CD4，CD8）等。实际上这些因子属于炎性介质，其中白细胞介素（IL-l）和肿瘤坏死因子（TNF-α）对肺损伤最为突出，而且有协同作用。以上这些细胞因子是如何促进成纤维细胞和胶原形成，这些细胞因子是如何协调及相互作用是一个复杂而精巧的过程，至今仍在深入研究之中。

近来有人提出氧自由基学说。认为石英粉尘可诱导氧自由基的产生。SiO_2能使巨噬细胞的类脂质发生过氧化反应并产生自由基，它使膜通透性及脆性增加，同时还能直接攻击膜离子通道，使膜内外离子交换紊乱，细胞溶解，自由基与细胞膜上的酶受体或其他成分共价结合改变膜结构，造成细胞功能紊乱。因而有人提出“粉尘—自由基—细胞因子”是硅尘毒性作用的连锁反应，是肺纤维化的启动点。

癌基因的研究主要是针对矽肺和石棉肺引起肺癌的癌基因或抑癌基因的表达和突变的研究，目前尚处于起步阶段。

6.1.3 病理改变

矽肺的基本病变是矽结节、弥漫性肺间质纤维化和矽肺团块的形成，矽结节是诊断矽肺的病理形态学依据。

矽肺尸检大体标本可见肺体积增大，肺表面呈灰黑色，重量增加，质坚韧，胸膜增厚粘连，切面两肺部有许多矽结节及间质纤维化。晚期可见单个或多个质硬如橡胶的矽肺团块，支气管-肺门淋巴结增大、变硬、粘连。

矽结节外观呈灰黑色，质韧，直径 2~3mm，多在胸膜下、肺小叶及支气管、血管周围淋巴组织中。典型矽结节境界清晰，胶原纤维致密呈同心圆排列，结节中心可见不完整的小血管，纤维间无细胞反应，出现透明性变，周围是被挤压变形的肺泡。偏光显微镜检查矽结节中可见折光的硅尘颗粒。

弥漫性肺间质纤维化在矽肺不是很突出，主要表现为胸膜下、肺小叶间隔、小血管及小支气管周围和邻近的肺泡隔有广泛的纤维组织增生，呈小片状或网状结构。严重者肺组织破坏，代之以成片粗大的胶原纤维，其间仅残存少数腺样肺泡及小血管。

矽肺团块形成是矽肺发展到严重阶段，多发生在两肺上叶或中叶内段及下叶背段。组织学上表现为矽结节的融合，即结节与结节紧密镶嵌，轮廓清晰；或表现为由粗大胶原纤维取代的肺间质相连接形成无明显结节的团块，常可见胶原纤维玻璃样变和残留的无气肺泡。团块可发生坏死、钙化，形成单纯的矽肺空洞，也可并发结核形成矽肺结核空洞。

6.1.4 临床表现

6.1.4.1 症状

矽肺早期可没有自觉症状，即使有也很轻微，主要是胸闷和轻微胸痛。而且与X射线胸片病变程度不呈平行关系。

（1）胸闷。实际是呼吸困难的一种主诉，由于肺通气障碍所致，随着病变加重，或合并有肺气肿，有低氧血症者，呼吸困难加重，需要氧疗才能维持生命，严重者因呼吸衰竭死亡。

（2）胸痛。常发生在两下胸部，多为阵发性或间断性，但较轻微，是由于肺纤维化侵犯胸膜所致，若胸痛突然加重并伴有气急者，应考虑发生自发性气胸的可能。

（3）咳嗽。不是矽肺固有症状，一般认为与吸烟、合并慢性支气管炎和肺部慢性炎症有关，咳嗽严重并伴有咳痰、发热者，应考虑肺部感染或合并肺结核的可能性，应及时检查和治疗。

（4）声音嘶哑。是由于纵隔、肺门淋巴结肿大压迫、刺激气管、支气管神经感受器和喉返神经所致。

（5）咯血。是由于支气管炎症或支气管扩张或合并肺结核所致，应仔细检查，认真鉴别，分别处理。

6.1.4.2 体征

早期矽肺多无异常体征，合并慢性支气管炎或呼吸道感染时，可听到呼吸音降低或两下肺细小干、湿啰音，是由于支气管扭曲、变形、狭窄导致引流不畅所致。晚期矽肺或伴有并发症如肺气肿、肺源性心脏病、气胸、继发肺部感染时，就会出现较多相应体征如发绀、肺部啰音，呼吸音低下、下肢水肿、颈静脉怒张、肝大、腹水、心脏杂音、心律失常等。

6.1.5 X射线表现

典型矽肺X射线表现是肺野出现圆形小阴影，常以p形小阴影为主。虽然病理上发现小阴影常先在肺野上部形成，但X射线胸片早期则多见于中下肺野。随着病变发展小阴影逐渐增多，密集增高，分布范围也逐渐扩大乃至全肺。小阴影也可逐渐增大，而出现q影和r影。小阴影继续增多，密集度增加，致发生小阴影聚集然后融合成大块状纤维化影。矽肺的大块状影常呈双翼状或腊肠状分布在两上肺野，多为对称，和肋骨垂直呈“八字状”，但也有单侧出现，或中、下肺野出现团块阴影。融合团块致密，密度较均匀，团块周边有气肿带。由于肺门区矽性淋巴结增大、硬结，致肺门增大、致密，加至肺野小阴影增加、密集，肺纹理发生变形、中断，直至不能辨认，使增大肺门呈残根状，肺门淋巴结和气管旁淋巴结因缺氧坏死，可呈蛋壳样钙化。在肺门淋巴结钙化的病例，也可发生矽结节中心型坏死而发生矽结节钙化，出现矽结节钙化后，病变常比较稳定。随着病变进展，两上肺团块向肺门、纵隔收缩、内移，致使肺门上提，加上两上肺气肿加重，肺纹理拉直呈垂柳状，其间可见肺段间隔线。也可见叶间胸膜增厚，肺的周边部常可见泡性肺气肿，是引起自发性气胸的基础。

6.1.6 诊断和鉴别诊断

6.1.6.1 诊断和分期

根据有肯定的职业性石英粉尘接触史，结合胸部X射线胸片表现特点，并排除其他原因引起的类似疾病，慢性矽肺一般说诊断并不困难。快进型矽肺主要是发病快，临床进展快，要求定期检查或随访的时间间隔要缩短，其X射线分期和慢性矽肺一样，均应根据《尘肺病诊断标准》进行诊断和分期。要注意的是近来确有快进型矽肺发生。

急性矽肺根据其接触高含二氧化硅粉尘且粉尘浓度很高的职业史，临床以进行性呼吸困难为主，X射线胸片表现为双肺弥漫性细小的羽毛状或结节状浸润影，边界模糊，并可见支气管充气征。病理检查可见肺泡内有过碘酸雪夫（PAS）染色阳性的富磷蛋白质。支气管肺泡灌洗液检查可明确诊断。

6.1.6.2 辅助诊断

新修订的《职业性尘肺病的诊断》明确规定了尘肺病的诊断原则即根据可靠的生产性粉尘接触史，以X射线胸片或数字X射线摄影（Digital，Radiography，DR）胸片（DR胸片）表现作为主要依据。但有时为了鉴别诊断的需要，下面一些辅助诊断措施也是有用的，应该强调的是，活体组织学标本检查的诊断应根据病理诊断标准进行，尘肺病的诊断标准中不包含这方面的内容，而支气管肺泡灌洗液检查及生化指标测定对尘肺的诊断或早期诊断，目前尚没有肯定的意义。

（1）经皮胸腔穿刺活检。在病变部位进行针刺活检取病变组织做病理检查，对诊断和鉴别诊断有很大帮助，该技术副反应少，损伤轻是其优点。

（2）纤维支气管镜检查同时进行肺灌洗、肺活检，可以协助病因学诊断和明确诊断，对急性矽肺有重要诊断意义。

（3）胸腔镜检查，目前已广泛开展进行肺活检，对病因学诊断和鉴别诊断意义很大。

（4）锁骨上淋巴结组织学检查，对于鉴别结核、癌转移和矽结节有很大价值。

通过以上各种技术进行组织学检查，如果确定是矽结节或肺纤维化，还应根据矽肺病理学诊断标准进行确诊，可以弥补X射线胸片不足之处，特别是在鉴别诊断上有重要价值，以免误诊或漏诊。

6.1.6.3　电子计算机断层摄影（CT）检查

该检查对矽肺小阴影检出率与高仟伏肺大片无多大差异，唯清晰度较高，无早期诊断价值，但是在观察大阴影方面优于胸大片，主要是胸大片观察不明显的大阴影，在CT中清晰可见，而且有时还能见到大阴影中心部的钙化。因此，对于大阴影具有早期识别价值，同时对胸部其他异常的检出率也高于胸大片。对于肺癌、肺结核的鉴别诊断也有重要的参考价值。

6.1.6.4　生化指标的检查

有关矽肺的生化指标研究较多，目前常用的指标有血铜蓝蛋白、肿瘤坏死因子、血清磷酸酯及磷醋、补体C3，IgG、IgA、IgM、SOD等，都与纤维化形成过程有关。这些都来自于动物实验研究资料，而人体资料中自相矛盾的情况也不少，因此，作为矽肺辅助诊断指标意义不大。

6.1.6.5　鉴别诊断

（1）血行播散型肺结核（Ⅱ型）。包括急性粟粒性肺结核、亚急性血行播散型肺结核和慢性血行播散型肺结核。急性粟粒性肺结核两肺出现分布均匀粟粒状阴影，以两上肺野明显，肺尖常受累，结节可融合，酷似Ⅱ期矽肺。亚急性粟粒性肺结核由于肺内反复发生播散，粟粒状阴影常大小不一，分布不均，由于病灶新旧不一，有渗出性的、纤维化的、钙化的，故结节密度不一，在胸片上有时与矽肺也难以鉴别。但血行播散型肺结核有明显的临床症状，如发热、典型的呈午后发热，倦怠、乏力、失眠、盗汗、食欲不振，妇女月经不调等。呼吸道症状有咳嗽、咳痰、咯血，从少量血痰到大量咯血，可见胸腔积液。浓缩法痰液涂片检查可查到抗酸杆菌，结核杆菌培养常阳性；纤维支气管镜检查，留分泌物作脱落细胞涂片以及冲洗、活检，其结核杆菌检测阳性率较高。因此，鉴别诊断并不困难。

（2）特发性肺纤维化。过去曾称Hamman-Rich综合征，目前已不常使用。本病原因不明，导致纤维化过程，可能与活化巨噬细胞有关的各种细胞因子，生长因子，活性氧的连锁反应有关。本病起病隐匿，常表现为劳动性呼吸困难、干咳，呼吸困难呈进行性。咯血在疾病进展后一段时间出现，有时也有发热、疲劳、关节痛和肌肉酸痛。最重要的体征是在肺底部吸气期听到Velcro 啰音，还可有杵状指和发绀。胸片表现为阴影分布呈弥漫性、散在性、边缘性，下肺野多于上肺野，两肺门无淋巴结肿大。阴影形状呈小结节状、结节网状、广泛性网状、蜂窝状，肺大泡影。本病以限制性通气功能障碍为主。经支气管活检、胸腔镜活检，必要时行局限性开胸肺活检，组织病理学所见，早期为非特异性肺泡炎，晚期为广泛纤维化，无矽结节形成。根据以上临床特点，鉴别诊断也不困难。

（3）结节病。结节病是一种原因未明的多系统非干酪肉芽肿性疾病，常累及的器官是肺，其次是皮肤、眼、浅表淋巴结、肝、脾、肾、骨髓、神经系统以及心脏等，大多预后良好。胸部X射线表现双（或单）肺门及纵隔淋巴结肿大，伴或不伴肺内网状、结节状或杵状阴影。有时可被误诊为矽肺。但通过胸部CT检查，尤其是薄层CT扫描和浅表肿大淋巴结和支气管内窥镜活检或纵隔淋巴结活检可确定诊断。

（4）肺含铁血黄素沉着症。多见于成年风心病二尖瓣狭窄反复发生心力衰竭的患者，长期反复的肺毛细血管扩张、淤血和破裂出血，含铁血黄素沉着于肺组织中。肺部X射线呈典型的二尖瓣狭窄心，肺野对称性的散布弥漫性结节样病灶，近肺门处较密，逐渐向外带消退。所以只要问清病史，鉴别诊断并不困难，原因不明的特发性肺含铁血黄素沉着症很少见。

（5）肺泡微石症。本病特点是肺内充满细砂状结石。本病与家族遗传有关。X射线表现两肺满布弥漫性、细小矽粒样阴影，数量极多，在两肺下野及内带密集，肺尖部较少，X射线表现常多年不变。病变进展缓慢，早期可没有任何症状。有家族史，同胞兄弟中也有相同疾病，可资鉴别。支气管镜活检可以确诊。

（6）外源性变应性肺泡炎。本病为吸入外界有机物粉尘或生物性代谢物、真菌等所引起的过敏性肺泡炎。组织学特征早期为肺泡炎和慢性间质性肺炎，伴肺泡内渗出性水肿。炎症和水肿消退后继之出现非干酪性肉芽肿，也称为“急性肉芽肿性肺炎”，有时累及终末细支气管。急性期X射线表现在中、下肺野见弥漫性、细小、边缘模糊的结节状阴影，间有线状或片状间质性浸润，病变可逆转，肺门淋巴结不肿大。慢性期，肺部有弥漫性间质纤维化，表现为条索状和网状阴影增多，伴多发性小囊性透明区，呈蜂窝状。临床表现以进行性活动时呼吸困难、缺氧、杵状指、肺底有固定性细湿啰音，肺功能以气体弥散功能损害为主。通过血清学检查，有沉淀抗体，皮肤试验出现Arthus反应，支气管肺泡灌洗液分析IgM增高等，结合临床表现，鉴别诊断并不困难。必要性可进行肺活检明确诊断。

（7）肺癌。主要是周围型肺癌与Ⅲ期矽肺大阴影鉴别，肺癌块影常为单个，多发生在肺上叶段、中叶等处，呈类圆形，边缘有分叶、毛刺，块影内钙化少见。矽肺块影常为双侧，多发生在上肺后部，呈腊肠状，与肋骨垂直，边缘整齐，无毛刺，且常有周边气肿带，块影内钙化多见，两肺野可见弥漫性小阴影。

（8）并发症。矽肺常见的并发症有肺结核、肺气肿、气胸、呼吸道感染、支气管扩张、肺源性心脏病（包括肺性脑病）、呼吸衰竭等。少见的并发症有发音障碍、声音嘶哑、中叶综合征、膈肌麻痹、肺间质气肿、纵隔气肿、上腔静脉综合征。

6.2 煤工尘肺

6.2.1 概述

在17世纪中叶就已知煤矿工人的肺部疾病与职业有关，现已阐明粉尘的可吸入部分是本病唯一的致病因子，并因其浓度和成分不一而结果不一。在煤矿工业中由于工种的不同工人可分别接触到煤尘、煤硅混合粉尘和硅尘，如粉尘中的二氧化硅含量大于18%时将发生矽肺，小于18%时则为煤矽肺或煤肺。我国煤矿工人在工作中常先后从事几种工种，而生产环境中煤的品位又各不相同，品位低的煤层含有大量岩石和其他矿石，含硅量就高，反之则反，因此很难决定工人吸入粉尘的性质。现在把由上述各种粉尘而引起的肺部弥漫性纤维化统称为煤工尘肺。我国地域广大，地层结构复杂，各地煤工尘肺的患病率差异很大，在0.92%~24.1%之间，其中矽肺占11.4%，煤矽肺占87.6%，煤肺占1.0%。凡地质条件较差，开采方法落后，设备陈旧的矿并发病较高，故地方煤矿的平均患病率（8.11%）要高于国家统配煤矿（6.33%）。不同煤种的平均患病率依次为无烟煤8.96%，烟煤6.26%，褐煤1.95%。但同一煤种中不同矿区间的患病率可有较大差异，说明煤工尘肺的发病并不完全决定于煤种。根据2010年全国报告各期别尘肺病新发病例病种统计结果，我国煤工尘肺多数程度较轻，Ⅰ期约占2/3（72.76%），最严重的Ⅲ期为7.91%，其余为Ⅱ期（19.33%）。掘进工在各期煤工尘肺中都占全部病人数的50%以上，但随采煤工作面机械化的发展，煤尘危害正在增加，采煤工人中的发病呈上升趋势。12.21%的煤工尘肺合并肺结核，病情越重合并肺结核越多（Ⅲ期30.50%，Ⅰ期11.20%）。

6.2.2 发病机制

煤工尘肺的发病机理仍不完全清楚，但不论煤矿的地理位置和煤的种类为何，煤肺最初的病灶都是煤尘灶和灶周肺气肿，煤矽肺则是在最初的病灶上出现煤矽结节。当煤尘进入肺内后，很快被肺巨噬细胞吞噬，其中大部分被咳出体外，小部分从肺泡腔进入周围间质，当沿淋巴管移行时阻塞淋巴通道，使煤尘和尘细胞潴留在二级呼吸细支气管内，形成煤尘细胞灶，在煤、还有少量硅的共同作用下，灶内网状纤维增生，并产生胶原纤维而形成煤尘纤维灶。煤尘灶压迫和破坏呼吸细支气管管壁，最后形成呼吸细支气管周围的小叶中心型肺气肿。在晚期煤工尘肺中出现大块纤维化的机理较复杂，可能和结核感染、煤尘内二氧化硅含量高或机体的免疫反应性有关。

6.2.3 病理改变

煤工尘肺从病理上可分为对肺损害较少的单纯煤工尘肺和从单纯尘肺发展而来、并导致肺功能和结构有巨大损害的复杂尘肺或进行性大块纤维化。

6.2.3.1 单纯煤工尘肺

单纯煤工尘肺的病变较单纯矽肺的纤维化为少。它的基本病理改变是以肺间质为主的弥漫性煤尘沉积和煤尘灶的形成；弥漫性肺间质纤维化及弥漫性灶周肺气肿。有的病例有少数矽结节形成。煤尘灶也称煤斑多位于细支气管周围，在长期接触粉尘的病人中，煤尘灶也可见于肺间质和小叶间隔中。在肉眼上多为直径2~5mm，外形不规则，边缘清楚的黑斑，上叶多于下叶。它由煤尘、吞噬细胞、成纤维细胞和少量胶原纤维组成，以疏松的网状纤维为主，可含有少量硅尘。与上述病变相伴而生的是弥漫性灶周肺气肿。煤尘灶和灶周肺气肿是煤工尘肺的两个特征性病理变化。煤尘和尘细胞可沉着在胸膜上，小叶间隔、肺泡管内和细支气管、小血管周围，出现程度不同的间质细胞和纤维增生，形成纤维化。在煤工尘肺中也可见到结节，这多见于煤矽肺中，实际上应称煤矽结节。典型者为中心由同心圆状排列的胶原纤维构成的结节，胶原纤维常有玻璃样变，胶原之间有煤尘沉着，该核心较一般的矽结节小，周围则有大量煤尘细胞、成纤维细胞、网状纤维。非典型者增生的胶原纤维核心不呈同心圆状排列，形状不规则，尘细胞分散在纤维束之间。

6.2.3.2 复杂煤工尘肺

复杂煤工尘肺是在单纯煤工尘肺的基础上，病变进一步发展出现进行性大块纤维化。它由结缔组织包围了很多碳素粉尘组成，其内很少有煤矽结节，胶原纤维也较矽结节少，多分布在两肺上部和后部，大块的中央由于缺血而发生坏死，可出现含有黑色液体的空洞。还有一种大块是由很多煤矽结节融合而成的结节融合块，主要见于煤矽肺中。在大块形成的过程中，肺组织有明显的收缩，常形成大块周围的肺泡和肺基底部的肺气肿，由于血管床减少可导致肺动脉高压，右心室肥厚和心力衰竭。

6.2.4 临床表现

6.2.4.1 症状

本病发展缓慢，可长期无任何症状，常在接尘后10~12年才发展成Ⅰ期煤工尘肺。此时可有咳嗽、咯痰等一般慢性支气管炎的症状，多数在定期胸片检查时发现有早期煤工尘肺。即使在胸片上已有较明显的改变时，有的病人仍可自感良好，保持一定的体力和劳动能力。肺气肿较明显的病人可有气短等气道阻塞症状。当病变发展，出现大块纤维化时呼吸困难症状日益加重，如大块纤维化形成空洞，则可咯出大量墨汁痰，合并急性感染时也可咯出大量脓性痰。晚期病人易继发肺源性心脏病、心力衰竭，有缺氧和二氧化碳潴留等症状。

6.2.4.2 体征

早期多无明显体征，当发生大块纤维化后可出现桶状胸和（或）杵状指，叩诊胸部呈鼓音，听诊呼吸音减低甚至消失。

6.2.4.3 并发症

（1）慢性支气管炎和肺气肿。为煤工尘肺的主要并发症，尤其多见于吸烟的工人中。在单纯煤工尘肺中一般多无症状，如有严重的呼吸困难，常是由于合并慢性支气管炎或（和）肺气肿的结果。过去认为右心室肥厚和肺心病仅见于复杂煤工尘肺中，现在认为甚至在没有单纯煤工尘肺、工龄在30年以上的煤矿工人中也有半数以上有中或重度右心室肥厚。

（2）肺结核。煤工尘肺和肺结核之间有密切的关系，肺结核可发生在诊断尘肺之前或后，都称为尘肺合并结核。肺结核是煤工尘肺最常见的并发症，其合并率随尘肺期别增加而上升。据报道有煤工尘肺的工人合并肺结核的发生率要比无尘肺工人者高7倍以上，比一般城市居民要高10倍以上。煤工尘肺合并结核后其症状要比仅有尘肺者更为严重，如尘肺结核的咯血率为71.8%，而单纯煤工尘肺者仅为19.1%。发生呼吸道感染、大咯血、气胸、肺心病和呼吸衰竭等的并发症的发生率也都要比无结核者高。煤工尘肺结核的痰菌检出率也较单纯肺结核低，而且用抗结核药物治疗的效果也较差，用一线药物治疗3~8年后仍有23%~67%的病例有恶化。尘肺一旦合并肺结核后将促进尘肺的发展，而肺结核也较常人更易恶化。

（3）类风湿关节炎。煤工尘肺合并以类风湿性关节炎为主要表现的类风湿病时，称为类风湿尘肺，首先在51例有类风湿关节炎的尘肺病病人中发现25.5%的病人肺部有多发性圆形结节，故现在对类风湿尘肺也称为Caplan综合征。国内报告3.76%的煤工尘肺者合并类风湿关节炎，比普通人群高7~9倍。类风湿尘肺的病因和发病机理不明，其结节直径在3~20mm之间，可大至50mm，结节中部呈黑色、灰白和黄色交替排列的环带，它们分别由煤尘、坏死组织等构成。镜下为巨噬细胞、多形核白细胞、成纤维细胞和多核巨细胞组成。结节周围有胶原纤维、成纤维细胞环绕，附近的动脉有动脉内膜炎，并有大量浆细胞。

典型的类风湿尘肺应符合下列条件，即有尘肺，肯定的类风湿关节炎及胸片上相应的 X 射线表现，类风湿因子则可为阳性或阴性。典型的 X 射线表现为肺内出现类圆形结节，直径在 0.5~5cm，可为单发，但更多的为多发，外带和下肺较多，边缘清楚，密度较均匀，结节可在较短时间内发生，很快消失或长期不变，有时几个结节发生融合，形成大块，并可发生空洞或钙化，常被误认为Ⅲ期尘肺。结节的出现可在关节炎发作前或后，但在出现关节炎后病情常迅速发展。不典型的结节则表现为大小不等的圆形和不规则形小阴影同时出现，小阴影密集等，诊断较困难。

（4）肺癌。早期文献认为煤矿工人肺癌死亡率低于常人，可能与含尘的肺免疫功能增强有关。以后的报告否定了上述观点，但也未发现煤工尘肺会使肺癌发病率增加。有关煤工尘肺和肺癌的关系尚无定论，有待继续研究。

6.2.5 X 射线表现

6.2.5.1 单纯煤工尘肺

由于早期单纯煤工尘肺常无症状，诊断必需根据在职业史支持下的胸部 X 射线表现来取得。X 射线表现包括自 0.5~10mm 大小的圆形和不规则形小阴影。其中以圆形小阴影为多，但在 2/3 的以圆形小阴影为主的煤工尘肺中出现或多或少的不规则形小阴影，15%~25%为单纯的不规则形小阴影。煤工尘肺中的圆形小阴影倾向于中央密度较高而边缘较模糊，少数病人可发生中心性钙化。虽然国外不少报告认为圆形小阴影以中下肺野分布为多，但国内报告还是以上中肺叶多见。当合并结核后圆形小阴影可较快地增大，边缘也变得更为模糊。文献报告当煤矿工人脱离粉尘作业后，小阴影可停止进展，甚至密集度降低。在合并严重肺气肿后肺野内的小阴影密集度也会降低。在我国煤工尘肺的小阴影中以 p 型为多见，约为 80%，q 型占 25%左右，英、德的报告则以 q 型为多，约占 50%。这可能反映了作业中的机械化程度的不同。此外，年龄和工龄也影响小阴影的形态，p 型在 40 岁以下的煤工中多见，而 q 型则相反，在年龄较大者中多见，而 r 型在 40 岁以下者中很少见到。在 Vallyathan 的 430 例 X 射线和尸检的比较研究中见到密集度为 0/0 时肺内常有轻至中度的煤斑和轻度的微结节，密集度不小于 0/1 结节的等级增加。q 型时肺内有煤斑和微结节，r 型时肺内为巨结节。

6.2.5.2 复杂煤工尘肺

从单纯煤工尘肺进展至复杂煤工尘肺至少需 5 年。大阴影多位于上肺野，外缘较光滑，与胸壁之间相距几厘米，当发生纤维收缩后可发生上叶疤痕性萎陷，肺门向头移位，而大阴影则向肺门方向移位。大阴影周围可发生疤痕旁型肺气肿，两下叶可发生肺气肿甚至肺大泡，而致肺野内小阴影数量减少。煤工尘肺胸片上的大阴影和病理上的 PMF 有相关，但约 1/3 胸片上的大阴影未能在病理上被证实为 PMF，其中 1/4 为 Caplan 结节、结核疤痕和肿瘤。而 22%病理上的大阴影在胸片上未被诊断，其中半数被诊断为肿瘤、结核等其他肺部异常。

6.2.6 诊断和鉴别诊断

许多非职业性的原因而致之疾病的胸片上的表现可和单纯煤工尘肺混淆，其中常见的有结节病、二尖瓣狭窄致含铁血黄素沉着症、肺转移瘤、各种病毒、细菌、真菌感染等。结节病的肺门或（和）纵隔淋巴结肿大要较尘肺为大，二尖瓣狭窄、含铁血黄素沉着症的致密性小结节不易和尘肺的小阴影区别，但心脏的外形有助于二尖瓣狭窄的诊断，粟粒性肺结核和粟粒性肺转移瘤的病人则有较严重的临床表现。

需要和复杂煤工尘肺区别者主要为肺结核和肺癌。在煤工尘肺病病人的上肺部见到较小的大阴影时不易和肺结核区别，如病人的胸片上的小阴影的密集度在2类以上，又无相应的症状和体征时，要多考虑为大阴影。较早期的肺癌可和一侧性的A类大阴影相似，但较小的A类大阴影多位于上肺，边缘不如肺癌规则，而且较模糊。B类大阴影多为两侧性，而肺癌很少是两侧性的。

6.3 石墨尘肺

6.3.1 概述

长期吸入较高浓度的生产性石墨粉尘可引致石墨尘肺。石墨尘肺是我国法定的职业病之一。石墨是一种用途极广的非金属矿物。它具有耐高温、导热、导电、润滑、可塑和抗腐蚀等优良性能。因此，被广泛用于电力、钢铁、国防、原子能、日用和化学燃料等工业中。我国东北、内蒙古、湖南、山东等地有石墨矿藏。石墨的生产和使用越来越广泛，从事石墨作业工人也越来越多。

6.3.1.1 石墨的种类及化学组成

石墨是自然界存在的单质碳，呈银灰色，具有金属光泽，排列为四层六角形的层状晶体结构。石墨按其生成来源，可分为人造石墨和天然石墨两种。人造石墨又称高温石墨，是用无烟煤、焦炭、沥青等为原料，在电炉中经3000℃高温处理制成，为较纯净的结晶型炭，游离二氧化硅（SiO_2）含量极低（0.1%以下）。天然石墨多为煤层受岩浆的渗透、地壳变动、高温、高压变质而成。按其结晶形态及颗粒大小，又分为晶质石墨和土状石墨两种。晶质石墨虽然其质量好，但矿石晶位较低（5%~10%）。土状石墨又称无定型石墨，虽然品位较高，但工业性能较晶质石墨差。由于天然石墨的产地、矿石和制品不同，其游离 SiO_2 含量占5%~15%不等。石墨矿石经粉碎、筛选等加工处理成为商品石墨。石墨的主要成分为固定碳，此外还可含有少量结合的或游离的 SiO_2，以及铅、钙、镁、铁等元素。

6.3.1.2　接触机会

在石墨的生产和使用的过程中，工人均可接触到石墨粉尘。天然石墨的生产包括采矿（露天或井下）和石墨矿石加工。采矿工人接触的是围岩和石墨矿石的混合粉尘，对健康危害性较大。石墨加工程序为：粉碎→选矿→脱水→烘干→过筛→包装。其中粉碎、过筛和包装车间石墨粉尘浓度较大。石墨加工工人主要接触石墨粉尘。人造石墨的生产过程中，可产生大量的石墨粉尘，特别是石墨成品包装工序，粉尘浓度较高，分散度高，质轻，在空气中悬浮的粉尘几乎都是呼吸性粉尘，对人体危害颇大。近年来，我国在石墨加工及制品过程中均采用了防尘措施，生产现场中粉尘浓度已大大降低。

石墨矿山的掘进、采矿工人和矿石粉碎工人，因其所接触的石墨矿石及其围岩的粉尘，所发生的尘肺应视为混合性尘肺（石墨矽肺）。从事石墨选矿、过筛、包装和石墨制品工人，以及人造石墨生产工人，所接触的是单纯的石墨粉尘。因此，所发生的尘肺为石墨尘肺。

石墨尘肺的发病与工人接触的石墨粉尘性质（尤其游离 SiO_2 含量）、粉尘浓度、接尘工龄长短、劳动强度、个体防护等因素有关。国外石墨尘肺报告不多，日本的人造石墨电极厂接触石墨粉尘 138 名工人中，检出石墨尘肺 46 例，占 33.3%。平均发病工龄 11~19 年。

我国石墨尘肺患病率为 5%~18%。据 2010 年全国报告各期别尘肺和新发病例及病种分布结果可知，新增病例 29 例，全部为Ⅰ期。石墨尘肺的发病工龄相对较长，一般多在 15~20 年。

6.3.2　发病机制

石墨尘肺的发病机理目前尚不清楚。对石墨粉尘能否导致肺组织纤维化问题，多年来存在着争议。20 世纪五六十年代，国外有人用粒径 3μm 以下的 35mg 石墨粉尘注入大鼠气管内，染尘 12 个月，未见有网织纤维和胶原纤维的形成。因此，认为石墨粉尘没有特殊的致纤维化能力。但有人用 50mg 石墨粉尘（含游离 SiO_2 0.8%）经大鼠染尘，观察 6 个月，早期在肺脏中见有由组织细胞、淋巴细胞和多核异物巨噬细胞组成的肉芽肺及肺泡间隔增厚；晚期可见嗜银纤维增生，淋巴结中未见纤维化病变。作者认为含少量 SiO_2 的石墨粉尘可以引起肉芽肿病变和间质纤维化病变，并认为这是由石墨本身所引起的，而不是其中所含的游离 SiO_2 粉尘致病。其后，多名学者对含不同量的 SiO_2 的石墨粉尘的致病进行了实验研究。国内有人采用土状石墨粉尘（含游离 SiO_2 0.4%）50mg 进行大鼠染尘，染尘后 18 个月，见石墨粉尘主要聚集在肺泡腔中，有弥漫性分布的粉尘灶，形态不整，大小不一。在粉尘灶及增厚的肺泡间隔中有网织纤维增生，但始终未见有胶原纤维形成。淋巴结中见有石墨粉尘及粉尘灶，组织反应不明显。作者认为含游离 SiO_2 很低的（0.5%以下）土状石墨粉尘对大鼠肺脏基本上无致纤维化作用，而石墨粉尘的致纤维化程度与石墨粉尘中游离 SiO_2 含量有关。国外 Ray 和 Zajusz 等也用纯石墨粉尘和混有不同量 SiO_2（0.4%、1%、2%、5%、10%）石墨粉尘进行实验研究，结果显示，纯石墨粉尘只引起异物反应型病变，组织变化很像煤尘，未见纤维化病变。但含 2%游离 SiO_2 石墨粉尘可引起纤维化结节。

目前，一般认为石墨尘肺发病机理与煤肺相似。大量石墨粉尘进入呼吸性支气管和肺泡里，由于巨噬细胞未能及时将石墨粉尘吞噬，致使大量石墨粉尘滞留在呼吸性支气管和肺泡里，加上部分含尘巨噬细胞穿过肺泡壁进入肺间质、呼吸性支气管和小血管的周围，形成石墨粉尘细胞灶。并可因大量石墨粉尘和含尘巨噬细胞长时间滞留在呼吸性支气管和肺泡里，从而形成灶性肺气肿。鉴于在石墨尘肺患者尸检中发现，肺内除有大量石墨尘粒外，未见到石英粉尘颗粒。因此，认为石墨粉尘属于轻度危害的惰性粉尘。由于生产环境中石墨粉尘含有一定量游离 SiO_2，故游离 SiO_2 在石墨尘肺致病中起到不可忽视的作用。

6.3.3 病理改变

石墨尘肺病理国内外报告不多，其病理属尘斑型尘肺，大体所见酷似煤肺。眼观，肺脏呈黑色或黑灰色。肺标本切面不光滑，呈黑色或黑灰色，并有散在或成簇的黑色斑点，手触之有颗粒感，但无矽结节坚硬。肺门及纵隔淋巴结也呈黑色，轻度增大和变硬。有些病例有明显肺气肿和坏死性空洞形成。空洞的内容物呈黑色，有时呈油质样液体。显微镜下见到细支气管、肺泡、肺小血管周围有大量的石墨粉尘和含尘细胞的聚集，形成石墨粉尘细胞灶，粉尘灶直径约为 0.5～1.5mm。在粉尘灶的周围常可见到膨大的肺泡，与煤肺的灶性肺气肿相似。有的尘细胞灶内可见纤维增生，形成石墨粉尘纤维灶，经胶原染色，纤维灶内见有少量胶原纤维。上述两种病灶可互相融合。有时肺标本中有星形的小体——石墨小体，也称为“假石棉小体”，小体的周围包绕着一层金黄色的膜状物，认为是含铁的蛋白质组成。普鲁士蓝染色呈阳性反应。在中小支气管有时可看到慢性支气管炎的表现。单纯石墨尘肺发生大块纤维化病变者较少。石墨尘肺的肺组织中的石墨粉尘游离 SiO_2 含量极低（占干肺重的 0.01%～0.02%），其颗粒直径绝大部分（97%）在 3μm 以下。

6.3.4 临床表现

石墨尘肺患者症状较轻微、阳性体征较少，且病情进展较缓慢。部分患者以口腔、鼻咽部干燥为主，多有咳嗽、咳黑色痰，但痰量不多。当阴雨天时可出现胸闷、胸痛等症状。少数患者肺功能可有损害，主要表现为最大通气量和时间肺活量下降。晚期特别是有肺气肿等并发症时，则症状与阳性体征比较明显。偶见杵状指。患者在调离原粉尘作业之后，痰逐渐由黑色转为白色泡沫痰，但并不能停止肺部病变的发展。石墨尘肺常见并发症或继发症有慢性支气管炎、肺结核、支气管扩张、肺气肿等，严重者可出现心肺功能不全。石墨尘肺的预后一般较好。

6.4 炭黑尘肺

6.4.1 概述

炭黑是碳氢化合物受热分解而成的极细小的无定形碳粒。生产和使用炭黑的工人长期吸入炭黑粉尘可引起炭黑尘肺。炭黑尘肺属碳系尘肺，2013 年我国卫计委等公布的《职业病分类和目录》中，列有炭黑尘肺。

炭黑是气态或液态碳氢化合物如天然气、重油、蒽油等，在空气不足的条件下经不完全燃烧或热裂分解而得的产物，为球形、直径不大于 1μm 的无定形碳粒。一般分为灯黑、乙炔黑、热裂黑、槽黑和炉黑等，为疏松、质轻而极细的黑色粉末。纯净炭黑为无定形碳粒，但由于炭黑生产工艺、生产设备等因素影响，炭黑粉尘中可混有极少量氢、氧、氮、硫及钙、钠、镁等元素，还可混有极微量的游离二氧化硅。此外，炭黑表面还能吸附一些碳氢化合物受热分解产生的复杂有机化合物，如羟基、羧基、醌基化合物及微量 3，4-苯并芘。GBZ 2. 1—2007《工作场所有害因素职业接触限值　第 1 部分：化学有害因素》。炭黑粉尘时间加权平均容许浓度总尘为 $4mg/m^3$。

生产和使用炭黑的工人均可接触炭黑粉尘。由于炭黑疏松、质轻、颗粒非常细小，因而极易飞扬且长时间悬浮于空气中。炭黑生产过程中，特别是工艺落后、防尘不好时，生产车间粉尘浓度很高。尤以筛粉、包装车间为甚，可达数百毫克/立方米。炭黑应用较广泛，如轮胎、塑料、电极制造，油漆、油墨、墨汁生产，都使用炭黑作填充剂或色素。橡胶、电极、塑料、油漆、油墨等厂的配料、搅拌等工序，均接触炭黑粉尘。

6.4.2 发病机制

现有数量不多的炭黑尘肺病理资料表明，吸入肺内的炭黑粉尘，达到一定数量，潴留一定时间，可引起尘肺。吸入炭黑无害的观点现已改变。炭黑尘肺病理类型为尘斑型尘肺，与石墨尘肺、煤肺相似。病变以尘斑伴灶周肺气肿为主，可有轻度弥漫性肺纤维化，若反复并发肺感染，则可发生重度肺纤维化。

6.4.3 病理改变

炭黑粉尘极细小，吸入后弥散于全肺。炭黑曾被认为无生物活性，属惰性粉尘，对人体无害。国外20世纪50年代初，国内80年代初开始有炭黑生产工人X射线胸片显示尘肺改变的报告，陆续有炭黑尘肺病理个例和炭黑生产工人健康状况流行病学调查报告。

Beck（1985年）报告2例炭黑尘肺病理，肺内有炭黑粉尘沉积及胶原纤维增生。许天培（1995年）报告1例炭黑尘肺病理。眼观两肺表面及切面有多量散在2~5mm质软的黑色斑，可见灶周气肿，尘斑-气肿面积占57%。肺门和支气管淋巴结肿大、质硬、外观及切面呈黑色。镜检肺和肺门淋巴结内、小血管和呼吸性细支气管周有大量炭黑及尘细胞，其间可见少量胶原纤维。呼吸性细支气管周围可见灶性肺气肿。董芳卫（1993年）报道1例炭黑尘肺合并浸润型肺结核伴干酪灶病例右上肺叶病理所见。眼观见多个2~4mm黑色斑，触之尚软；肺边缘可见弥漫性泡性肺气肿，干酪灶中见散在黑色尘灶。镜下黑色斑为炭黑尘灶，由聚集成堆吞噬炭黑的尘细胞、炭黑尘及数量不等的胶原纤维组成。小血管内膜及肌层增厚。可见支气管炎和支气管周围炎改变。肺叶边缘泡性肺气肿，程度较重；其余肺组织多呈灶周小叶中央型肺气肿，程度较轻。

生产工人长期吸入炭黑粉尘可发生炭黑尘肺。Gartner H.（1951年）首次描述了德国一家大型炭黑厂生产工人炭黑尘肺。Meiklejohn A.（1956年）和Kareva A.（1961年）分别报道了炭黑尘肺病例。我国李洪祥（1980年）报告一例炭黑尘肺病理。王懋华（1981年）报道了36例炭黑尘肺。1949~1986年全国尘肺流行病学调查研究资料显示，至1986年底，我国共诊断炭黑尘肺732例，已死亡59例，病死率8.06%。现患病例病期构成，Ⅰ期占87.37%、Ⅱ期占11.89%、Ⅲ期占0.74%。主要分布在辽宁、湖南、上海、黑龙江等20余省、市。Ⅰ期炭黑尘肺平均发病工龄：5%病例为10.9年，10%为13.9年，50%为24.3年，90%为33.5年，95%为35.0年。表明炭黑尘肺发病工龄较长，至少在10年以上。根据2010年全国报告各期别尘肺病新发病例病种分布结果可知，新增碳黑尘肺30例，其中Ⅰ期29例，占96.67%，Ⅱ期1例，占3.33%。

6.4.4 临床表现

王懋华（1981年）报道36例炭黑尘肺临床症状，有咳嗽（58.3%）、气短（94.4%）、胸痛（77.8%）。咳嗽以干咳为主，气短发生在登高或劳动时。34例做了肺通气功能和残气量测定，14例（41.2%）有不同程度损害。其中混合性通气功能障碍7例（轻度5例，中、重度各1例），轻度限制性通气功能障碍4例，轻度阻塞性通气功能障碍3例。17例有前后5年肺功能测定资料对比，2例有显著临床意义。Crosbie W A.（1986 年）对 19 个工厂，3027 例炭黑作业工人肺功能横断面调查，结果显示咳嗽、咯痰、气短阳性率以及 FVC、$FEV_{1.0}$预计值的均值与不接尘组比较有显著差异。Kandt D.（1991 年）再对炭黑制造厂 1474 例未脱离和 29 例已脱离炭黑粉尘接触者随访症状、肺功能、心电图，结果未发现有需要特别医学监护的肺功能改变。炭黑尘虽可引起肺脏明显而确定的病理改变，但炭黑尘肺患者发病工龄长，病变进展缓慢；临床症状无特异性，也不严重，主要有咳嗽、咯痰、气短；很少阳性体征，有时两肺底可闻啰音。一般都能参加正常生产劳动。炭黑尘肺患者若反复并发肺部感染，则症状、体征明显加重。炭黑尘对生产工人肺功能的影响，已有资料结论不一，可能由于对照组的设置、研究对象的选择以及吸烟、年龄等偏倚因素的影响。

6.5 石棉肺

6.5.1 概述

石棉肺是由于长期吸入石棉粉尘引起的，以肺部弥漫性纤维化改变为特征的全身性疾病。

6.5.1.1 石棉尘的特性

石棉是有特殊构造的矿物质，是由硅酸与镁及铝等金属形成的盐，矿石纤维长度一般 2~3cm，也有长达 100cm，最长 220cm。根据其成分不同可分为蛇纹石棉（温石棉）和角闪石棉（直闪石棉、青石棉、透闪石棉、阳起石棉、铁石棉）。石棉的种类很多，温石棉是全世界产量和用量最高的一种，占全部石棉产量的 93%。温石棉纤维长，柔软，有弹性。角闪石棉纤维粗糙，挺直和坚硬。各种石棉都具有耐酸、耐碱、不易断裂，拉力强度大，能抗腐蚀，绝缘性能良好等特点。这些特性决定了石棉在工业生产和民用业中的广泛用途，因此石棉对环境的污染及对人群的危害性也相当大。

6.5.1.2 接触机会

由于石棉具有特殊的理化性质，故其应用广泛。主要是石棉开采、石棉加工及石棉制品生产和石棉使用等均可能成为职业接触的机会。

（1）石棉矿的开采。石棉开采主要是露天作业，主要工种是采矿工、选矿工和运输工等，由于开采的石棉多成束状，分散度低，其危害较小。

（2）石棉加工及石棉制品生产。石棉加工过程的粉碎、切割、磨光、剥离、钻孔、运输；石棉纺织业中轧棉、梳棉及织布；石棉防火、隔热材料，如石棉布、石棉瓦、石棉板、刹车板、绝缘电器材料的制造；石棉水泥制造等；上述各项生产过程中均产生大量的石棉粉尘，是职业性石棉接触的主要来源。

（3）石棉的使用。石棉作为防火、隔热、制动、密封的材料，在建筑、造船、航空、交通业中应用十分广泛，使用过程中对石棉制品的再加工，建筑物表面石棉浆的喷涂等均产生大量粉尘。电器绝缘工、废石棉的再生工也是职业性接触的来源之一。铸造业中由于使用石棉填压铸模缝隙，因此打箱、清砂产生的粉尘中也含有石棉。

6.5.2 发病机制

关于石棉肺的发病率和患病率的调查资料国内外报道不完全一致，这是因为对石棉肺的定义和暴露的定义不一致，同时石棉肺的诊断标准也不一致。所以结果也难于比较，早在两千多年前古埃及人，中国人和罗马人已用石棉纺纱织布做衣服。18 世纪俄国建立温石棉加工厂，19 世纪意大利，加拿大开办温石棉矿，同时南非发现青石棉，20 世纪初发现铁石棉。直闪石主要在芬兰开采，透闪石采矿在意大利、巴基斯坦和土耳其等国。1927 年 Cooke 和 McDonald 提出石棉粉尘被吸入肺内可形成一种尘肺，并对尘肺内出现的石棉小体作了详细描述。使“石棉肺”这一名词第一次载入医学文献。因石棉种类不同，而石棉引起的机体反应各异。工业中应用最广而医学上研究最多的是温石棉，其次是青石棉和铁石棉。我国是世界上出产石棉的国家之一。目前四川、青海、辽宁、河北等省有石棉矿，石棉制品加工厂遍布全国二十多个省，主要是温石棉。由于石棉产量的增加，使用广泛。也就促使研究者对石棉危害的研究更加重视。从 1938 年 Dreessen 等对石棉纺织工人发病情况与粉尘的关系做了研究，认为在 15~30 根/mL 的浓度下不会发生石棉肺，到 20 世纪 70 年代一些国家将石棉的卫生标准定为 2 根/mL，说明人们对石棉危害的认识逐渐深刻。在 30 年代初期石棉肺的潜伏期为 7 年（1.5~19 年），40 年代增至 10 年，50 年代 14.5 年（3~32 年），60 年代平均为 17.5 年（4~35 年），80 年代调查石棉肺发病工龄平均为 22.07 年（7.52~34.87 年）。根据 2010 年全国报告各期别尘肺病例病种分布可知，新增石棉肺 148 例，其中Ⅰ期 125 例，占 84.46%，Ⅱ期 19 例，占 12.84%，Ⅲ期 4 例，占 2.7%。值得注意的是石棉广泛的使用会污染大气、环境和水源，已成为公害。与石棉有关的疾病重点在于石棉的致癌作用。

国外报道石棉肺并发肺癌者占 10%~20%，以鳞癌及腺癌多见。国内不同作者报告，尸检石棉肺并发肺癌为 7.5%~50.9%之间，差距较大。但尸检材料报告的石棉肺并发肺癌的比例可能较实际情况要高。肺癌的发病率与石棉种类是否有关报道也不一致。在我国青石棉污染区肺癌的发病率是一般居民的 6.2 倍，也有报道温石棉接触者并发肺癌多见，另有报告为角闪石类石棉多见。对于石棉作业工人和石棉肺患者并发胸膜和胸膜间皮瘤的认识，国外大量调查表明石棉肺患者并发间皮瘤与石棉种种类有关（这是不同于肺癌之处）。也与石棉产地以及石棉中含有的微量金属和致癌物质有关。认为青石棉致间皮瘤的能力最大，其次是温石棉。

6.5.3 病理改变

石棉肺病理改变主要表现在肺和胸膜，而淋巴结损害较轻。

6.5.3.1 实验病理

染尘动物病理检查可见，早期石棉纤维沉积在呼吸性细支气管及其邻近的肺泡，引起呼吸性细支气管肺泡炎，在细支气管肺泡腔内有大量吞噬石棉尘的巨噬细胞聚集和慢性炎性细胞、纤维蛋白沉着，进而网状纤维及胶原纤维增生，肺泡管及肺泡壁纤维化，呼吸性支气管肺泡结构破坏，病变累及小叶间隔、血管、支气管周围及脏层胸膜，致使胸膜增厚和弥漫性间质纤维化。此时肺呈灰白色，质坚硬，切面肺组织结构消失，为增生的纤维索条交织网架状，并与残留扩大的细支气管共同形成蜂窝肺改变。

6.5.3.2 尸检病理

大体标本所见主要是脏层胸膜纤维性增厚和肺组织变硬。病变由呼吸性细支气管肺泡开始，逐渐侵犯更多的腺泡以至肺小叶。肉眼可以看到肺体积增大，重量增加，质地变实，晚期则肺缩小，硬度增加，呈无气状。病变以肺下叶为重，不规则的纤维灶和灰白色的纤维网、纤维索条分布全肺。严重时看不到肺组织的组织结构而构成蜂窝肺改变。纤维性胸膜斑多发生在膈面胸膜腱部和双肺下外壁层胸膜处，脊柱两侧胸膜局限性增厚成灰白色，较硬有时钙化。

肺部镜下观察可见呼吸性细支气管及邻近的肺泡有石棉纤维沉积，巨噬细胞大量增生。包裹和吞噬石棉纤维，细支气管和肺泡上皮增生、脱落形成细支气管肺泡炎。可见网织纤维增生，并有多量的胶原纤维形成。广泛的纤维化可致肺泡闭锁形成小纤维灶，病灶虽孤立，但分布广泛，逐渐遍及各肺小叶。肺内血管早期改变不明显，晚期在纤维化区可出现血管的改变。

胸膜斑是石棉接触者特征性的病变，表现为壁层胸膜局限性纤维增厚，潜伏期一般 10~20 年以上。有报告石棉作业工人胸膜斑发生率为 40%。王明贵报告石棉作业工人尸检材料胸膜斑检出率达 60%。典型胸膜斑常发生于脊柱两侧胸壁和膈肌中心腱，可单侧或双侧，高出表面，并与周围胸膜分界清楚，呈乳白色斑块状或结节状、乳头状，质硬如软骨。镜下可见斑块由玻璃样变的胶原纤维束层层平行排列，也可呈轮状排列，其表面被覆间皮细胞，深部胶原纤维间有少量成纤维细胞、淋巴细胞、浆细胞，偶可见钙化，有报道在胸膜斑中可检出石棉小体及裸纤维。胸膜斑的成因尚不清楚，有认为是坚硬锋利的石棉纤维通过肺到达壁层胸膜刺激产生的。

6.5.4 临床表现

石棉肺发病的快慢和严重程度与石棉纤维的种类、粉尘浓度及接触石棉时间有关。一般来说，石棉肺纤维化进展是较慢的，但石棉肺病人可在早期有比较明显的临床症状。

6.5.4.1 症状

最主要的症状是呼吸困难，随病情进展而加重，随之出现咳嗽，初起为干咳或少量黏痰不易咳出，感染时出现黄色脓痰。可有胸疼尤其是在出现胸膜增厚时较为明显，多为阵发性的，若持续胸疼要考虑是否会合并肺癌或胸膜间皮瘤。

6.5.4.2 体征

石棉肺早期可无阳性体征。当合并支气管炎、肺气肿或支气管扩张时可出现湿性或干性啰音，双肺底可听到捻发音尤其在后胸下部明显，有时在双腋下也可听到，多在吸气末出现。病情严重长期缺氧，呼吸困难明显，会出现发绀（口唇及指甲）。随着肺纤维化的加重，长期发绀缺氧可出现杵状指。病程延长、病情加重会出现肺心病、心力衰竭、呼吸衰竭。另当石棉纤维刺入皮内时引起角质增生产生石棉疣，多见于手掌及前臂，疣状物自针头至绿豆大小，表面粗糙坚硬，有轻度压痛，病程慢可经久不愈。

6.5.4.3 并发症

石棉肺患者尤以晚期患者易并发呼吸道及肺部感染，较矽肺多见，但合并结核者较矽肺少，由于吸入和沉积的石棉纤维可导致肺癌和胸膜间皮瘤，其发病与石棉剂量、石棉纤维类型、工种、工龄、吸烟情况有关。另石棉肺的肺癌发病率较一般人高 2~10 倍，肺癌一般在接尘 20~30 年后发生，而间皮瘤在接尘 30~40 年后发病，但发病与剂量关系不如肺癌明显。以青石棉和铁石棉引起间皮瘤较多。

6.5.4.4 预后

石棉肺是一种慢性进行性疾病，它的预后主要取决于接触的石棉种类、接尘剂量及有无并发症。像矽肺一样，往往在脱离石棉粉尘后肺内病变仍可能继续进展，但较矽肺缓慢，发病工龄越短，预后越差，并发症多且严重者，预后更不佳。

6.6 滑石尘肺

6.6.1 概述

滑石尘肺是由长期吸入滑石粉尘而引起肺部弥漫性纤维化的一种疾病，属于硅酸盐类尘肺。19 世纪末 Therel 报道滑石等硅酸盐与肺部疾病的关系，直到 20 世纪 30 年代才证实滑石矿及滑石加工厂的工人肺部损伤和其 X 射线改变和滑石粉尘暴露有关。国内自1958年以来辽宁、广西、山东、北京等地陆续都有滑石尘肺的报道。根据2010年全国报告各期别尘肺病新发病例病种分布结果可知，新增滑石尘肺36例，其中Ⅰ期35例占97.22%，Ⅲ期1例占2.78%。

滑石是一种次生矿物，由含镁的硅酸盐和碳酸盐蚀变而成。不同地区矿床由于蚀变程度不同滑石的组成可有很大差别。较纯净的滑石，呈叶片状或颗粒状；也有含不等量的石棉、直闪石、透闪石的滑石，其呈纤维状、针状的矿物存在，并具有石棉样生物作用。两者都可能引起不同的病理、临床和胸部X射线改变。

6.6.1.1　职业性滑石粉尘接触

职业性滑石粉尘接触主要有以下作业。

（1）矿石的开采、加工、储存、运输和使用。多数开采出来的滑石，均有不等量的石英、方解石、白云石、透闪石等杂质。不同产地，其组成差别很大。如美国产的滑石含透闪石50%以上，而滑石却只有25%左右，其性状洁净亮白，适用于涂料和陶瓷制作；中国、意大利等国滑石矿出产的滑石品位高、颜色好，无粗粒和杂质可用于化妆品的生产。因此工人接触的滑石粉尘，必须深入调查，以估计其危害程度。

（2）滑石粉加工、耐火材料、造纸、橡胶、纺织、陶瓷、医药、农药的载体、油漆、化妆品、雕刻、薄膜的生产等工业部门工人也接触大量滑石粉尘。

（3）日常生活接触也很多。如各种香粉、爽身粉的使用、某些食品的保存等，均有机会接触。医疗目的使用滑石粉，气胸病人喷入滑石粉到胸腔以促进胸膜粘连，外科手术中胶手套上的滑石粉对创口污染等。

6.6.1.2　流行病学

滑石尘肺发病工龄一般在10年以上，多在20~30年之间。也有报道接触纤维状滑石粉尘发病较早，工龄可在13~26年。滑石粉尘致病能力相对较低，脱离接触粉尘后病变有可能停止进展或进展缓慢，也有个别病例进展较快。

滑石粉尘致癌问题：Kleinfeld对纽约州滑石矿工和粉碎工中死亡原因分析，发现肺和胸膜癌的总死亡率比预期值高4倍。在10名肺、胸膜癌患者中。8名患有滑石尘肺。而Van Ordatrand认为滑石尘肺患者中，肺癌的发病率无增高的证据。有人认为日本人的胃癌的发病率高与食用滑石涂层大米有关，但有人观察到不吃滑石涂层大米的日本人，胃癌发病率也很高。Henderson等对原发性子宫癌、子宫内膜原发癌及原发性卵巢癌进行了电镜检查在深部肿瘤组织中发现滑石颗粒，未检出石棉纤维，而继发肿瘤中却未发现滑石颗粒。虽不能肯定滑石是这些肿瘤病的原发诱因，但也不能排除滑石与其他易罹因素共同致癌的可能性。

总之，滑石致癌是目前尚有争议的问题，由于商品滑石纯净度不同，有的含有多种矿物纤维，因此不同作者的观察，研究结果极不一致，有待进一步深入研究。

另外，近年来国外陆续报道有药瘾者将含有滑石颗粒的口服麻醉药物或精神兴奋药物溶于液体，长期反复注入静脉，滑石颗粒广泛栓塞肺毛细血管而引起肺肉芽肿和视网膜病变。

6.6.2 发病机制

实验研究和人体观察证实两种滑石（呈叶片状或颗粒状的较纯净的滑石和含有不等量的石棉、直闪石、透闪石等纤维滑石）均可致病。有人对滑石尘肺患者进行活检和尸检的组织学检查未发现滑石颗粒，而经矿物学检查（包括偏光显微镜、X 射线衍射和电镜检查）证明其中有光学显微镜下观察不到的 0.5μm 以下的滑石颗粒，认为这些滑石颗粒在滑石尘肺的发病上有重要意义。由于这些颗粒反复被肺泡巨噬细胞吞噬和释放，而导致细胞增生和纤维化。含有透闪石的纤维状滑石对人类健康危害更大，它比长纤维致纤维化作用更强，含透闪石的滑石是和石棉理化性质极相似的硅酸盐，有些滑石又含一定量的石棉，故认为这类滑石尘肺发病机制和石棉肺发病机制相似。

动物实验证明，经过免疫的动物，对滑石粉尘的反应加重，并可进展而形成肉芽肿，故滑石粉尘对人体的作用，也可能通过免疫学的机制。

6.6.3 病理改变

滑石尘肺的病理改变包括三种，即结节型病变、弥漫性间质纤维化和异物性肉芽肿。滑石尘肺的结节不像矽肺结节那样典型。在肺内可以找到“石棉小体”，胸膜有局限性增生，即胸膜斑（也称“滑石斑”）。部分病人有肺气肿和肺不张。

（1）结节型病变。肺切面可见灰白色结节遍及全肺，以肺中野为重，偶尔可见大块纤维化。在显微镜下所见：主要在呼吸性细支气管及血管周围有巨噬细胞集聚，并形成小的星芒状病变，由放射状的纤维组织，破坏的肺泡间隔及弹力纤维等组成。

（2）弥漫性间质纤维化。含有透闪石的纤维状滑石其生物学作用和石棉相似，病理学改变以弥漫性间质纤维化为主。显微镜下病变主要发生在呼吸性细支气管周围，肺泡壁增厚，有巨噬细胞浸润，小动脉内膜炎等改变。长期吸入高浓度叶片状或颗粒状滑石粉尘也会引起缓慢进展的肺间质纤维化。

（3）异物性肉芽肿。由上皮样细胞、组织细胞和异物巨细胞组成的肺肉芽肿，这是一种早期的可逆改变。异物巨细胞内有双折射性滑石颗粒和或星状包涵体，包涵体中有小的颗粒。活检的肺组织用电镜观察、能谱分析、X 射线衍射等方法研究，可见病变处多为 0.2μm 以下的滑石颗粒。较小的滑石颗粒被巨噬细胞吞噬成为异物巨细胞。较大的滑石颗粒常被异物巨噬细胞所包绕。滑石颗粒在偏光下呈双折射性，并被铁所包裹，在许多巨噬细胞中也能发现这种铁，即含铁小体。

以上三种病变可单独发生或各种病变同时发生，这决定于所接触粉尘的组成。结节型病变可因滑石为石英污染或在生产中同时使用石英，或在煅烧的滑石中的石英所致。弥漫性肺间质纤维化可由滑石中所含透闪石、直闪石引起，或在同一生产过程中，既使用滑石，也使用石棉等矿物质。异物肉芽肿可能为较为纯净的叶片状滑石粉所致。滑石尘肺病变中所含有不同种类的矿物粉尘，依靠金属分析法可以鉴别。

石棉样小体可见于呼吸性细支气管内和大块纤维组织内，末端呈杵状、分节或不分节。敷有含铁血黄素颗粒，不能与石棉肺时的石棉小体区别。有人认为这种石棉样小体可能由透闪石形成。在灰化的肺内，透闪石的含量低时，石棉样小体也少。

在接触含有透闪石和直闪石的滑石粉尘工人中，可以有局限性胸膜肥厚，多发生在侧胸壁的壁层胸膜、膈肌腱部、纵隔和心包等的壁层胸膜，增厚的胸膜可以发生透明性变、钙化，称为滑石斑，这与石棉工人所见的胸膜斑极为相似。

一次大量吸入滑石粉者可引起支气管炎、细支气管炎、气道阻塞、肺不张等。也有报道静脉注射滑石颗粒的片剂而引起肺内发生广泛的肉芽肿，其病理特点是粉尘颗粒及病变遍及全肺而不同于吸入引起的病变是以中下肺野受累为主，滑石粒子较大，平均为50μm，而吸入的粒子均在10μm以下。

6.6.4 临床表现

早期无特殊改变，晚期可出现不同程度的呼吸道症状，如气短、胸痛、咳嗽等，但较矽肺、石棉肺为轻。异物肉芽肿的病例，可出现进行性呼吸困难，用激素治疗，病情可以缓解，肺功能以弥散功能障碍为主。含有透闪石等的纤维状滑石粉尘对肺功能危害更大。滑石尘肺一般预后较好，病变进展慢，接触的滑石中含有石棉的滑石尘肺病变进展较快；有严重并发症者则加剧病变的进展。

滑石尘肺患者常常合并肺结核。根据辽宁海城滑石矿的调查，并发肺结核的病例占1/4，并随病期的发展，结核的并发率有逐增趋势。

6.7 水泥尘肺

6.7.1 概述

水泥尘肺是长期吸入水泥粉尘而引起肺部弥漫性纤维化的一种疾病，属于硅酸盐类尘肺。由于建筑工业的发展，生产和使用水泥的人群数相当庞大，尤其70年代乡镇小水泥厂的兴起，忽视防尘措施，工人在生产运输和使用水泥过程中接触大量粉尘，严重危害工人身体健康。根据2010年全国报告各期别尘肺病新发病例病种分布结果可知，新增水泥尘肺297例，其中Ⅰ期268例占90.24%，Ⅱ期21例占7.07%，Ⅲ期8例占2.69%。

水泥分天然水泥和人工水泥。天然水泥是将有水泥样结构的自然矿物质经过煅烧、粉碎而形成。人工水泥因其具有与英国波特兰建筑岩相同的颜色故称之为波特兰水泥，我国称之为硅酸盐水泥。近百年来由于工业不断发展，制成了各种特殊用途的水泥，如高强度硬水泥、矾土水泥、膨胀水泥、抗酸水泥以及油井水泥等。

6.7.2 发病机制

硅酸盐水泥是以石灰石、黏土为主要原料与少量校正原料，如铁粉等经破碎后按一定比例混合、磨细、混匀而成原料。原料在水泥窑内煅烧至部分融熔，即为熟料，再加适量石膏、矿渣或外加剂磨细、混匀即为水泥。

水泥化学成分主要包括 CaO 62%~67%（质量分数，下同）、结合 SiO_2 20%~24%、Al_2O_3 4%~7%、Fe_2O_3 2%~6%。此外还含有氧化镁（MgO）、硫酐（SO_3）、碱性氧化物（Na_2O、K_2O）、氧化钛（TiO_2）、氧化锰（Mn_2O_3）、五氧化二磷（P_2O_5）等。

生产水泥的各种原料含有不同的游离 SiO_2。如石灰石、矿渣中含5%~8%，石膏、铁粉中含14%~15%，砂页岩和黏土中含40%~50%，而成品水泥中只含2%左右。此外，粉尘中还含有钙、硅、铝、铁和镁等化合物以及铬、钴、镍等微量元素。因此，水泥粉尘是成分复杂的混合性粉尘。这些混合成分对机体的影响，还研究不多。据报道，Fe_2O_3 可延缓尘肺的发生，碳酸钙可减低石英的毒作用，石膏、铝等可降低二氧化硅的溶解度。

水泥生产过程中的原料粉碎、混合、成品的包装、运输等作业均产生大量粉尘，是职业性接触的主要来源。水泥尘肺的发病与接尘时间、粉尘粒度和分散度以及个人体质有关，一般发病工龄在20年以上，最短为10年。

6.7.3 病理改变

据有限的尸解材料报道，水泥尘肺病理改变以尘斑和尘斑灶周围气肿为主要改变，并有间质纤维化，也可有尘斑和胶原纤维共同形成的大块病灶。

（1）尘斑。弥漫分布全肺各叶，呈黑色，圆形或不规则形，直径1~5mm，质软。镜下尘斑为粉尘纤维灶，呈星芒状，多位于呼吸性细支气管和小血管周围。粉尘纤维灶主要由游离尘粒、尘细胞、成纤维细胞、淋巴细胞、“水泥小体”以及不等量交错走行的胶原纤维组成。偏光镜检 HE 染色，可见少数石英颗粒，显微灰化片粉尘纤维灶内“水泥小体”在扫描电镜下呈圆球体或椭圆球体，平均大小5μm×8μm。其核心含有不等量的 Si、Fe、Ca、Al、S、Zn、K 和 Mg。

个别小体尚含微量 Ti，与水泥生产现场元素成分基本一致。

(2) 灶周肺气肿。肺气肿与尘斑互相伴随，尘斑周围可环绕着几个气肿腔，尘斑密集处肺气肿也较明显，甚至出现蜂房变，直至形成肺大泡。镜检主要表现为破坏性小叶中心性肺气肿。Weigert 染色显示呼吸性细支气管的平滑肌和弹力纤维减少或消失，其管壁常被含尘纤维组织所代替。

(3) 间质轻度纤维化。呼吸性细支管及其伴行小血管周围和少数小叶间隔呈轻微纤维化，间质的肌型动脉呈不同程度的硬化改变。

(4) 大块纤维化。多发生在肺上叶，靠近胸膜，呈不规则形，黑灰色，发亮、质硬。镜检：由粗大密集多向走行的胶原纤维和大量粉尘构成。对大块纤维化原位断面扫描结果，水泥尘肺的大块纤维化中含有与水泥粉尘相同元素成分，其中 Si 的质量分数为 19.67%，明显低于矽肺大块纤维化中的 Si（35.7%）OSEM-EDAX 观测由大块纤维化中分离出的粉尘颗粒，大部分为硅酸盐结晶，石英结晶极少。因此，水泥尘肺大块纤维化病理改变有别于硅尘所致矽肺的大块纤维化，后者以变形的胶原纤维为主。

(5) 尘性慢性支气管炎、支气管扩张。以细支气管以下部分最为显著，其正常结构几乎完全消失，而被结缔组织所代替，屡见粉尘纤维灶与管壁紧密相连。

6.7.4 临床表现

水泥尘肺的发病工龄较长，病情进展缓慢。临床症状主要表现是以气短为主的呼吸系统症状。早期出现轻微气短，平路急走、爬坡、上楼时加重。其次咳嗽，多为间断性干咳，很少出现干湿啰音。呼吸道感染时可出现咳嗽、咳痰加重，胸部可听到呼吸音粗糙、干湿啰音。

有人报道接触水泥粉尘 15 年以上者可有肺功能改变，表现为 $FEV_{1.0}$、MVV、MMEF 开始下降，VC 也显示缓慢的下降趋势。水泥粉尘首先是累及小气道，以后逐渐出现大气道改变，表现为阻塞性通气功能障碍为主的损害，这种改变往往先于自觉症状和胸部 X 射线表现。晚期可出现混合性通气功能障碍。

6.8 云母尘肺

6.8.1 概述

云母为钾、镁、锂、铝等的铝硅酸盐。生产工人长期吸入云母粉尘可引起云母尘肺，云母尘肺属硅酸盐尘肺。2013 年我国卫计委等公布的《职业病分类和目录》中列有云母尘肺。

云母是云母族矿物的总称，商业上多称“千层纸”，为钾、镁、锂、铝等的铝硅酸盐。

根据成分，可分为白云母、锂云母、金云母、黑云母等。云母是分布最广的造岩矿物之一，主要产于伟晶岩、花岗岩及云母片岩中。属单斜晶系，晶体常呈假六方片状；集合体为鳞片状。具层状结构，易剥成薄片，具珍珠光泽。纯云母为铝硅酸盐，含硅为结合 SiO_2。根据 GBZ 2.1—2007《工作场所有害因素职业接触限值 第1部分：化学有害因素》空气中云母粉尘时间加权平均容许浓度，总尘为 $2mg/m^3$，呼尘为 $1.5mg/m^3$。

从事云母开采和加工的工人均可接触云母粉尘。由于云母矿地质构造特性，其伴生花岗岩、花岗伟晶岩游离 SiO_2 含量高，因而云母采矿工除接触云母粉尘外，还接触游离 SiO_2。

国内测定显示，云母开采粉尘中游离 SiO_2 含量均超过 10%，一般在 20%~55%。云母应用较广泛，白云母、金云母透明并有优良的耐热性、绝缘性及耐酸碱腐蚀性，是高温、高压、耐潮的电气绝缘制品的主要材料，并可制成各种云母板、带等耐高温、绝缘、密封材料，云母粉可作塑料、轮胎、油漆等的填料，锂云母为提取锂盐的主要原料之一。云母加工时，由于云母片上有数量不等的伴生岩附着，工人除接触云母粉尘外，也接触不等量的游离 SiO_2（2%~20%）。

6.8.2 发病机制

生产工人长期吸入云母粉尘可发生云母尘肺。Dreesen WC（1940 年）报道了白云母磨粉工尘肺，Vestal T F（1943 年）报告 79 名云母磨粉工中，检出 7 例尘肺。李慰祖（1980 年）报告某云母矿井下掘进、回采等作业点粉尘平均浓度 $6\sim38mg/m^3$，游离 SiO_2 含量 36%~55%。作业工人 1682 人，检出尘肺 16 例，其中Ⅰ期 11 人，Ⅱ期 4 人，Ⅲ期 1 人，平均发病工龄 17.9 年。同时报告 302 例云母加工工人，生产环境粉尘浓度 $14\sim38mg/m^3$，游离 SiO_2 含量平均为 14.2%，分散度小于 10μm 在 75%以上。作业工龄 15 年以上的占 90.7%，其中 20 年以上的有 17.2%，未发现尘肺病例。1984 年再对其中 268 人（作业工龄 15 年以上的 248 人）复查，仍未发现尘肺病例。刘振玉（1990 年）对无其他粉尘接触史的云母加工厂工人，动态观察 16 年。观察对象接触云母粉尘几何平均浓度为 $2.6\sim32.8mg/m^3$，SiO_2 含量为 7.7%~20.8%，分散度小于 10μm 在 95%以上，尘肺患病率 1.15%。

1949~1986 年全国尘肺流行病学调查研究资料显示，至 1986 年底止，我国共诊断云母尘肺 288 例，已死亡 18 例。现患病例病期构成，Ⅰ期占 80.00%、Ⅱ期占 18.52%、Ⅲ期占 1.48%。主要分布在内蒙古、四川、新疆、黑龙江等省、自治区。Ⅰ期云母尘肺平均发病工龄，5%病例为 11.60 年，10%为 14.20 年，50%为 25.45 年，90%为 36.48 年，95%为 38.24 年。根据 2010 年全国报告各期别尘肺病新发病例病种分布结果可知，新增云母尘肺 8 例，其中Ⅰ期 5 例占

62.50%，Ⅱ期2例占25.00%，Ⅲ期1例占12.50%。表明云母尘肺发病工龄较长，至少在10年以上。

6.8.3　病理改变

由于云母采矿工、云母加工者接触的云母粉尘中，所含游离 SiO_2 差别很大，因此其致肺纤维化的程度和病理改变也有较大的差别。

Sahu A P（1978年）报道，大鼠气管内注入云母尘，早期肺脏表现为急性炎症反应，随后在云母粉尘沉着部位逐渐有成纤维细胞增殖，至210天表现为细胞纤维性结节病变。张觉一（1984年）报道，狗气管内注入游离 SiO_2 含量1.48%的白云母粉尘，早期为脱屑性细支气管肺泡炎及细胞性结节形成。染尘3个月后细胞结节内网状纤维、胶原纤维逐渐产生，有细胞纤维结节形成。20~25个月后细胞纤维结节明显增多，有个别无同心圆结构的细小纤维结节形成。

云母尘肺的病理资料很少。Cortex P l（1978年）报告一例云母工人尸检病理资料。肺泡间隔增厚，其间可见网织纤维、胶原纤维、成纤维细胞及组织细胞。肝脏可见异物肉芽肿。增厚的肺泡间隔及肉芽肿内的矿物，经电子显微镜、X射线衍射分析为云母。Davies D（1983年）报告一例云母粉研磨、包装工尸解结果，见肺弥漫性灶性胶原纤维增生及纤维结节形成。结节边缘呈不规则放射状，肺泡扩大以及直径达1.5cm的纤维团块。纤维增生部位及结节内有多量双折射薄片状矿物，大小从大于50μm到小于1μm，含量超过肺干重9%。从肺组织分离的粉尘，经电镜观察及X射线衍射、电子探针微区分析并用白云母标准品做对照，结果表明为白云母，并且未发现其他矿物。张觉一（1984年）报道一例云母加工者肺病理，其从事云母加工14年，车间粉尘浓度18.7mg/m^3，游离 SiO_2 含量8.18%。肺小叶间隔及血管周围见典型异物肉芽肿，内有粗大晶体。肺灰化剩余物电子探针微区分析，结果表明晶体为白云母。

现有的资料显示，肺内潴留的云母粉尘，达到一定数量，潴留一定时间，可以引起肺组织的纤维化病变，但云母粉尘致纤维化作用较弱。云母尘肺病理类型为弥漫纤维化型尘肺，病变以尘性弥漫性程度较轻的胶原纤维增生为主。早期主要表现为肺泡壁、小血管和细支气管周围、小叶间隔、胸膜可见含云母晶体的异物肉芽肿，肉芽肿内有网织纤维和少量胶原纤维生成以及脱屑性细支气管炎。晚期可发展成边缘呈放射状的纤维结节。

6.8.4　临床表现

云母采矿工尘肺，由于接触的粉尘中游离 SiO_2 含量较高，其发病工龄短，病变进展较快，患者自觉症状也较多，主要有胸闷、气短、咳嗽，症状随期别增加而加重。体征不明显，少数患有鼻炎。云母采矿工尘肺患者合并肺结核较多，合并肺结核者可表现有肺结核相应症状。云母加工工尘肺，其接触的粉尘中游离 SiO_2 含量较低，其发病工龄较长，病变进展较慢，症状较少。Davies D（1983年）报告两例白云母研磨、包装工尘肺（干式研磨，产品直径 99.5%小于 20μm，10%小于 2.5μm），主要临床症状为气短、咳嗽、咳痰、轻微喘息。有进行性的呼吸困难、限制性通气功能障碍及 CO 弥散量降低。有人分析一组云母尘肺病病人的症状，气短（100%）、胸闷（70%）、咳嗽（50%）、咳痰（50%）、胸痛（40%）、盗汗（40%）。胸部体征无明显异常，少数可闻呼吸音粗糙。上呼吸道炎症比较多见，鼻炎达 50%，咽炎 40%。上述症状虽较多见，但多不严重，未见重症病例。动态观察临床症状明显加重者不多见。

6.9 陶工尘肺

6.9.1 概述

陶工尘肺包括瓷土采矿工人和陶瓷制造工人所患尘肺。不同工种工人所接触粉尘性质不同，粉尘中游离二氧化硅含量也不同，故陶瓷工人所患尘肺大致包括陶土尘肺，也可称高岭土尘肺，硅酸盐尘肺等不同病种。多数厂矿车间不同工序混在一起，工人频繁调动，因此统称陶工尘肺。

陶瓷的主要原料有瓷土，是含水的硅酸盐，其品种不同，主要为高岭土，系长石、霞石、黄晶石、绿宝石等含铝的硅酸盐风化后生成，粒子小，多在 10μm 以下。瓷石主要含石英、长石，常用的有微晶花岗岩、石英斑岩两种，瓷石中的石英颗粒于焙烧中质地不变，起骨架作用，而长石则在焙烧中熔融，起黏合作用。瓷釉主要成分为石英（占 25%~30%）、长石（占 40%~50%）、高岭土及滑石各占 10%左右。匣坯是盛瓷坯的容器，多用高铝性黏土或高矾土制造，装窑和熔烧中所产生的粉尘虽然主要为硅酸盐粉尘，但也有少量石英粉尘。

陶瓷工业的基本生产工序为瓷土开采、原料粉碎、配料、制坯、成型、干燥（烘干）、修坯、施釉、焙烧，各工序均可产生粉尘。20 世纪 50 年代到 60 年代，由于防尘措施不力，主要为干式手工操作，作业点粉尘浓度较高，有时甚至可高达上千毫克/立方米。近年来，原料车间都已改为湿式作业，成型车间多数采用了滚压成型方法和链式干燥设备，使粉尘浓度大幅度下降，在 $10mg/m^3$ 左右。

陶瓷制品各地制坯原料不一致，配方也不同，粉尘中游离二氧化硅含量很不一致，根据国内近年资料表明，通常在 8.72%~65%之间，分散度小于 5μm 的占 70%~90%，平均 82.5%。据南非 Rees 报告（1992 年），X 射线衍射显示陶瓷厂使用的黏土含有较内的石英，平均 38%（23%~58%），呼吸性粉尘中石英所占比例是 24%~33%，虽然作业点粉尘浓度不高，但也有潜在的致职业性肺部病变的危险。

6.9.2 发病机制

陶工尘肺发病情况全国各地报告不一致，以中国最大的陶瓷生产基地江西景德镇1995年资料表明，截止1993年共确诊陶工尘肺1644例，患病率为6.86%，其中Ⅰ期尘肺1165例，占71%，Ⅱ期尘肺415例，占25%，Ⅲ期尘肺60例，占4%。陶工尘肺发病工龄较长，最少7年，最长58年，平均32年。发病年龄最小29岁，最大78岁，平均54岁。根据2010年全国报告各期别尘肺病新发病例病种分布结果可知，新增陶工尘肺82例，其中Ⅰ期46例占56.10%，Ⅱ期28例占34.15%，Ⅲ期8例占9.76%。说明陶工尘肺的发病情况仍较严重。

6.9.3 病理改变

我国1954年起陆续有陶工尘肺尸检病理报告，李洪祥曾于1979年报告5例，经电子探针和原子吸收光谱分析肺内粉尘，证明为高岭土尘肺。尸检眼观肺体积无明显变化，质地软，表面及切面散在灰褐色直径1~4mm的尘斑。大块纤维化病变严重，块内组织可因缺血进而坏死、液化，坏死物流出形成空腔。镜检病灶多为尘斑及混合性尘结节，位于呼吸性细支气管周围，呈星芒状或不整形，由疏松的网状纤维和多少不等的胶原纤维组成，肺泡及肺泡间隔，支气管、小血管周围尘性纤维化也比较突出，肺血管常常扭曲变形，支气管壁常见增生、肥厚，管腔呈不同程度狭窄、变形，重症病例可继发支气管扩张。大块纤维化病变可由走形不规则的胶原纤维束及埋藏其中的粉尘构成，也可由混合的尘肺结节构成，组织学改变很像煤工尘肺的PMF。肺引流淋巴结内常能见到细小的粟粒样矽结节，偶有融合结节形成。

陶工尘肺一般伴有灶周肺气肿、小叶中心性肺气肿。胸膜肥厚常以两肺上部尤其肺尖处明显，和煤矽肺、矽肺的表现显然不同。

6.9.4 临床表现

陶工尘肺临床症状较轻，早期有轻度咳嗽、少量咳痰，无并发症的Ⅰ期甚至Ⅱ期陶工尘多半没有呼吸困难，当体力劳动或爬坡时才感到胸闷、气短，如果患者合并阻塞性肺气肿，即使仅为Ⅰ期尘肺，也会感到明显的呼吸困难，晚期尘肺由于肺组织广泛纤维化，肺循环阻力增加，患者不能平卧，可出现明显呼吸困难、发绀、心慌等症状。

多数陶工尘肺患者临床无阳性体征，甚至Ⅱ期、Ⅲ期尘肺患者也无明显阳性体征。但如合并急性或慢性支气管炎、肺炎、支气管扩张等，肺部可出现干、湿性啰音或管状呼吸音，杵状指等；肺气肿严重患者，可有桶状胸，肺底下界活动范围减少；有肺心病者，可出现心率快，肺动脉瓣区第二音亢进，心功能失代偿时可有肝脏肿大，下肢水肿等体征。

陶工尘肺患者肺功能有轻度损害，主要是阻塞性通气障碍，据 Prowse（1989年）报告陶工尘肺患者不管吸烟与否，$FEV_{1.0}$随尘肺 X 射线期别升高而降低，特别是有慢性支气管炎患者更明显。

6.10 铝尘肺

6.10.1 概述

铝（Al）是一种银白色轻金属，在地壳中含量仅次于氧和硅，位居第三。铝矾土是自然界存在的主要矿石，从铝矾土中提取较纯的三氧化二铝（Al_2O_3），再以 Al_2O_3 为原料，通过铝电解制取金属铝。金属铝及其合金比重小，强度大，广泛用于建筑材料、电器工业、航空、船舶、冶金等工业部门。金属铝粉用于制造炸药、导火剂等。氧化铝经电炉熔融（2300℃）制得的聚晶体（白钢玉），由于其强度高，可制成磨料及磨具。关于铝尘是否致肺纤维化曾有过不一致的结论和争执，一项实验研究表明铝尘经气管吸入后生物代谢缓慢，可长时间滞留于体内，沉积在肺组织而产生毒性。动物实验结果与人体资料也越来越支持铝尘致肺纤维化作用。金属铝有粒状或片状铝之分，工业中用的氧化铝则有 α、β 或 γ 型不同的晶型结构，不同粒径的金属铝尘及不同晶型的氧化铝其致纤维化作用不尽相同。因此在上述生产环境和过程中长期吸入金属铝粉或含氧化铝的粉尘，均有发生铝尘肺的危险。我国已将铝尘肺列入法定尘肺病之一。

6.10.2 发病机制

铝尘肺首先在三四十年代由德国报道，之后 Shaver 等报道了氧化铝磨料工尘肺（Shaver 病），英国、瑞典、日本等地相继也有病例报道。20 世纪 80 年代起我国也陆续有铝尘肺的报道，患者大多为烟花工、铝厂电解 Al_2O_3 的工人、生产片状铝粉的球磨工、抛光工、生产粒状铝粉、片状铝粉或混合有粒状和片状铝粉的工人，刚玉磨料车间的工人。我国“全国尘肺流行病学调查研究资料集”显示：至 1986 年我国共诊断铝尘肺患者 210 名，其中 14 人已死亡，病死率为 6.67%；在 197 例铝尘肺的调查中，合并结核者 7 人，合并率为 3.55%；在 202 例Ⅰ期铝尘肺的发病工龄调查中显示，95%的患者发病工龄在 32.04 年内。发病工龄在 10.88 年以内者仅为 5%，50%的Ⅰ期铝尘肺患者发病工龄在 24.43 年以内。另据 2010 年全国报告各期别尘肺病新发病例病种分布结果可知，新增铝尘肺 6 例，其中全部为Ⅰ期，说明铝尘肺的发病率维持在较低水平。

6.10.3 病理改变

铝尘肺有三种形式，即金属铝尘肺、氧化铝尘肺和铝矾土尘肺，三种尘肺病理改变各有特点。动物实验结果提示金属铝粉尘导致大鼠肺组织尘纤维灶和尘细胞灶形成，剂量大，尘纤维灶多，剂量小，则尘细胞灶多，三氧化二铝粉尘致纤维化能力要弱于金属铝粉尘。胡天锡（1983 年）报道实验大鼠用脱脂的铝尘经气管内注入染尘及狗吸入未脱脂的铝尘进行染尘，结果发现两种染尘均引起肺纤维化，肺内可见多量结节状病灶和弥漫性肺间质纤维化。

金属铝尘肺患者尸检发现，肉眼观察两肺外观呈灰黑色，胸膜表面有少量干性纤维素渗出，质地较坚，质量增加，切面散在境界不清的黑色斑点和尘灶，直径为 0.1~0.5cm，气管与气管旁淋巴结肿大；镜检见黑色铝尘与尘细胞沉积于终末细支气管、呼吸性细支气管、肺泡、间隔及间质的小血管周围，形成直径小于等于 0.1cm 的圆形、星形或索条状的尘灶，这些尘灶呈孤立分布或相互融合。尘灶所在处部分管腔呈不同程度扩张，管壁及肺泡隔增厚，其中有尘细胞和组织细胞浸润，部分肺泡腔内有上皮细胞脱落，与尘细胞混合成团，形成尘细胞结节，灶周有胶原纤维及结缔组织包绕，中心有少量透明样物质。肺泡壁破坏，肺泡间隔及细支气管壁水肿肥厚，形成以小叶为中心的肺气肿改变。金属铝尘肺以尘斑病变为主，表现为粉尘围绕呼吸性细支气管、小血管及小支气管周围形成尘细胞灶，灶内有网状纤维与少量胶原纤维增生。

王明贵（1990 年）报道一例氧化铝尘肺病理，镜下见许多粉尘纤维灶多位于呼吸细支气管周围的肺泡腔内，由大盘黑色粉尘和不等量的网状纤维构成，其间也可见少量胶原纤维。上述病变向附近肺泡壁延伸，并使之增厚，病灶呈星芒状，混合尘结节较少见，可仅为一个肺泡腔的机化性纤维化。胸膜下胶原纤维轻度增生，肺周边组织内呼吸性细支气管和所属肺泡不同程度扩张。王明贵所在单位对 15 例氧化铝尘肺经支气管肺活检（TBLB），光镜下见肺泡结构紊乱，部分萎陷、闭锁或改建，肺泡腔可见不等量黑色粉尘沉着和较多尘细胞渗出，肺间质纤维组织中至重度增生，多量胶原纤维沉积，部分区域胶原纤维融合。肺泡间隔血管增生，血管壁增厚。氧化铝尘肺的病理特点是非结节性弥漫性间质纤维化和肺气肿。

铝矾土矿物的主要成分是 SiO_2 和 Al_2O_3，所引起的尘性病变为混合性病变，有尘斑型和弥漫纤维化型。李毅等报道 5 例铝矾土尘肺尸检观察发现，粉尘沉积性尘斑是铝矾土尘肺最常见存在的尘性病变，特征性病变是尘斑气肿伴尘性间质纤维化，尘斑常发生在呼吸性支气管和伴行的小血管部，可见残留管腔，伴灶周肺气肿和少量胶原纤维组织增生。尘性间质纤维化轻度局限在肺小叶内，表现为小血管周围、呼吸性细支气管壁、肺泡道、肺泡隔被尘细胞浸润而增宽，纤维组织增生，重者可累及全小叶，肺泡萎陷或消失，胶原纤维增生、粗大伴平滑肌增生。

6.10.4 临床表现

铝尘肺早期的症状一般较轻，主要表现为轻微的咳嗽、气短、胸闷、胸痛，也可有倦怠、乏力，咯血罕见。

由于铝尘对鼻黏膜的机械性刺激和化学作用，可表现为鼻腔干燥、鼻毛脱落、鼻黏膜和咽部充血、鼻甲肥大。肺部早期可无体征，在并发支气管和肺部感染时可闻及干、湿啰音。

铝尘肺在早期对肺功能的损伤程度较轻，可表现为阻塞型或限制型通气功能障碍，而晚期由于肺容积的缩小，则多以限制型或混合型通气功能障碍为主，伴有换气功能障碍，严重病例可反复并发自发性气胸、呼吸衰竭死亡。

7 尘肺病的鉴别

7.1 肺结核病

7.1.1 概述

肺结核病是结核分枝杆菌引起的一种慢性传染病，其中痰排菌者为传染性肺结核病人。根据世界卫生组织公布的 2015 年全球结核病报告，2014 年结核病在全球范围夺去 3150 万人的生命，估算全球 2014 年有 960 年新发结核病病例，同时估算中国 2014 年的新发肺结核人数为 93 万，位列印度（220 万）和印度尼西亚（100 万）之后，为全球第三。当前我国结核病疫情存在的重大危害问题是耐药结核病的传播和控制困难。

7.1.2 临床表现

肺结核病在临床上有两种表现形式，一种是无任何症状，多是经健康体检发现的轻型肺结核，另一种是有明显的结核中毒症状和体征主动就诊者。肺结核患者的肺部图片如图 7-1 所示。

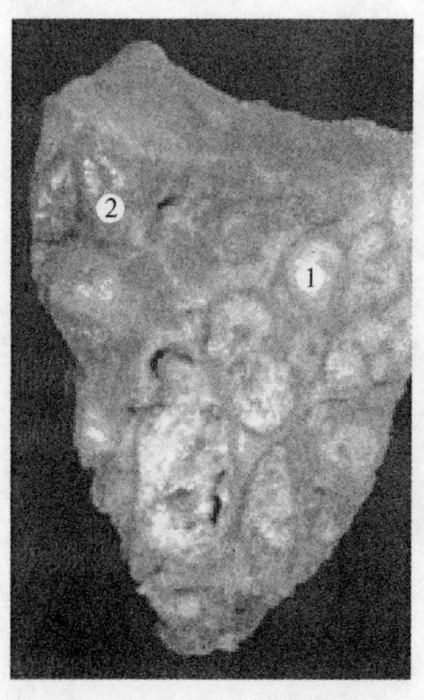

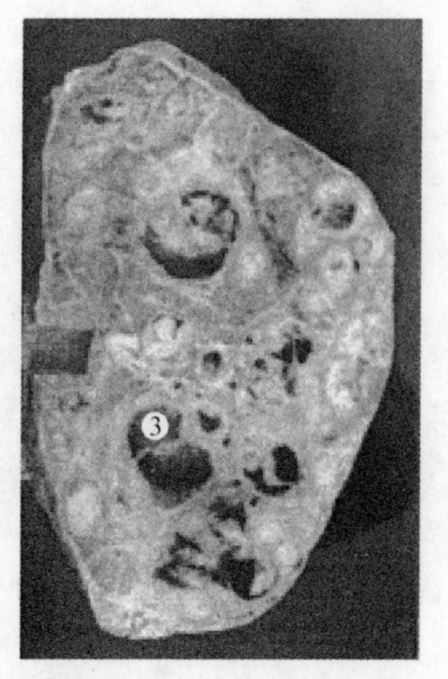

图 7-1　肺结核

1—纤维结蒂组织；2—正常肺组织；3—干酪样坏死后形成肺空洞

7.1.2.1 全身症状

包括疲乏无力，不同程度的发热，盗汗，心悸，食欲不振，月经失调等，均与结核菌毒素和代谢产物对中枢神经系统的刺激有关。疲乏无力在新发病者和原处于稳定期而病情恶化者表现较明显。发热预示着结核病的活动、进展。发热程度和持续时间视疾病类型和病变范围的不同而有所差异，从微热至高热不等，一般以长期低热多见。急性血行播散性肺结核或表现为干酪性肺炎的浸润型肺结核以及结核性胸膜炎往往表现为弛张型高热。

7.1.2.2 呼吸道症状

以咳嗽、咯痰、咳血、胸痛、呼吸困难最为多见。咳嗽、咯痰是最常见的症状，其严重程度常因肺结核的类型、病情进展程度的不同而异。痰的颜色、性质取决于是否合并感染和感染的菌群有关。除合并胸膜炎以外，肺结核病的胸痛不多见。较多的患者仅感胸背部不适或轻微隐痛、但胸部病灶位于肺的边缘或侵及胸膜、胸壁、肋骨时则疼痛明显。呼吸困难在重症肺结核或合并尘肺的患者常可见到，随肺部有效呼吸面积的减损而出现程度不等的呼吸困难。

7.1.2.3 体征

肺结核病早期缺乏明显的体征，但病程进行中可产生相应的阳性体征。多数患者可触及数目不等、大小不同的浅表淋巴结。结核病变多分布在肺尖，两肺上叶，下叶尖段，当病变以渗出为主或表现为干酪性肺炎时病灶相应部位有时叩诊呈浊音和听到湿性啰音。伴有胸膜增厚，大量积气，积液均可致胸廓变形出现叩诊浊音，呼吸音消失等相应体征。

7.1.3 X射线检查

肺结核病具有病程长，病理变化复杂以及机体对结核菌感染所产生的变态反应强度程度而有所差异，故结核病的X射线呈现多种多样影像，往往以一种性质的病变（渗出、干酪或增殖）为主、各种性质病变混合存在为其特征。

7.1.3.1 肺结核基本病变X射线表现

（1）渗出性病变。表现为云雾状或片絮状阴影，中央较浓密，周围淡薄，病变阴影与周围肺野的界限模糊。胸膜CT亦有同样表现，纵隔窗渗出性病变往往不显影。

（2）增殖性病变。常呈边缘清晰，密度较高的结节状、纤维条索状或斑点状阴影。CT显示密度较高且不均匀影像。

（3）干酪性病变。为密度较高，大小不等，边缘较清晰的阴影，可呈颗粒状，结节状，团块状和大片实变状。临床上产生的结核球，空洞，钙化灶均是在这种病变基础上逐步演化形成的。此种病变可表现为直径3~5mm左右颗粒状或小结节状或 1cm 左右大结节状，常多发密集成堆，并有融合倾向。或表现为直径 2~4cm 边缘清晰、密度不均的团块影（结核球），其中可有溶解和钙化。

（4）阴影与钙化灶。密度较高纤维索条状阴影和密度高的钙化灶。

（5）各种空洞。可显示大小不等，单发或多发空洞。有囊蚀样空洞，薄壁空洞，纤维后壁空洞，干酪空洞。

（6）胸腔积液。其 X 射线形态与胸水量有关，胸水大于 1000mL 时前后肋膈角均消失，同时形成外上斜向内下密度均匀的实变影。

7.1.3.2 肺结核病 X 射线病变活动程度的判断

判断肺结核有否活动，主要依靠痰结核杆菌和 X 射线检查。痰菌阳性即为肺结核活动。由于肺结核病变种类较多，且以多种不同性质病变混合存在，因此 X 射线影像比较复杂，故动态对比读片对判断其活动性将有很大帮助。

（1）以渗出为主的病变表示病变活动。

（2）以干酪为主的病变可有以下不同情况：1）以颗粒、小结节病变组成密集性阴影密度较高、周边清晰、无渗出迹象多为稳定病变；2）干酪病变周围境界模糊或有渗出表示病变活动；3）密度较高、周边清晰、内无融解的结核球属相对稳定，当病变周围有点状渗出或内有溶解时表示病变活动；4）节段性干酪性肺炎或实变阴影内有融合者多为病变活动。

（3）以增殖为主的病变表示病变好转、稳定。

（4）纤维硬结和钙化灶表示病变稳定和静止。

（5）空洞病变除净化空洞外均为活动性病变。

7.1.4 与尘肺病的鉴别

7.1.4.1 血行播散型肺结核与Ⅰ、Ⅱ期尘肺的鉴别

急性血行播散型肺结核起病急并有严重结核中毒症状和呼吸道症状。痰结核杆菌检查阴性，X 射线胸片上显示分布均匀，大小、密度一致的粟粒状阴影，直径约 2~3mm。与尘肺不同的是粟粒阴影分布更加广泛、包括肺尖区、肋膈角处均有结节阴影分布但缺乏尘肺的纤维化和网状结构改变。另外，X 射线的变化迅速，经抗结核治疗仅 1~2 月即可吸收或病灶融合，而尘肺患者均有明确的粉尘作业史，呼吸道症状渐进性加重，特别是呼吸困难尤为明显，但无全身结核中毒症状，由于尘肺是粉尘通过呼吸道吸入并经气管，支气管进入肺，故所形成的粟粒结节多沿支气管分布，呈现两肺中内带较密集，周边较稀疏的分布不均，结节大小不等特征。病灶一般则须 2~3 年以上才有较为明显的改变。

亚急性血行播散型肺结核是结核杆菌多次、反复、小量经血循环播散致肺所造成的病变，当初次的播散病灶趋向愈合时又发生新一轮的播散，使病灶数目增多，范围加大，呈现新旧病灶混合状态。因此，X 射线胸片显示病灶分布、大

小、密度均不一致的影像。病灶分布显示肺的上部较多并有向中下肺野逐渐减少现象。在抵抗力较差和治疗不当的情况下，可有程度不等的病灶融合而成斑片阴影，进一步发展则会出现大片渗出、干酪、空洞等影像。

Ⅱ期尘肺可出现类圆形小阴影和不规则形小阴影，直径小于10mm，并伴有胸膜改变。早期多分布于两肺中下肺野，随着病情进展，尘肺结节逐渐增大增多，密集度增加，波及双上肺野，与结核病变不同。随着小阴影的增多，出现灶周肺气肿，肺纹理可减少或严重变形甚至可完全被尘肺小阴影所掩盖。

当尘肺合并结核时部分小阴影变大、边缘不清，密度增高。如一侧肺合并肺结核时可使两肺病灶显得很不对称。尘肺一旦合并肺结核，尘肺病变的进展将会加速，结核的治疗也会更为困难。

7.1.4.2 浸润型肺结核球形阴影与Ⅱ、Ⅲ期尘肺的鉴别

浸润型肺结核除大叶实变外，主要X射线胸片影像是大小、范围不等的斑片影和结核球，且多分布在两上肺野，因而与尘肺大阴影有相似之处。其鉴别点在于结核球往往单发，好发于上叶尖后段，下叶尖段。直径多小于3cm，很少超过5cm。常有纤维包膜形成。因而X射线显示边缘清晰光滑，结核球内可有透光区或空洞形成。有时结核球内有钙化存在，呈同心环形、弧形或点状钙化。结核球邻近区域常有许多小病灶（卫星灶）。据统计有42.2%结核球有卫星病灶，也可有引流支气管呈细长条状阴影，并可出现相应区域胸膜粘连。

尘肺大阴影的大小一般长径超过20mm，宽径超过10mm，密度较高并较为均匀，大都呈对称性分布，形态多为椭圆形（长条形）常呈纵轴排列，往往在肺的外带，其动态变化极为缓慢，周边伴有肺气肿影像，早期大阴影密度较低，继续发展大阴影逐渐密实、向心性收缩，这些特点均可与浸润型肺结核结核球鉴别。

单纯Ⅱ、Ⅲ期尘肺少有中毒症状。如出现发热、盗汗等结核中毒症状，血沉增快，咯血时应考虑尘肺结核可能已经存在。根据上述这些特点两者即可鉴别。

7.1.4.3 单发或多发尘肺大阴影与浸润型肺结核斑片影的鉴别

两者都可发生在肺上野，病灶呈斑片样分布，并可有动态变化。尘肺的斑片影多出现在两肺上野外带，呈对称性纵向排列，密度较低且均匀；浸润型肺结核具有多种形态病灶并存特点，因此肺部阴影除表现斑片状阴影外，还可有结节状，索条状和空洞及点状播散病灶混合存在，并以1~2种病变为主。肺结核早期的浸润阴影多发生在锁骨下，往往肺部病灶双侧不对称，斑片影密度不均、病灶周边模糊、可出现空洞。当病灶以纤维增殖成分为主时，则可有纤维硬结或钙化的表现，病灶周边可出现卫星灶，并产生相应的胸膜粘连，病灶无定向排列顺序。除纤维硬结病灶和包膜完整的结核球外，动态变化都较迅速。

7.1.4.4 肺结核空洞与尘肺空洞的鉴别

肺结核和尘肺在疾病发展的过程中均可出现空洞，但两者有很大差异。单纯

尘肺空洞较为少见，大都发生在上中肺野的大阴影中，空洞多为单发、中心性，厚壁，直径较小，其他肺野有网状、圆形小阴影和不规则小阴影的背景改变。结核性空洞可为单发，也可呈多发的形态不一的空洞，多在上叶尖后段、下叶尖段。如在大块干酪灶或结核球内出现空洞，往往有偏心溶解现象。尘肺病病人团块状阴影发生空洞也常常是在尘肺的基础上合并肺结核的结果。

7.2　肺癌

7.2.1　概述

目前，支气管肺癌是人类恶性肿瘤中死亡率最高的疾病，发病率也在日益增高。在新世纪中它仍将是医学中的几大难题之一。病因学研究显示90%的肺癌和空气污染、吸烟有关，但一些职业因素在肺癌的发生中有重要作用。长期吸入砷化物可引起以鳞癌为主、未分化小细胞为次的肺癌。WHO 的研究认为短纤维的石棉粉尘可引起肺癌和胸膜间皮瘤。据估计在20%~25%严重吸入石棉粉尘的石棉工人中会发生肺癌，吸入量越大发生肺癌的机会越大，吸烟有协同作用，一般发病潜伏期为20年。肺癌的发生在组织学上与石棉肺有强烈的相关，而这种石石棉肺常不能在影像上显示。吸入非石棉性的硅尘或煤矿粉尘也被认为增加肺癌的危险性，在一项563例非石棉性尘肺的研究中有19%发生了肺癌，其中10%有弥漫性间质纤维化，而在有弥漫性肺纤维化的病例中53%发生了肺癌，它们主要为周围性鳞癌。其他易致肺癌的致癌无机物还有铬、镍、铍等。

在病理上，肺癌从组织学上可简略地分为鳞癌、腺癌、大细胞癌和小细胞癌4类，也可将细支气管肺泡癌从腺癌中分出，另列为一类。近年来腺癌在发病比例上有逐渐上升的趋势。在大体形态上可分为管内型、管壁型、球型、巨块型和弥漫型。其中后三种特别要注意和尘肺作X射线鉴别诊断。患有肺癌的肺和健康的肺如图7-2所示。

7.2.2　临床表现

肺癌的临床表现比较复杂，症状和体征的有无、轻重以及出现的早晚，取决于肿瘤发生部位、病理类型、有无转移及有无并发症，以及患者的反应程度和耐受性的差异。肺癌早期症状常较轻微，甚至可无任何不适。中央型肺癌症状出现早且重，周围型肺癌症状出现晚且较轻，甚至无症状，常在体检时被发现。肺癌的症状大致分为：局部症状、全身症状、肺外症状、浸润和转移症状。

7.2.2.1　局部症状

局部症状是指由肿瘤本身在局部生长时刺激、阻塞、浸润和压迫组织所引起的症状。

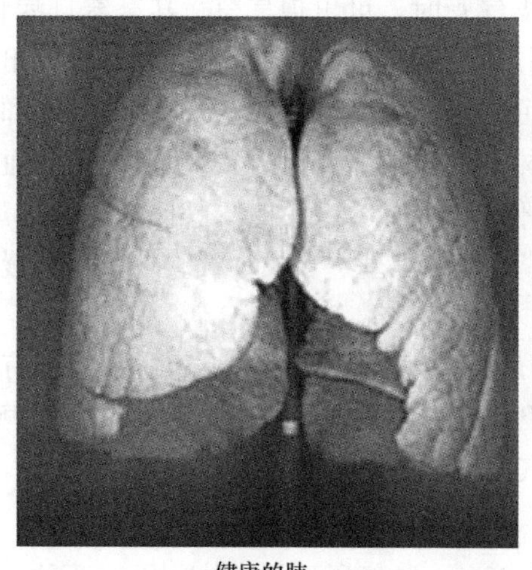

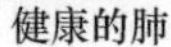

健康的肺

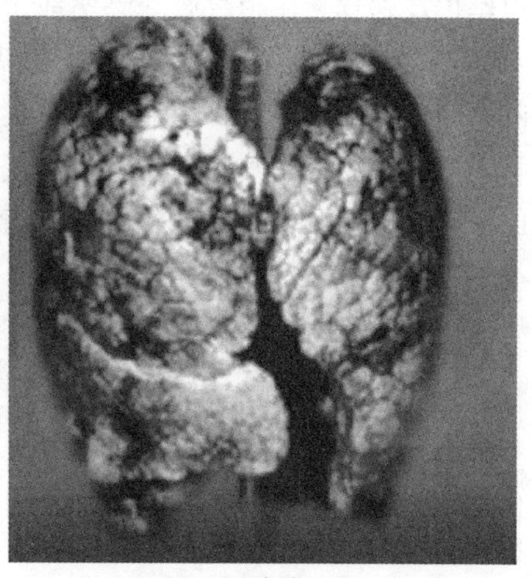

病肺

图 7-2 肺癌

（1）咳嗽。咳嗽是最常见的症状，以咳嗽为首发症状者占 35%~75%。肺癌所致的咳嗽可能与支气管黏液分泌的改变、阻塞性肺炎、胸膜侵犯、肺不张及其他胸内合并症有关。肿瘤生长于管径较大、对外来刺激较敏感的段以上支气管黏膜时，可产生类似异物样刺激引起的咳嗽，典型的表现为阵发性刺激性干咳，一般止咳药常不易控制。肿瘤生长在段以下较细小支气管黏膜时，咳嗽多不明显，甚至无咳嗽。对于吸烟或患慢支气管炎的病人，如咳嗽程度加重，次数变频，咳嗽性质改变如呈高音调金属音时，尤其在老年人，要高度警惕肺癌的可能性。

（2）痰中带血或咯血。痰中带血或咯血也是肺癌的常见症状，以此为首发症状者约占 30%。由于肿瘤组织血供丰富，质地脆，剧咳时血管破裂而致出血，咯血也可能由肿瘤局部坏死或血管炎引起。肺癌咳血的特征为间断性或持续性、反复少量的痰中带血丝，或少量咯血，偶因较大血管破裂、大的空洞形成或肿瘤破溃入支气管与肺血管而导致难以控制的大咯血。

（3）胸痛。以胸痛为首发症状者约占 25%。常表现为胸部不规则的隐痛或钝痛。大多数情况下，周围型肺癌侵犯壁层胸膜或胸壁，可引起尖锐而断续的胸膜性疼痛，若继续发展，则演变为恒定的钻痛。难以定位的轻度的胸部不适有时与中央型肺癌侵犯纵隔或累及血管、支气管周围神经有关，而恶性胸腔积液患者有 25%诉胸部钝痛。持续尖锐剧烈、不易为药物所控制的胸痛，则常提示已有广泛的胸膜或胸壁侵犯。肩部或胸背部持续性疼痛提示肺叶内侧近纵隔部位有肿瘤外侵可能。

（4）胸闷、气急。约有 10%的患者以此为首发症状，多见于中央型肺癌，特别是肺功能较差的病人。引起呼吸困难的原因主要包括：1）肺癌晚期，纵隔淋巴结广泛转移，压迫气管、隆突或主支气管时，可出现气急，甚至窒息症状；2）大量胸腔积液时压迫肺组织并使纵隔严重移位，或有心包积液时，也可出现胸闷、气急、呼吸困难，但抽液后症状可缓解；3）弥漫性细支气管肺泡癌和支气管播散性腺癌，使呼吸面积减少，气体弥散功能障碍，导致严重的通气/血流比值失调，引起呼吸困难逐渐加重，常伴有发绀；4）其他，包括阻塞性肺炎、肺不张、淋巴管炎性肺癌、肿瘤微栓塞、上气道阻塞、自发性气胸以及合并慢性肺疾病（如 COPD）。

（5）声音嘶哑。有 5%～18%的肺癌患者以声嘶为第一主诉，通常伴随有咳嗽。声嘶一般提示直接的纵隔侵犯或淋巴结长大累及同侧喉返神经而致左侧声带麻痹。声带麻痹亦可引起程度不同的上气道梗阻。

7.2.2.2　全身症状

（1）发热。以此首发症状者占 20%～30%。肺癌所致的发热原因有两种，一为炎性发热，中央型肺癌肿瘤生长时，常先阻塞段或支气管开口，引起相应的肺叶或肺段阻塞性肺炎或不张而出现发热，但多在 38℃左右，很少超过 39℃，抗生素治疗可能奏效，阴影可能吸收，但因分泌物引流不畅，常反复发作，约 1/3 的患者可在短时间内反复在同一部位发生肺炎。周围型肺癌多在晚期因肿瘤压迫邻近肺组织引起炎症时而发热。二为癌性发热，多由肿瘤坏死组织被机体吸收所致，此种发热抗炎药物治疗无效，激素类或吲哚类药物有一定疗效。

（2）消瘦和恶病质。肺癌晚期由于感染、疼痛所致食欲减退，肿瘤生长和毒素引起消耗增加，以及体内 TNF、Leptin 等细胞因子水平增高，可引起严重的消瘦、贫血、恶病质。

7.2.2.3　肺外症状

由于肺癌所产生的某些特殊活性物质（包括激素、抗原、酶等），患者可出现一种或多种肺外症状，常可出现在其他症状之前，并且可随肿瘤的消长而消退或出现，临床上以肺源性骨关节增生症较多见。

（1）肺源性骨关节增生症。临床上主要表现为杵状指（趾），长骨远端骨膜增生，新骨形成，受累关节肿胀、疼痛和触痛。长骨以胫腓骨、肱骨和掌骨，关节以膝、踝、腕等大关节较多见。杵状指、趾发生率约 29%，主要见于鳞癌；增生性骨关节病发生率 1%～10%，主要见于腺癌，小细胞癌很少有此种表现。确切的病因尚不完全清楚，可能与雌激素、生长激素或神经功能有关，手术切除癌肿后可获缓解或消退，复发时又可出现。

（2）与肿瘤有关的异位激素分泌综合征。约 10%患者可出现此类症状，可作为首发症状出现。另有一些患者虽无临床症状，但可检测出一种或几种血浆异位激素增高。此类症状多见于小细胞肺癌。

7.2.3 X射线表现

根据肿瘤的发生部位可分为中央型、周围型和弥漫型。典型中央型的X射线表现为向肺内突出的肺门肿块，在病变的后期肿块常包括了转移的淋巴结，还可合并阻塞性肺炎和肺不张。周围型主要表现为肺内结节或肿块，多呈类圆形，边缘呈分叶状，有细小的毛刺，肿块内很少有钙化。弥漫型多见于支气管肺泡细胞癌，在两肺形成广泛的结节性或浸润性病变。结节的大小多在1~2mm至3~5mm之间，密度均匀，轮廓清楚，有融合倾向。其在两肺内的分布常不对称和不均匀，在一部分肺内病变较密集，当融合时，病灶内有支气管空气征。

因为石棉肺的纤维化多位于下叶，因此当其合并肺癌时也多位于下叶，这与一般人群中的肺癌多见于上叶不同，上叶约2~3倍于下叶，而石棉肺中的肺癌上、下叶发生机会相等。由于石棉肺病例胸片上的胸膜斑、圆形肺不张和各种石棉肺表现的存在，使从胸片上检出结节状肺癌发生困难，此时，做动态CT增强扫描或PET有助于大于6~10mm结节的定性，对较小的结节则需做定期CT随访。

7.2.4 与尘肺病的鉴别

在胸片上弥漫型肺癌要和Ⅰ、Ⅱ两期尘肺鉴别，后者除有职业史外，发病较缓慢、病程较长。小阴影的大小较一致，在肺内分布较均匀。周围型肺癌则要和Ⅲ期尘肺中的大阴影区别，肺癌中的肿块多为单个，发生在肺的前部，如上叶前段、中叶等处，呈类圆形，边缘有分叶、毛刺，肿块内钙化少见。有尘肺大阴影的病例肺内大多有Ⅰ期或Ⅱ期尘肺小阴影，大阴影多为两侧性，位于两上肺后部较多，正位片上可呈长条状，侧位片上多呈梭形，边缘无毛刺，内部常可见钙化，周围肺部可有疤痕旁型肺气肿，在复查中可见大阴影逐渐向肺门部移动。

在石棉肺病例中常可见由于疤痕而致的良性的、小的、以胸膜为基底的结节，其形态多呈楔状、线状或不规则状，有时和肺癌难以鉴别。和其他肺部肿块一样，其良性的线索为在2年内无改变。大部分和石棉有关的胸膜斑和壁层胸膜有关，但有些病例的胸膜斑起源于叶间裂胸膜，可和肺内结节混淆，此时，HRCT常可证实胸膜斑和细线状的叶间裂胸膜的关系。

7.3 胸膜间皮瘤

7.3.1 概述

近几十年来间皮瘤的发病率在逐步增加，尸检报告的发病率为0.2%。而在石棉工人中的发病率高达5%~7%。间皮瘤中以胸膜间皮瘤为最多，在40岁以上的间皮瘤中80%为胸膜间皮瘤。男性多于女性。流行病学调查证明间皮瘤和石棉接触史有密切关系。恶性间皮瘤是最常见的胸膜肿瘤。

胸膜间皮瘤可分为孤立型和弥漫型两种，前者多为良性，后者则多为恶性。孤立型者为几厘米到十几厘米圆形或椭圆形坚硬肿块，可发生于包括叶间裂在内的任何胸膜部位，肿瘤表面血管丰富。镜下肿瘤主要由梭形细胞和胶原纤维交织而成，可有玻璃样变和钙化。恶性者的组织学改变与弥漫型者同。弥漫型者可见胸膜呈扁平状或粗大结节状增厚，质较硬，胸腔内常有血性胸水。50%患者镜下可见肿瘤细胞排列呈腺腔状或乳头状，细胞质内有空泡，核仁粗大，细胞间质内为纤维组织或异形成纤维细胞，是为上皮样型。20%肿瘤细胞呈梭形，分布密度不等，有多形性和有丝分裂活动，间质中无丰富的胶原纤维，是为纤维型。其余30%为了混合型，上述两型掺杂存在。图7-3所示为恶性上皮型胸膜间皮瘤及恶性胸膜间皮癌。

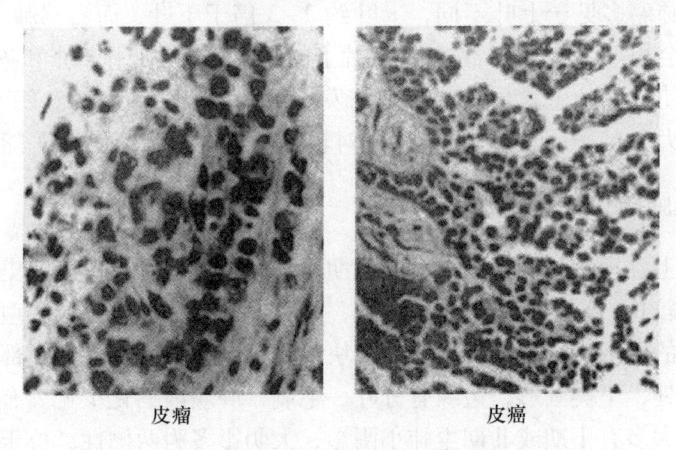

图7-3　恶性上皮型胸膜间皮瘤及恶性胸膜间皮癌

7.3.2　临床表现

有石棉接触史者，其潜伏期可达数十年之久。良性孤立型者多无症状，弥漫型者则可有胸疼、呼吸困难、咳嗽、咯血和体重减轻等。70%有胸腔积液，有的有明显的胸膜增厚，30%~40%因胸壁受侵而出现胸壁肿块。男性多见，男女比约为2∶1，2/3的患者年龄为40~70岁。大约半数的患者述有石棉接触史。起病缓慢，临床表现多种多样。上皮型和混合型胸膜间皮瘤常伴有大量胸腔积液，而纤维型通常只有少量或无胸腔积液。上皮型患者似乎更多累及锁骨上或腋下淋巴结并伸延至心包，对侧胸膜和腹膜；纤维型多有远处转移和骨转移。

7.3.2.1　症状

（1）早期。缺乏特异性症状，60%~90%的患者出现呼吸困难、胸痛、干咳和气短，约10.2%患者可以有发热及全身不舒服等症状，3.2%患者以关节痛为主诉症状。患者常有咳嗽，多为干咳，无痰或痰量很少，也没有痰中带血。恶性胸膜间皮瘤患者气短的症状很明显，尤其是活动以后胸闷、气短明显加重，休息后症状缓解。呼吸困难继发于胸腔积液，程度随着胸腔积液和肿瘤的增大而加剧。积液早期在胸膜腔内是游离的，然后逐渐局限包裹，最后逐渐为大块肿瘤组织替代。胸痛起初为模糊钝痛，当肿瘤侵袭肋间神经时，疼痛局限。

（2）中晚期。50%~60%患者表现为大量胸腔积液，其中血性胸腔积液占3/4。肿瘤组织可以包裹压迫患侧肺组织，使肺复张受限。恶性胸膜间皮瘤患者如不经治疗，患者体重减轻伴严重气短、进行性衰竭，最后终因极度呼吸困难窒息死亡。无大量胸腔积液患者的胸痛较剧烈，逐渐加重至患者难以忍受，一般镇痛剂难以缓解。疼痛常常出现于病变局部，膈肌受累及后可放射至上腹部、肩部。如未详细询问病史和体格检查，可能误诊为冠心病、肩周炎或胆囊炎。有些患者出现周期性低血糖和肥大性肺性骨关节病，但这些指征在良性间皮瘤较多见。

（3）晚期。患者表现为衰弱、恶病质、腹水以及胸腹部畸形。临床表现是肿瘤进行性侵袭而未受到有效控制的结果。某些患者在病晚期，可发现胸壁肿块，其来源于间皮瘤自胸腔向外长出，也可能因胸腔穿刺后针道种植所致。

7.3.2.2　体征

体格检查在疾病早期大多无阳性体征，以后可发现有明显的胸腔积液，胸部叩诊呈浊音，呼吸音减低，纵隔移向健侧等。病程晚期，胸膜间皮瘤生长很大，充满整个胸膜腔时，胸腔积液却变少，肺容量减小，病侧胸壁塌陷，肋间隙变窄，纵隔被牵拉移向患侧。在一些病例也可以出现腹部膨隆，可能说明肿瘤经膈肌侵袭腹腔。一旦出现经膈肌侵袭，30%的患者可以出现肠梗阻。

患者除了胸部体征外，可有瘤伴综合征，虽然较少见，但也可以出现在间皮瘤患者，如：肺性骨关节病、杵状指（趾）、抗利尿激素的异常分泌综合征（SIADH）、自体免疫性溶血性贫血、高凝状态、高钙血症、低血糖及周身淋巴结转移。

7.3.3　X射线表现

孤立型间皮瘤表现为与胸壁连接、边缘清楚的孤立性圆形或椭圆形软组织的肿块。恶性弥漫型者早期时表现为胸水、局限性胸膜增厚，常侵犯壁层胸膜并向膈肌延伸，致肋膈角消失。以后在胸壁上出现一系列高低不一的结节，同时可出现大量胸水，在随访中大量胸水中可出现不规则的大片胸膜增节状，形成环状胸膜，当肿瘤沿浆膜面播散，侵犯脏层胸膜时，出现广泛的叶间裂增厚。恶性胸膜间皮瘤也可发生散在的胸膜肿块，多为多发性，较大，直径常在5cm或以上，并常侵犯胸壁或纵隔。同侧肺门肿块提示肺门淋巴结转移，但更多的是肿瘤直接侵犯纵隔的结果。恶性胸膜间皮瘤可侵犯邻近组织，导致纵隔固定，虽有大量胸水但并不出现纵隔移位。在石棉工人中，如见到伴有大量胸水的钙化胸膜斑，而无纵隔移位或同侧胸腔容积减少者高度提示为恶性胸膜间皮瘤。

CT在检出间皮瘤的早期异常上优于胸片，它可显示胸片上被肺内病变掩盖的胸膜肿块和胸水，当胸片上有可疑间皮瘤时，CT可明确其形态和范围。在恶性间皮瘤的CT上92%可见到胸膜增厚，86%见到叶间裂增厚，CT还可容易地见到环状、结节状胸膜增厚，而这在胸片上都不易辨认。CT对确定包括心脏、大血管、食道和气管等在内的恶性间皮瘤周围组织有无受侵有用，当他们的周围脂肪层消失时或血管为间皮瘤包围达50%以上时为受侵的强烈证据。胸壁受侵可由脂肪层模糊、肋间肌和肋骨破坏而诊断。

7.3.4　与尘肺病的鉴别

孤立型胸膜间皮瘤需和邻近胸膜的周围型肺癌区别，后者常呈分叶状，边缘不太光滑，且有细毛刺，而良性孤立型胸膜间皮瘤多表面光滑。弥漫型恶性胸膜间皮瘤需和胸膜转移性肿瘤，特别是来源于腺癌和胸腺瘤者鉴别，但两者的鉴别很困难。如为两侧性，结节大小不一，而且互相分离者可能为转移瘤，而连续的峰样的大结节样病灶则可能为弥漫型胸膜间皮瘤。

7.4　特发性肺间质纤维化

7.4.1　概述

早期为肺泡炎改变，肺泡腔内肺泡巨噬细胞、淋巴细胞、E型肺泡上皮细胞及嗜中性白细胞浸润，间质水肿、纤维素渗出、成纤维细胞增生累及肺泡腔及间隔。晚期为纤维增生性改变，肺泡结构紊乱破坏，发生囊性变或呈蜂窝样改变，肺间质弹性纤维断裂，广泛纤维变，肺动脉肌层肥厚及管壁胆固醇沉积。患病率约2~5/10万，发病年龄多为40~50岁，男性稍多于女性。绝大多数病程为慢性，起病骤急者罕见。肺间质纤维化如图7-4所示。

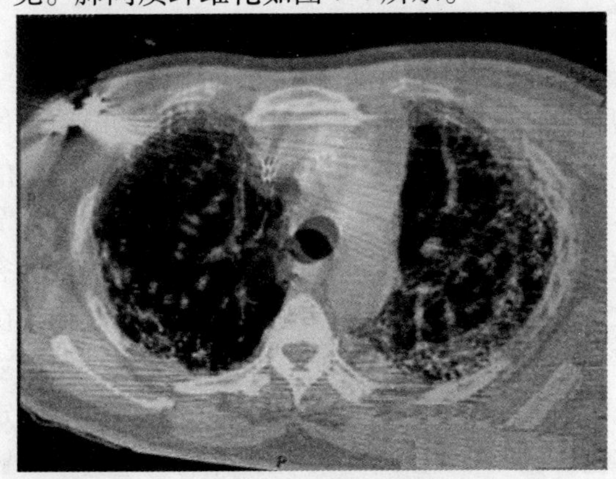

图7-4　肺间质纤维化

7.4.2 临床表现

主要症状为进行性呼吸困难和缺氧表现，随病变进展逐渐加剧。可有轻咳或阵咳，也可有少许白痰，偶带血丝。早期肺部可无异常体征，晚期于两下肺闻爆裂音（啰音），出现杵状指，且易并发感染、肺心病和呼吸衰竭。

肺功能检查可见肺顺应性降低、弥散功能减退和限制性通气障碍。

实验室检查约40%患者血细胞抗核抗体及类风湿因子阳性，血沉增快，血中可发现冷凝免疫球蛋白。支气管肺泡灌洗液中中性粒细胞增多，嗜酸性粒细胞也可增加，IgG含量增高。

7.4.3 X射线表现

早期可呈毛玻璃样改变，有时可为模糊小班状阴影。主要是肺间质的炎性反应及肺泡渗出所致，在尘肺中则很少见到。晚期可见广泛的细网状和索条状阴影，主要在肺底部。有时也可出现小斑片状或蜂窝状阴影。可出现泡性肺气肿、肺大泡、细支气管扩张等改变。肺门阴影增大。CT显示早期病变可呈小叶状阴影，后期可见胸膜下弧线状阴影，两中、下肺线状阴影和蜂窝状阴影。

7.4.4 与尘肺病的鉴别

本病无矿物粉尘的接触史是与尘肺鉴别的关键，在肺部X射线征象方面则不具备特征性，与尘肺的X射线表现较难鉴别，但胸片上发现团块样改变和肺门淋巴结蛋壳样钙化，则有利于矽肺的诊断。病变进展快，肺部有啰音、血细胞抗核抗体阳性、支气管肺泡灌洗液中中性粒细胞数明显增多，则有助于本病的诊断。

如鉴别仍有困难则应选择进行纤维支气管镜肺活检或CT引导下经皮穿刺肺活检，甚或开胸进行肺活检以获取标本，进行病理鉴定，如证实具有胶原结节，则可最终明确尘肺的诊断。

7.5 结节病

7.5.1 概述

结节病是一种全身性肉芽肿性疾病，可侵犯肺部、皮肤、眼，淋巴结及肝脾等器官，但以侵犯肺部和肺门淋巴结为多见。本病可在任何年龄男女中发病，但以30~40岁者为多见。结节病的预后大多较好。早期轻症患者约80%可自行消退，晚期重症患者的病死率约5%。肺结节如图7-5所示。

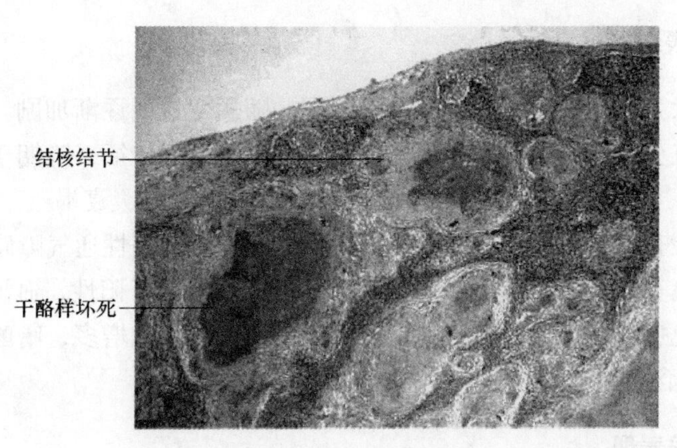

图 7-5 肺结节

7.5.2 临床表现

早期多无症状，多于健康体检时发现。部分患者可有干咳、胸闷、胸痛、气短等呼吸系统症状伴乏力、食欲不振、消瘦、心悸等表现。但一般罕见发热及咯血。晚期因广泛间质纤维化而出现明显的呼吸困难、发绀，甚至继发肺心病而出现右心衰竭体征。

实验室检查血清血管紧张素转化酶（ACE）增高。支气管肺泡灌洗液中细胞总数增加，主要是 T 淋巴细胞增加，淋巴细胞亚群 CD4 和 CD4/CD8 增加。另外，Kveim 皮内试验阳性，而结核菌素皮内试验则为阴性或弱阳性。

7.5.3 X 射线表现

早期双侧肺门和纵隔淋巴结肿大可伴有肺粟粒状、结节状或棉团状阴影，晚期呈肺弥漫性纤维化改变，两肺见广泛的网状、斑片状或结节样阴影，可并发肺大泡，囊性支气管扩张、纵隔增厚等改变。

7.5.4 与尘肺病的鉴别

本病多见于年轻人，肺内病变通常伴有肺门淋巴结肿大且可自行消退。除胸部 X 射线改变外，可有浅表淋巴结（颈部、腋下）肿大、肝脾肿大或皮肤及眼部损害。

血清 ACE 增高，Kviem 试验阳性而结核菌素试验阴性对确诊本病的帮助很大。皮质激素治疗的满意效果也是重要的佐证。

极少数鉴别困难者可进行浅表淋巴结（颈部、腋下或前斜角肌脂肪垫淋巴结）的组织活检或纤维支气管镜肺组织活检（TBLB），可获得满意的阳性结果。

7.6 外源性过敏性肺泡炎

7.6.1 概述

外源性过敏性肺泡炎是反复吸入某些具有抗原性的有机粉尘所引起的过敏性肺泡炎，常同时累及终末细支气管。美国文献多用过敏性肺炎的名称。国内报道的主要有农民肺、蔗渣工肺、蘑菇工肺、饲鹦鹉工肺和湿化器肺等。虽然其病因甚多，但病理、临床症状、体征和X线表现等极为相似。肺泡炎病灶如图7-6所示。

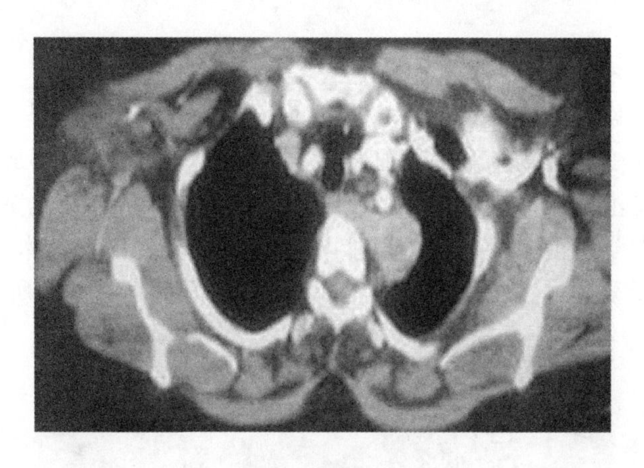

图7-6 肺泡炎

7.6.2 临床表现

吸入相关抗原后数小时发病，为发作性呼吸困难，伴有干咳、发热、胸闷不适。听诊双肺底可闻及捻发音或细小的湿性啰音。急性期后有的可自行缓解好转至痊愈。有的由于反复暴露或自身免疫反应，病变继续发展，出现以进行性呼吸困难、缺氧为特征的临床表现。

血常规示血白细胞数增高及核左移，但嗜酸性粒细胞一般不增高。血清检查可有特异性的沉淀素抗体。皮肤试验Arthus反应呈阳性。

支气管肺泡灌洗液中细胞总数增高，淋巴细胞明显增高，肥大细胞增加超过1%，CD4/CD8比值降低，IgM增高。

7.6.3 X射线表现

可见双下肺纹理增粗，全肺呈毛玻璃状，广泛的或以双下肺为主的小结节阴影（小于3mm），结节可融合成片。一些慢性病例，表现为索条状阴影、蜂窝肺，两下肺代偿性肺气肿。

7.6.4　与尘肺病的鉴别

急性病例肺内小结节阴影，可经 4～6 周后逐渐消失，慢性病例产生肺纤维化改变，与尘肺病的 X 射线改变较难鉴别。若结合病史，发病前有有机粉尘接触史，起病时有发热。喘息性支气管炎表现则有利于本病的诊断。血清检查证实有特异性的沉淀素抗体为确诊本病的有力佐证。

7.7　肺含铁血黄素沉着症

7.7.1　概述

肺含铁血黄素沉着症（idiopathic pulmonary hemosiderosis）是一种原因尚不明了的疾病，其病变特征为肺泡毛细血管出血，血红蛋白分解后形成的以含铁血黄素形式沉着在肺泡间质，最后导致肺纤维化。发病年龄主要在儿童期，初发年龄多数在婴幼儿及学龄前。发病机理可能与自身免疫有关，但具体环节尚不清楚。本病病程长，反复发作，长期预后不良。铁血黄素沉着如图 7-7 所示。

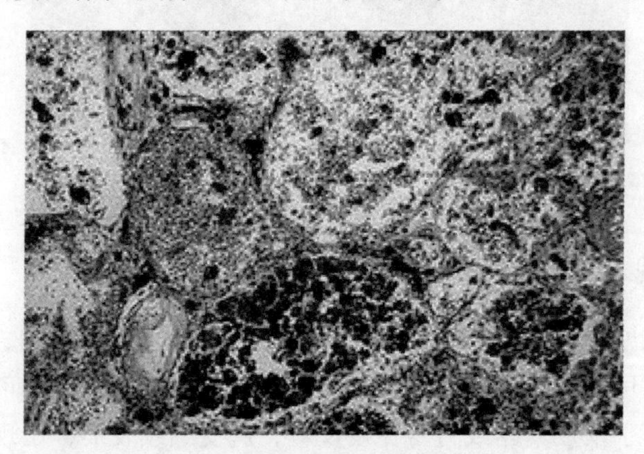

图 7-7　铁血黄素沉着

7.7.2　临床表现

特发性肺含铁血黄素沉着症的主要特征为肺毛细血管反复出血，临床表现为咳嗽、咯痰中带血或小盘咯血，伴气短、乏力，体检面色苍白、发绀、肺部可闻干、湿性啰音。实验室检查有贫血，血红蛋白减低，但出、凝血时间正常。痰和胃液中可查出含铁血黄素细胞。

继发性肺含铁血黄素沉着症的症状主要为心源性充血性心力衰竭肺淤血的表现，气短，咯血或咳棕褐色血痰、胸闷、心悸，可有青紫、肝大及下肢水肿。

（1）初次发作。起病多突然，典型表现为发热、咳嗽、咯血及贫血。咳嗽一般严重，少数有呼吸困难、发绀。黏液痰多见，内有粉红色血液，严重时可出现大量咯血。与此同时患儿出现贫血、乏力。查体肺部多无特异表现，可有呼吸音减弱或少量干啰音及细湿啰音。

（2）反复发作期。初次发作后患儿间断反复发作，可长达数年。发作时有上述表现。间歇期也有咳嗽，痰中可见棕色小颗粒，颗粒多时整个呈棕色。贫血时轻时重。大部分患儿未留意痰中带血，小婴幼儿痰液多咽下，家长多以贫血咳嗽为主诉带患儿就诊，误诊率高。

（3）后遗症期。多年反复发作造成肺纤维化，影响呼吸功能，乏氧发绀常见，并可导致肺源性心脏病。查体还可见肝脾肿大、杵状指趾。部分病人肺出血停止，但大多数病人仍有间断发作。

7.7.3 X 射线表现

特发性所见为两肺中、下野内带有散在的边缘不太清楚的融合性斑点状阴影，也可呈片状或云絮状阴影，肺出血停止的缓解期，肺内阴影可数周内有所消退。肺淋巴结多不肿大。慢性病例，在肺门周围可出现少量纤维索条状阴影。

继发于二尖瓣狭窄，肺淤血者胸部 X 射线呈典型的二尖瓣狭窄的心影，肺内可有直径 1~3mm 大小的粟粒状阴影、密度一般较高，多密集于肺门附近，肺纹理粗大，走行呈肺门向外带分布。

7.7.4 与尘肺病的鉴别

有风湿性心脏病病史和反复发生的心力衰竭是本病的特点和发生的基础。二尖瓣狭窄肺淤血后形成的含铁血黄素沉着胸部 X 射线特点是肺内结节阴影大小不等，密度一般较高，且密集于肺门周围，心影呈典型的二尖瓣形。特发性患者肺内病变于缓解期可有所消退或变异。痰和胃液中检出含铁血黄素细胞有助于确诊。

尘肺晚期病人可发生心力衰竭，肺内可出现肺淤血的 X 射线征象，但很少产生含铁血黄素沉着。

7.8 肺泡微石症

7.8.1 概述

本病临床上比较少见，可发生于任何年龄，多见于 30~50 岁，无性别差异，病因未明。有家族高发倾向，与遗传有关。主要特征是肺泡内充满细砂状结石，患者常无症状或症状轻微、多在胸部 X 射线检查时发现。肺泡微石症是一种罕见的慢性肺疾患，可起病于儿童期，但若干年后始出现临床症状。以肺泡内广泛存在的播散性小结石为其特征。肺质坚硬，切面有砂粒感。镜检肺泡内沉着钙颗粒，直径0.1~0.3mm，微结石呈同心圆状分层结构，似洋葱头皮，由不同钙磷复合物组成，无明显炎性反应及间质变化。肺泡微石症肺部图片如图7-8所示。

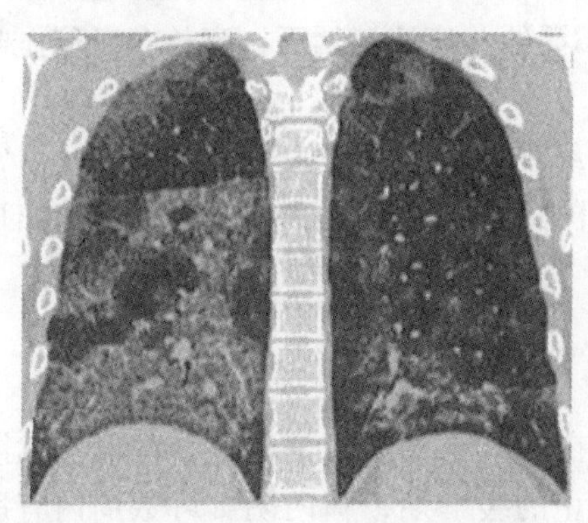
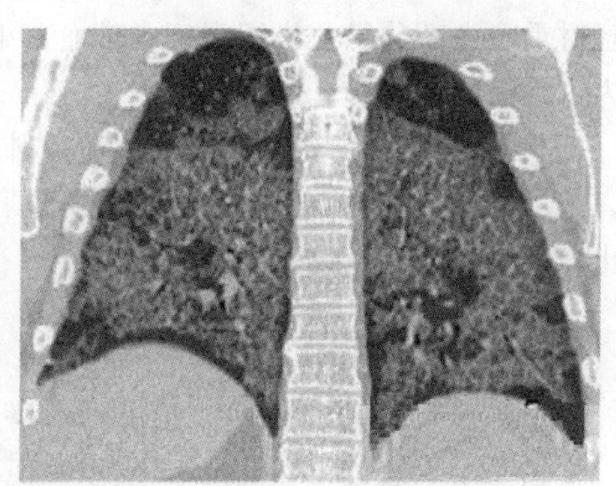

图7-8　肺泡微石症

7.8.2　临床表现

多数患者自觉无不适，少数患者可有活动后气短、胸闷、干咳，或咳少量黏痰，咯血者罕见。体征大多无异常，或呼吸音略低，偶闻干啰音。本病病程较长，可长达数十年，晚期因慢性缺氧和肺部反复感染，可并发肺心病，呼吸衰竭。

在小儿时期多无明显症状，有时可见慢性咳嗽及活动后气短。病程发展缓慢，直到成年后出现心肺功能不全时才出现呼吸困难、发绀及杵状指、趾。肺功能检查显示限制性通气障碍、肺顺应性减低、通气与血流比率失衡及弥散功能减低。以后可发生进行性肺功能不全，出现肺心病和心肺功能衰竭。

7.8.3　X射线表现

两肺上下满布细小砂粒状阴影，直径0.3~1mm，密度很高，边缘光滑，形态不规则。砂粒状阴影多孤立，不融合，下肺野较上肺野多，特别是肺底部和靠近心缘区域更多，细小阴影一般长期无变化，有时上肺可出现气肿性肺大泡。胸膜表面有致密的钙化层，形成索条状。

7.8.4　与尘肺病的鉴别

胸部X射线的主要鉴别，在于尘肺时肺内为圆形小阴影和不规则小阴影，通常多混合存在，且小阴影较本病为大，但密度较本病时肺内的砂粒阴影低，动态观察小阴影有变化，这些特点和本病不同，可资鉴别。病史中本病多有同胞发病的家族史，是诊断的主要线索。

支气管肺泡灌洗液沉淀物在高倍显微镜下可见大量磷酸钙结晶，是提示本病的重要证据。另外经纤维支气管镜作肺活体组织检查，阳性率也很高。

7.9 组织胞浆菌病

7.9.1 概述

组织胞浆菌病是一种原发性真菌病。主要分布在美国密西西比河和俄亥俄河流域。在中国十分罕见，至中国内个案报道共 11 例。本病由荚膜组织胞浆菌感染引起。该菌属双相性真菌，在组织内呈酵母型，在室温和泥土中呈菌丝型。有人认为只有酵母型致病，而菌丝型无致病性。当人们吸入本菌的孢子后，首先引起原发性肺部感染，健康人常不治自愈。但免疫功能低下或缺损者，如恶性病，或用大量皮质激素和免疫抑制剂，或吸入大量孢子后，形成肺部病灶，通过淋巴或血行播散到全身。组织胞浆菌如图 7-9 所示。

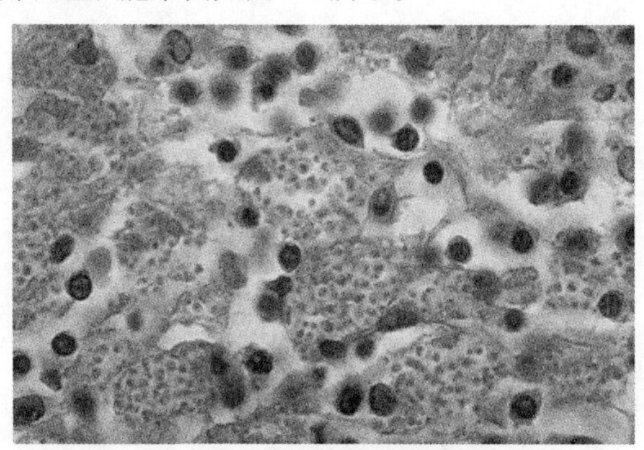

图 7-9 组织胞浆菌

7.9.2 临床表现

吸入大量组织胞浆菌孢子后，可有急性发作，表现为发冷、发热、咳嗽、咯痰、胸痛、肌肉酸痛，重者有呼吸困难、高热、消瘦，体格检查全身淋巴结大、肝脾大，可并发脑膜炎、心包炎、心内膜炎。

播散型常并发于网状内皮系统疾病，病情危重，婴幼儿和年老者易得，有显著的全身症状如发热、寒战、咳嗽、疲倦、乏力、呼吸困难、胸痛、腹痛、头痛、消瘦、腹泻，有时大便带血，病程急缓不一。多有肝、脾及淋巴结肿大，低色素性贫血。白细胞减少，淋巴细胞增多，血小板减少等。婴儿患儿很似严重的粟粒性结核如面色苍白、消瘦、盗汗、肝、脾及淋巴结肿大等。部分儿童伴有皮肤黏膜损害。

7.9.3　X 射线表现

急性期胸部 X 射线表现为肺内有散在的斑片状阴影或粟粒状阴影，直径 1~3mm，可伴有肺门淋巴结肿大。肺内阴影无增大和融合趋势。病灶可逐渐变小、消散和钙化，与结核性钙化的粟粒结节相似。

慢性型可表现为浸润性炎性片状阴影，也可形成结节状阴影，结节阴影开始密度不高，以后逐步增高，有空洞形成，最后导致肺纤维化。

7.9.4　与尘肺病的鉴别

肺内出现粟粒结节阴影时，需与Ⅰ、Ⅱ期尘肺相鉴别。本病时肺门淋巴结常肿大、结节影不增大也不产生融合，可有空洞形成。除胸部 X 射线改变外，患者常有发热、淋巴结节和肝脾肿大，贫血等表现。血补体结合试验阳性有重要提示作用，必要时淋巴结或肺活体组织检查可确诊。

8 尘肺病的预防与治疗

8.1 尘肺病的预防

三级预防是疾病预防的根本策略。尘肺病是病因明确的外源性疾病，是人类生产活动带来的疾病，预防策略应该是一级预防是根本，只要真正做好一级预防，可有效减少尘肺病的发生。

（1）控制尘源，防尘降尘。在做好工程防护，控制防尘的发生，降低粉尘浓度方面，我们已经有了非常成熟的经验，并取得了明确的效果，这就是防尘降尘的“八字方针”：水、风、密、革、护、宣、管、查。“水”即坚持湿式作业，禁止干式作业、“风”即通风除尘，排风除尘、“密”即密闭尘源或密闭、隔离操作、“革”即技术革新和工艺改革，包括使用替代原料和产品、“护”即加强个体防护、“宣”即安全卫生知识教育培训、“管”即防尘设备的维护管理和规章制度的建立，保证设备的正常运转、“查”即监督检查。实践证明，这是行之有效的防尘降尘方法，是一级预防的重要措施。

（2）开展健康监护和医学筛检。对从事粉尘作业的人员开展健康监护和定期的医学检查，是早期发现尘肺病病人的主要手段。早期发现病人或高危人群，早期采取干预措施，可预防疾病的进一步发展或延缓疾病的发展，甚至可使高危人群不发展成尘肺病病人。做好健康监护和医学筛检是做好二级预防的重要措施。

（3）做好三级预防，延长病人寿命，提高生活质量。对已患尘肺的病人，应该积极地开展三级预防，即预防并发症的发生，包括加强个体保健和适当的体育活动，增强机体的抵抗力；建立良好的生活习惯，不吸烟，预防感冒和发生呼吸系统感染；早期发现治疗并发症。以预防和治疗并发症，改善临床症状为目的，采取综合治疗是尘肺病病人临床治疗的主要方法。

8.2 尘肺病治疗方法

8.2.1 抗纤维化治疗研究

8.2.1.1 抗纤维化药物种类

自 1937 年加拿大 Denny 首先报导用铝粉预防家兔实验性矽肺的效果后，国内外都在进行寻找抗纤维化治疗的药物。1961 年西德 Schlipkotter 报告 PVNO（克矽平，聚-2-乙烯吡啶-N-氧化物）对实验性矽肺有效，以后动物实验先后发现磷酸哌喹（1973 年）、汉防己甲素（1975 年）、氢氧哌喹（1978）、柠檬酸铝（1973 年）、山铝宁（1975 年）等有不同程度抑制肺纤维化的作用，并相继应用于临床治疗。

8.2.1.2 抗纤维化药物治疗作用机理

（1）铝制剂。吸附于 Si 表面，阻止 Si 与体液发生水合作用产生 Si—OH。

（2）克矽平。克矽平的 N-O 优先与—OH 结合，使石英不与巨噬细胞发生成氢键反应，从而保护巨噬细胞，提高巨噬细胞对硅尘毒性的抵抗力；间接增强肺对硅尘的廓清能力；阻断和延缓胶原的形成。

（3）磷酸哌喹。间接增强肺的排除硅尘能力；保护细胞膜和溶酶体，防止尘细胞溃解；抑制正常胶原变性成为矽肺胶原；对不溶性的矽肺胶原蛋白可降解为小分子的肽段，对胶原纤维化有逆退作用；降低脂类与糖含量，减少形成矽结节的基质；有类激素及免疫抑制作用。

（4）汉防己甲素。抑制胶原合成；影响细胞分泌功能，阻止胶原、黏多糖从细胞内向细胞外分泌，使其不能在细胞外形成胶原纤维；使不溶性的矽肺胶原蛋白降解为小分子的肽段；可与铜离子络合，影响胶原的交联反应；降低脂类与糖含量，减少形成矽结节的基质。

8.2.1.3 药物剂量及方法

磷酸哌喹，口服，每周一次，0.5~0.75g，6 个月为一疗程，间隔 1~2 个月后继续下一疗程。汉防己甲素，口服，每日 200~300mg 分三次，3~6 个月一疗程，间隔 1~2 个月后继续下一疗程。羟基磷酸哌喹，口服，每周 1~2 次，每次 0.25g，6 个月为一疗程，间隔 1~2 个月后继续下一疗程。柠檬酸铝，肌注每次 20mg，每周一次，6 个月一疗程，间隔 1~2 个月后继续下一疗程。克矽平，雾化吸入，每日 0.3g，3~6 个月一疗程，或静滴，每周一次 2g，3~6 月为一疗程，间隔 1~2 个月后继续下一疗程。

8.2.1.4 临床疗效

鉴于临床治疗和疗效研究的难度很大，现有的多数临床研究均难以完全遵循多中心、双盲、随机的原则，疗效的判定也比较困难。多认为抗纤维化治疗能够在一定程度上延缓纤维化的进展，并有一定的长期疗效。

8.2.1.5 副反应

汉甲、磷酸哌喹、羟基磷酸哌喹副反应相似，主要表现为：

（1）胃肠道症状，多发生在开始几次服药后，有口苦、胃纳减退、胃痛、腹泻及腹胀等，可自行缓解。

（2）窦性心动过缓，少数。

（3）肝功能异常，特别 SALT 升高，各疗程均可发生，部分病例可自然恢复，部分病例停药后恢复。

（4）皮肤色素沉着及皮肤痛痒，较普遍，以汉防己甲素为甚，多发生在1~2个疗程以后，用药时间越长表现越明显，但停药后自行消失。

8.2.2 大容量肺灌洗治疗

1996 年 Ramireg 首先将全肺灌洗术应用于治疗重症进行性肺泡蛋白沉积症后，近年来，这一技术曾应用于肺泡蛋白沉积症、支气管哮喘持续状态、肺囊性纤维化、慢性支气管炎等疾患。它有清除呼吸道和肺泡中滞留的物质，缓解气道阻塞，改善呼吸功能，控制感染等作用。1982 年 Mason 对 1 例尘肺患者进行肺灌洗治疗后，症状立即得到改善，但肺功能未见明显好转。1986 年国内开展大容量肺灌洗治疗矽肺的实验研究和临床治疗，已积累了近 5000 例的治疗病例。大容量肺灌洗治疗可以排出一定数量的沉积于呼吸道和肺泡中的粉尘及由于粉尘刺激所生成的与纤维化有关的细胞因子，被认为有病因治疗的意义，同时灌洗可使滞留于呼吸道的分泌物排出，有明确改善临床症状的效果。有报道 20 例单纯矽肺病例，采用大容量全肺灌洗治疗，结果显示 2/3 病人治疗后感觉呼吸轻松，胸闷、气急迅速好转。还能适当参加体力劳动，登楼、上坡亦不感吃力，明显优于对照组。X 线胸片显示，治疗组 50%稳定无变化，进展和明显进展各占 25%，而对照组有 40%进展、30%明显进展。支气管肺泡灌洗术可分：单侧全肺灌洗、双侧全肺灌洗，均需在全麻下进行。大容量肺灌洗是风险性较高的操作技术，特别要求麻醉技术，要有一定的条件和有经验的医师，在严格掌握适应证的情况下进行。预防和处理术中及术后并发症是重点，这些包括低氧血症、心率失常、肺不张、支气管痉挛、肺感染等。

8.3 综合治疗

8.3.1 药物治疗

（1）克矽平。1961 年首先由德国 Schlipkoter 报道聚-2-乙烯吡啶-N-氧化物（PVNO，克矽平）对实验性矽肺具有明显抑制病变进展的作用。随后，我国在 1964 年合成了克矽平，1967 年开始试用于临床，1970 年通过鉴定，1977 年收入中华人民共和国药典。经过对 PVNO 的药物合成、实验性疗效、毒性临床等方面深入的研究，证实其能保护巨噬细胞的溶酶体膜，免受石英尘的毒性而死亡，还可以抑制肺巨噬细胞分泌致纤维化因子，阻止矽肺纤维化的形成；有促进胶原退逆的作用；增强肺的廓清功能，促使被吸入肺内的石英粉尘的捕出，具有病因学预防作用。在临床试用中，能使胸痛、气短、咳嗽、咳痰等症状有所改善，并有阻止和延缓矽肺病变进展的作用。治疗八年胸片病变的稳定率为86.7%，对照组为53.3%；预防给药五年，胸片稳定率为78.25%，有进展趋势的为15.94%，与对照组比较有显著差异。经长期连续性的使用观察，未见慢性中毒情况。不同分子量与治疗效果和毒性密切相关，临床应用7万~10万分子量的PVNO既有疗效，也可减少在体内蓄积性毒性反应。对尘肺结核的治疗用PVNO与抗结核药一同使用要比单用抗结核药效果好。PVNO对石英尘肺效果好，对煤肺和煤矽肺不明显且其在临床的效果远不如动物实验的效果。

（2）汉防己甲素。汉防己甲素是从防己科千金藤属植物——汉防己中提取的一种生物碱，化学结构属于双苄基异喹啉类。以中国预防医科院卫研所为主的协作组开展了一系列的实验和临床研究。研究得出汉防己甲素可以络合铜离子，能影响胶原的交联反应，抑制胶原合成；抑制DNA增生，从而抑制蛋白质合成和胶原合成；能与γ-球蛋白结合并促使其分解，对胶原蛋白也有此作用，具有影响成纤维细胞分泌功能，使前胶原（procollagen）与精胶多糖（GAG）不能分泌到细胞外，以致不能在细胞外形成胶原纤维。降低肺内类脂与氨基己糖含量，阻止矽肺结节形成；作用于肺血管平滑肌，解除血管痉挛，降低血管阻力，改善组织灌流，加速矽肺病变消散等。其不但对矽肺有明显的预防和治疗作用，而且对已形成的矽肺胶原纤维有一定的逆退作用。

汉防己甲素1977年开始用于临床，结果显示对患者咳嗽、气急、胸痛等症状有改善，血清铜蓝蛋白降低，尿羟脯氨酸和IgG均下降，X射线胸片好转率为24.9%，稳定率为62%，但有肝功能异常、皮肤色素沉着等不良反应。临床应用对急性及快速型矽肺疗效较好，可见团块周边雾状阴影消失，团块缩小，部分团块中心密度减低，阴影显得稀疏、浅淡。1982年汉防己甲素通过国家鉴定，但由于其停药后有肺纤维化迅速进展，出现“反跳”现象，而影响了在临床的应用。若与羟哌或克矽平联合用药则可提高疗效，降低毒副作用。

（3）哌喹类药物。哌喹类药物包括磷酸哌喹和羟基哌喹，是我国发现的另一种矽肺治疗药物，具有保护肺泡巨噬细胞及抑制胶原纤维形成的作用，可稳定病情，延缓矽肺进展。用量每周口服1~2次，每次0.25g。长期用药有窦性心动过缓和窦性心律不齐，个别病例出现Ⅰ度房室传导阻滞，皮肤可出现色素沉着，停药后上述副作用可消失好转。

（4）矽肺宁。矽肺宁是国家医药总局委托杭州胡庆余堂制药厂、浙江省医学科学院、浙江医科大学合作研制的复方中药，来源为民间验方。1987年通过专家鉴定，1989年由国家医药总局批准生产。

矽肺宁具有活血散结、止咳平喘的功效；既能拮抗矽肺毒性，又能保护细胞膜，具有一定的抗溶血作用；保护肺泡巨噬细胞膜，提高肺泡巨噬细胞ATP含量，可使肺泡巨噬细胞免受粉尘破坏，有缓解矽肺病变进展的作用，该药还有抗炎、抗感染作用，能增强机体的免疫功能。

经400多例临床观察显示，矽肺宁能改善临床症状，改善肺功能，增加肺活量，X射线胸片好转率为11%~20%，稳定率为80%，血清铜蓝蛋白和黏蛋白含量明显下降。在病例的选择上突破了单纯矽肺的概念，可扩大至有心肺并发症者，长期服用无副作用，对尘肺具有一定的治疗价值。

（5）黄根片。黄根为茜草科三角瓣花属植物，用60%乙醇提取液，其中含铝3%~4.5%，主要作用成分为以有机铝为主的多种金属元素形成的聚合物。作用机理为铝在二氧化硅表面形成难溶性的硅酸铝，使之对巨噬细胞丧失毒性作用，从而起拮抗石英细胞毒效应，保护巨噬细胞，抑制石英致纤维化作用。

黄根是治疗肝硬化、贫血的中草药。1972年广西合山矿务局疗养院开始用于治疗矽肺。治疗6个月，咳嗽好转率为53.3%，胸闷好转率为73%，气短好转率为51.6%，胸片显示病变稳定率为73%，治疗三年。铜蓝蛋白、尿羟脯氨酸、血清IgG、IgA明显降低，X射线胸片稳定率为95.2%。广西壮族自治区用其治疗煤工尘肺，黄根组病情稳定率为73%，与对照组有明显差异，经动态观察，在应用黄根治疗煤工尘肺的11年间，与对照组比，累计稳定率的下降趋势明显延缓，与前15年比，每一年度的累计稳定率都有明显提高，治疗组的存活率明显高于对照组，且用药时间越长，存活率越高，长期服用，无副作用。该药1985年通过鉴定。

（6）千金藤素片。千金藤素片属双苄基异喹啉类药物，是从防己科千金藤属、地不容等植物中提取的生物碱。其药理作用有生白细胞、抗肿瘤、抗炎及治疗皮肤病的作用，还具有调节免疫功能作用。其治疗矽肺的研究代号为抗尘-80。1987年通过贵州省级鉴定，1993年卫生部正式批准生产。在实验性研究中，预防治疗组矽结节为0-Ⅰ期，对照组为Ⅰ期；治疗组的矽结节为Ⅰ期，对照组为$Ⅰ^{+}$。临床观察，每年用72g治疗煤工尘肺组的有效率为69.1%~88.5%，以两年疗程的有效率为高；每年用62g治疗矽肺的有效率为71.8%~94.1%，疗程以三年为宜。两组间疗效无显著性差异。治疗后X射线胸片结果表明，治疗组和对照组经两年治疗后，X射线胸片稳定率，矽肺分别为70.1%、36.3%；煤工尘肺分别为60.0%、45.7%；进展率，矽肺分别为12.3%、63.7%，煤工尘肺分别为8.6%、54.3%，两者统计学有显著性差异。治疗后铜蓝蛋白和尿羟脯氨酸下降，用药三年未发现严重不良反应。千金藤素片是一种疗效较好、安全性较高的抗矽肺药物。

（7）矽宁（盐酸替络欧）。矽宁是乙胺芴酮类衍生物。矽宁的研究也是我国“八五”国家科技攻关课题。1983年发现在化学合成的十几种乙胺芴酮类衍生物中，矽宁（盐酸替络欧）对实验性矽肺具有明显抑制肺纤维病变进展的作用，而且毒副作用小。1992 年开始进行Ⅱ期临床试验。研究显示，矽宁具有保护肺巨噬细胞，抑制其分泌超氧离子、过氧化氢、白细胞介素-1，从而抑制纤维化作用。还可诱生干扰素，具有非特异性抗炎作用。用矽宁治疗后，患者咳嗽、咳痰、呼吸困难等症状明显好转，感冒和支气管肺部感染频度比对照组明显降低，通气功能也较对照组明显改善。在血清铜蓝蛋白对比实验中，治疗组的血清铜蓝蛋白活性明显降低，说明该药可能具有延缓矽肺纤维化的作用。

对该药进行为期两年的临床疗效观察结果显示，矽宁治疗 4 个疗程已显示出其疗效，若在 4 个疗程的基础上再加 2 个疗程，可巩固和提高矽宁的疗效。在停药 8 个月后，病情比较稳定，有进一步好转的迹象。未发现严重的不良反应。

（8）矽复康。矽复康是以莨菪碱为主加上活血化瘀的复方片剂。1989 年通过专家鉴定。该药具有活血化淤、疏通微循环、松弛支气管平滑肌、增强肺廓清能力、保护巨噬细胞、调整免疫功能等作用。经临床治疗后的患者，症状改善，肺活量增加，部分患者胸片清晰度增高，结节阴影密度降低，融合块影不同程度缩小。

（9）克矽风药酒。克矽风药酒是广西桂林大东亚制药厂生产的有批准文号的保健药酒。1993 年通过专家评审。由 73 种中药组方，含有丰富的微量元素，可以保护巨噬细胞免受石英粉尘的毒害，提高机体超氧化物歧化酶（SOD）水平，抑制和减慢肺组织纤维化进程。临床应用矽肺病情稳定率占 89%，胸片好转率占 9.6%，对咳嗽、平喘、胸痛、易感冒的有效率为 83.82%~95.24%，对风湿病的有效率为 97%，既能改善矽肺病临床症状又能防治风湿病，且服用安全、方便。

8.3.2 尘肺病氧气疗法

氧疗，就是通过各种手段增加吸入氧的浓度，从而提高肺泡内氧分压，提高动脉血氧分压和血氧饱和度，增加可利用氧的方法。通过氧疗，能纠正尘肺肺心病患者的低氧血症，延缓肺功能恶化，减轻缺氧性肺血管收缩，降低肺动脉高压，延缓肺心病进展，延长患者寿命。尘肺肺心病患者的呼吸道的解剖结构发生了巨大改变，因此呼吸系统通气功能、换气功能发生严重障碍，甚至通气血流比例失调，造成缺氧。

8.3.2.1 低氧血症和缺氧的判断

A 低氧血症和缺氧的区别

（1）低氧血症。PaO_2 低于（13.3−0.04×年龄）±0.67kPa［(100−0.3×年龄)±5mmHg］这个数值下限的，称为低氧血症。

（2）缺氧。氧从空气中进入肺、血液，通过心血管运送至全身各处组织，氧分压逐渐递减。若大气环境改变或人体处于病理状态，任何一个氧转运阶段发生异常，都可能导致组织供氧不足，即缺氧。

（3）二者的区别。组织缺氧可能来自心血管、血液、肺组织等任何方面的障碍。氧疗的作用仅能使肺泡氧分压上升，并不能解除引起缺氧的原因；低氧血症的存在可由氧分压判断，而组织缺氧不能直接测知，只能从临床迹象结合实验室检查才能推断；组织缺氧通常可能与低氧血症同时存在，但是循环功能不全、细胞代谢障碍、需氧量增加、血氧载运异常等引起的组织缺氧就无明显的低氧血症。所以低氧血症与缺氧之间既有一定的联系，又具有不同的概念。

B 临床表现

低氧血症和缺氧的临床表现是非特异性的，其严重程度不仅取决于尘肺的轻重，还取决于发生过程的缓急、个体的代谢状态、个体对缺氧的耐受性等。

（1）发绀。它是低氧血症的标志之一，正常毛细血管血含还原血红蛋白2%~2.5%，当该值增加一倍时，肉眼可观察到发绀。在尘肺患者中，发绀最为常见，在发展为肺心病以前就普遍存在。发绀是缺氧的典型表现，当血氧饱和度低于90%时，可在血流量较大的口唇、指甲出现发绀。红细胞增多时发生绀明显，贫血时发绀不明显或不发绀。发绀分为中央性发绀（真正由于动脉血氧饱和度降低引起的发绀）和外周性发绀（严重休克等原因引起的末梢循环障碍的患者，即使动脉血氧分压尚正常，也可出现发绀）。但它不是低氧血症的或缺氧的可靠征象。

（2）呼吸困难。多数患者有明显的呼吸困难，表现在频率、节律、幅度的不同。早期表现为呼气费力和呼气延长，中期发展为浅快呼吸，辅助呼吸肌活动加强，呈点头或提肩呼吸；后期二氧化碳麻醉时可出现浅慢呼吸或潮式呼吸。

（3）精神神经症状。急性缺氧表现为精神错乱、狂躁、昏迷、抽搐等症状，慢性缺氧表现为智力或定向功能障碍；二氧化碳潴留常表现先兴奋后抑制的现象。兴奋症状包括失眠、烦躁、躁动、夜间失眠而白天嗜睡现象。抑制症状包括神志淡漠、肌肉震颤、间歇抽搐、昏睡，甚至昏迷，也可出现腱反射减弱或消失，锥体束征阳性等肺性脑病的表现。

C 实验室检查

（1）低氧血症可以依靠血气分析氧分压来判断，一般 PaO_2 低于 80mmHg（1mmHg = 133.322Pa）即定为低氧血症。

（2）缺氧的实验室指标至今尚未明确，临床上中度以上的低氧血症，氧分压明显下降时可推知组织缺氧的存在。但是有许多时候也不仅如此。因为氧分压测定的方便和简捷，目前氧分压作为诊断低氧血症和组织缺氧的重要指标，同时也作为氧疗中的常用观察指标广泛使用于临床。

8.3.2.2 低氧血症发生的原因

（1）通气功能障碍。

1）因为呼吸中枢抑制，或呼吸肌运动障碍均可引起呼吸动力减弱，肺泡不能正常膨胀，导致通气障碍。

2）生理无效腔增加，引起生理无效腔气量增加，导致肺泡通气量减少，影响肺泡的气体交换。

3）气道阻力的增加是引起通气阻力增加的直接原因。

（2）换气功能障碍。

1）尘肺导致肺血管床的大量破坏，弥散面积明显减少。

2）尘肺使肺间质纤维化明显，影响到周围组织，使弥散膜增厚，增加了弥散的难度，降低了弥散量。

（3）通气-血流比例失调。

1）在正常情况下，肺泡通气量为4L/min，肺血流量为5L/min，通气血流比例为0.8。肺泡通气和肺血流分布必须均匀协调，才能保证有效的气体交换。通气和血流任何一方增加或减少，均可引起通气-血流比例失调。

2）肺血流的改变尘肺患者因粉尘在肺组织的一系列变化使肺小动脉本身阻塞、闭塞和毁损，同时在小血管周围存在尘性支气管炎、黏膜肿胀、分泌增加、呼气受阻、大量气体在肺泡内集存，肺泡内压增加，使小血管受到挤压。同时尘性纤维化区毛细血管床明显减少，使得肺组织生理无效腔明显附加，这时肺泡通气正常，肺血流减少，二者比值增大。

3）肺通气改变尘肺患者肺组织纤维化，同时存在严重肺气肿，细支气管阻塞，甚至小叶性肺不张，使肺泡通气量减少，或完全丧失通气功能，此时如果病变区肺血流正常，二者比值减少，造成肺循环右至左分流增加，氧分压下降。

8.3.2.3 氧疗的作用

氧疗的作用显而易见，它对缺氧给人体所造成的所有危害都有治疗作用。如治疗各组织器官因缺氧所导致的代谢紊乱、功能障碍、细胞损害等都有作用。

（1）对呼吸系统的作用急性缺氧时氧疗可以改善缺氧对主动脉体、颈动脉体化学感受器的刺激、减慢呼吸；纠正呼吸中枢抑制的作用，改变周期性呼吸状态，可以缓解支气管痉挛状态，缓解肺血管收缩所导致的肺动脉高压，延缓右心室肥厚和肺心病的发生进程。对于尘肺患者来讲其作用尤为明显。

（2）对中枢系统的影响脑组织对缺氧特别敏感，耐受性差。及时氧疗可以改善因脑缺氧所致的疲劳、表情忧郁、淡漠、嗜睡等症状，使脑组织免遭不可逆损害，避免脑水肿和脑细胞的死亡。

（3）对心血管系统的影响心肌的耗氧量最大，对缺氧也很敏感。氧疗可以缓解中度缺氧所致的心律增快、血压升高，重度缺氧所致的心律减慢、血压下降、排血量降低；可以缓解心脏传导系统因缺氧所致的心律失常，甚至心脏骤停。

(4) 对肝肾功能的影响氧疗可以缓解急性严重缺氧引起的肝细胞水肿、变性、坏死，可以减缓慢性缺氧导致的肝脏纤维化功能障碍。氧疗可以缓解缺氧所致的肾血管收缩、肾血流减少，甚至肾功能的损害。

8.3.2.4 氧疗的适应证

理论上讲低氧血症均为氧疗的适应证，$PaO_2<60$mmHg，动脉血氧饱和度 $SaO_2<80\%$，均需氧疗，但是对于不同疾病引起的低氧血症，氧疗的效果也不一样。

(1) 换气障碍主要病变为弥散障碍，早期只有缺氧，无二氧化碳的潴留，$PaO_2<60$mmHg，$PaCO_2\leqslant35\sim45$mmHg，可通过提高吸入氧浓度来纠正缺氧，而且不会引起氧疗后二氧化碳的进一步升高，氧疗效果好。

(2) 通气障碍主要由肺泡通气量减少所致，不仅有缺氧，而且有二氧化碳的潴留，$PaO_2<60$mmHg，$PaCO_2>50$mmHg，其治疗必须在改善通气功能，排出二氧化碳的前提下给予低浓度氧。单纯吸入高浓度氧反而导致二氧化碳进一步潴留。这类病人平时氧分压较低，呼吸中枢主要靠缺氧来刺激，若单纯吸入高浓度氧，氧分压提高后肺通气量反而减少，使二氧化碳分压进一步升高。

(3) 耗氧量增加见于合并发热、代谢量增加、严重甲状腺功能亢进、高度脑力劳动等情况。

(4) 非低氧血症引起的组织缺氧氧分压在正常生理范围时，氧饱和度接近100%，吸氧不能再提高氧饱和度。但能增加物理溶解状态的血氧含量，从而增加血液向组织送氧的能力，使组织缺氧有一定程度的改善。有些疾病虽然氧分压在正常范围内，但组织有缺氧的情况，这时可给予吸氧。

(5) 长期低流量吸氧的适应证对于慢性阻塞性肺部疾病人，长期低流量吸氧可以改善智力、记忆力、运动协调能力，改善高血红蛋白血症及缺氧性肺血管收缩，从而使肺动脉压下降，提高生存质量，延长生存时间，降低病死率。这类病人 $PaO_2<55$mmHg，应接受长时间低流量吸氧，即使 $PaO_2>55$mmHg，当存在以下情况时，也应当长期低流量氧疗：1) 肺动脉高压；2) 肺心病；3) 运动时发生严重低氧血症；4) 因缺氧被限制运动，吸氧后改善；5) 继发性血红蛋白增高症。长期氧疗（LTOT）是指慢性低氧血症患者每日吸氧并持续较长时间，一般指 24h 持续吸氧。但是患者由于各种原因不能实现 24h 吸氧，有学者认为每日吸氧 18h 以上就可称为持续吸氧。

8.3.2.5 尘肺患者氧疗的标准

(1) 轻度低氧血症当氧分压 PaO_2 大于 50mmHg，二氧化碳分压 PaO_2 小于

50mmHg，血氧饱和度 SPO_2>80%时，属于轻度低氧血症，此时应用任何浓度的氧吸入都不会发生严重的呼吸抑制。此时吸入氧不见得能减轻低氧血症，但是对减轻呼吸困难、防止病情进一步恶化有重要意义。

（2）中度低氧血症当氧分压 PaO_2 小于 50mmHg，二氧化碳分压 $PaCO_2$ 大于 50mmHg，血氧饱和度 SPO_2 在 80%左右时，属于中度低氧血症，此时可能存在通气不足，二氧化碳的潴留，给氧后能减轻缺氧，但是氧浓度以 20%为宜，否则会发生呼吸抑制的可能。

（3）重度低氧血症当氧分压 PaO_2 小于 40mmHg，血氧饱和度 SPO_2 小于 60%时，属于重度低氧血症，此时患者均有二氧化碳的潴留，氧吸入后浓度过高会发生严重的呼吸抑制，所以开始用 24%浓度的氧，以后根据二氧化碳分压情况调整，可逐渐提高给氧浓度至 28%~35%。

8.3.3 尘肺病雾化吸入疗法

尘肺病患者因为受到粉尘长期的刺激，呼吸道黏膜遭到破坏，使其防御能力明显减弱。同时尘肺病是因肺部广泛纤维化使细支气管扭曲、变形、狭窄或痉挛，造成支气管引流不畅。加之其免疫机能变化，尘肺病患者呼吸道感染机会较普通人群多，而且发病后症状重，持续时间长。仅用一般的抗感染治疗，临床疗效不理想，如果同时采用既直接、方便，又安全的雾化吸入疗法，保持患者呼吸道通畅，往往有事半功倍的作用。雾化吸入具体方法就是用雾化吸入装置将相关的药物分散成微小的雾滴或微粒，使其悬浮于气体中，并进入呼吸道及肺内，达到洁净气道、湿化气道以及使用治疗药物达到治疗的目的。

8.3.3.1 雾化吸入的作用

A 病理生理基础

为了保持呼吸道黏膜的湿润，为了维持呼吸道黏液——纤毛系统的生理功能，呼吸道内必须保持恒定的温度及湿度。室温下的空气进入鼻腔后，其温度增高到 34℃，相对湿度达到 80%~90%，当达到气管隆突时，温度可达到 37℃，湿度可达到 95%以上。

尘肺患者的呼吸道解剖结构遭到严重破坏，上呼吸道的加温、保湿功能严重下降或丧失，下呼吸道接受的所吸入的气体又凉又干燥，使正常情况下的呼吸道分泌物水分丢失。尘肺患者下呼吸道本身的完整结构也遭到严重破坏，加之感染等因素致使呼吸道的分泌物较普通患者明显增多，这样就大大加重了呼吸道分泌物水分的丢失，正常成年人通过呼吸及皮肤排出水分每 24h 约 1L，其中支气管占约 250mL，遇到特殊情况时会有双倍水分的呼吸道丢失，如过度通气、季节寒冷干燥、吸入干燥气体、高热等。如果以上情况合并存在时，呼吸道的水分将大量丢失，此时分泌物黏稠。痰液黏稠发生后，引起通气障碍等一系列变化，其原因：

（1）阻塞性通气功能障碍。

1）粉尘的长期刺激使支气管管腔扭曲、变形、狭窄或痉挛。煤工尘肺病变越重，这些改变越严重，有时候管腔可闭塞成不规则的缝隙状。同时气道受到气管外的压迫而闭合，这些均使空气吸入明显受限。

2）尘肺患者气管壁黏液腺增生肥大，黏液分泌亢进，大量的黏液结合大量尘细胞的堆积，往往使管腔阻塞，空气吸入受限。

3）随着病情的不断发展，慢性支气管炎和肺气肿的产生，气体呼出较吸入困难，肺泡内残气量增多，降低了吸入气体的氧饱和浓度，氧分压进一步降低，患者用加大呼吸来代偿，使通气增加。

4）肺泡受损后，肺泡壁结构遭到破坏，形成肺大泡，膨胀的肺大泡挤压邻近的正常肺泡，使吸入的空气不能充分灌入，造成空气在肺内分布不均的现象，也是通气不均的一种表现。以上这些原因导致阻塞性通气功能的障碍。

（2）限制性通气功能障碍。由于尘肺造成的肺组织广泛纤维化，胸膜的广泛增厚粘连，使胸廓活动受限，引起肺活量、残气量、肺总量均减少，导致肺泡的通气受限，进出肺泡的气量减少，表现为限制性的通气功能障碍。往往多数尘肺患者既有阻塞性又有限制性的通气功能障碍，表现为混合性的通气功能障碍，更进一步加重了低氧血症的发生。

另一方面，痰液黏稠发生后可削弱纤毛的运动。在正常情况下呼吸道的纤毛运动，可在20~30min内将气管隆突部位的分泌物送到声带。当气道内气体水分低于体温饱和的70%时，即可出现纤毛运动的障碍，干燥的气体可使上述纤毛输送分泌物时间延长3~5h，直接吸入干燥气体，也可以使气管黏膜干燥、充血、痰液变黏，引起以上一系列变化，或加重以上变化。

B 作用机理

雾化吸入是基于以上病理变化，将药液分散为极小的颗粒，使其悬浮于气体相中，除了少数固体粉末状雾化剂以外，大多数雾化剂是溶于水中的。如何保持水滴的稳定性是雾化治疗的前提。决定水滴稳定性的因素有：

（1）水滴颗粒的体积和性质。颗粒直径0.2~0.7μm，颗粒浓度为100~1000个/L时，是水滴最稳定的条件。一般雾化器产生的颗粒直径多数在0.5~3μm之间，外形为球形，属于比较稳定的颗粒。雾化滴形成以后一般以三种形式沉积在各级支气管上，沉积方式分以下几种：

1）撞击沉积。主要是由于雾滴粒子形成时的惯性碰撞而形成沉积，一般雾滴的直径最小在3μm以上，多见于上呼吸道壁。

2）重力沉积。主要是由于重力作用沉积在气道壁上，颗粒直径在1~5μm之间，多见于下呼吸道壁，直径在0.5~1.0μm之间的颗粒也多以此种形式沉积在下呼吸道壁上。

3）弥散沉积。主要以布朗运动的形式沉积在气道壁上，颗粒直径多在0.2μm以下。一般来说直径为0.4μm的颗粒在肺泡内沉积得最少，大于或小于此体积的颗粒均可沉积在肺泡内，可以在肺泡内沉积的最大颗粒为1.2μm，沉积率最高的是0.25~0.5μm的颗粒，最小的为0.25~0.5μm的颗粒。可见雾化吸入治疗过程中产生直径为1~5μm的雾滴最为合适，对下呼吸道的治疗最为直接，最为有效。

（2）水滴颗粒的浓度。水滴颗粒的浓度与空气中水蒸气的含量和空气的湿度也有关系，温度越低，水滴颗粒的浓度越低，所以保持湿度对尘肺患者来讲至关重要，直接影响到呼吸道分泌物的黏稠程度和易咳出程度。

（3）空气的温度。空气中的水蒸气含量与温度有密切的关系，温度越低，水蒸气浓度也越低。当室温为10℃时，大气含水量不到呼气的1/4，也就是说机体呼气含水量超过吸气含水量的3倍，因此水分可从呼吸道丢失。

（4）雾化吸入颗粒的温度。雾化吸入雾滴的温度也是这种疗法起作用的主要因素之一，当温度较低的气体被吸入后，由于与下呼吸道的温差较大，吸入的气体受热膨胀，颗粒密度降低，使雾化颗粒到达下呼吸道的数量减少，达不到治疗的目的；当雾化颗粒气温过高，在通过管路输送的过程中，温度逐渐降低，容易使雾化颗粒凝结在输送管路途中，使雾化颗粒到达下呼吸道的数量下降，也达不到治疗的目的。所以在应用装置时应该使用近乎人体温度的恒温装置，并且尽可能减少输出管的长度，以便增加雾化颗粒的浓度，更好地达到治疗目的。

8.3.3.2　雾化吸入的具体方法

A　各种湿化器

（1）蒸汽吸入器根据空吸原理，使杯中的水受到蒸汽的急速冲击，不断冲散形成雾滴，起到湿化的作用。

（2）恒温电热湿化罐利用恒温电热器将水加温并产生蒸汽，使吸入气流温化和湿化。

（3）气泡型湿化器气体通过水瓶而产生气泡，从而增加气体与水的接触，使气体得到一定程度的湿化。可与鼻导管或面罩相接，适用于长时间吸氧使用，目前广泛应用于临床。

以上这些湿化器所提供的都是水蒸气分子，也可加入挥发性的药物，但是不能作为非挥发性药物的吸入治疗。湿化治疗时应注意：（1）湿化量要充足（200~500mL/24h）；（2）吸入温度不能超过40℃，否则对纤毛的运动不利，雾滴会因扩散而减少，从而易造成呼吸道的烫伤。

B　手压式定量雾化器

使用这种雾化器需将雾化液加入送雾器中。送雾器内腔为高压，将其倒置后，用拇指按压顶部，雾滴即由喷嘴喷出。一般雾滴的平均直径为 2~4μm，而且便于携带，比较适合使用，但是需要注意以下两点：

（1）使用方法要得当患者先张口，将雾化器置于口腔前方 4cm 处，呼气道功能残气位。要吸气时，开始按压雾化器顶部，同时慢深吸气，吸气后憋气 10s，以上过程为一个周期。多次反复进行，方能达到效果，但是每个周期要间隔至少 1min，才能再进行下一周期的操作。

（2）需要患者的密切配合因为这种雾化方式类似于喷雾剂的使用，喷雾时初始速度极快，容易使雾滴直接喷到门腔、咽部、上颚等壁黏膜膜上，进入呼吸道的雾滴仅有 9%~10%，大大降低了雾滴的浓度，使治疗质量大打折扣。

C 喷射式雾化器

这种雾化器的作用原理主要是借助高速流过毛细管孔并在管口形成负压，将液体由临近另一个管道吸出，液体冲击前方的阻拦口被撞击而形成雾滴，一般气体压力需 3~5kg。这种类型的雾化器最为常用，患者掌握起来也比较方便，没有特殊要求，仅仅要求患者用潮气量呼吸即可。

D 超声波雾化器

这种雾化器作用原理是应用超声波声能将液化剂击散成微细的雾粒，雾滴太小在 0.5~3μm 之间，又因为能调节雾量和雾滴的大小，所以所得雾量大、雾化颗粒稳定而均匀，能深入小气道和肺泡，作用效果比较理想。

超声波发生器输出高频电能，使水槽底部体换能器发生超声波能，作用于雾化罐内的液体，破坏了药液表面的张力和惯性，使药液成为雾滴，同时雾化器电子部分产热，对雾化液轻度加温，使气雾温暖舒适，增加了雾滴的呼吸道浓度，所以是目前临床上常用的一种雾化器。

E 空气压缩泵式雾化器

这种雾化器的作用原理主要是通过超声发生器薄膜使空气压缩，产生类似于泵的功能，此过程中所产生的高频振荡使液体形成雾滴，雾滴的大小与振荡的频率呈反比例关系，一般情况下可产生 1μm 左右的、高密度、均匀的雾滴颗粒，依据雾滴的大小分别分布在可达到的末梢气道。这种雾化器的弊端是，若长时间吸入可引起气道湿化过度，进而引起呼吸困难、支气管痉挛。尘肺患者若属于严重阻塞性疾患，则不太适合这种雾化器。

8.3.4 机械通气法

机械通气法就是使用人工方法或机械装置的通气以代替、控制或改变自发呼吸，达到增加通气量，改善换气功能，减轻呼吸功消耗等目的。

机械通气治疗的使用指征包括以下几种情况：（1）通气不足，依靠呼吸机提供部分或全部通气；（2）减少呼吸功耗，减轻心肺功能上和体力上的负担，缓解呼吸困难状况；（3）纠正通气-血流比例失调。以上机械通气对呼吸生理过程的影响，是决定是否采用机械通气治疗的重要依据。但是在开始机械通气之前，应充分估计患者的病情是否可逆，有无撤机的可能，以减少无意义的马拉松式的人力、物力消耗。

8.3.5 肺灌洗方法

大容量肺灌洗技术最先用于治疗肺泡蛋白沉着症。1983 年南京胸科医院首先将其用于治疗尘肺病，收到较好的近期疗效，以后由中国煤矿工人北戴河疗养院等引进此项技术，开展大批量煤工尘肺、矽肺及其他无机粉尘所致尘肺病的治疗研究。经过二十余年的探索及改进，此项技术不断完善，从单侧分期整洗到双肺同期大容量灌洗。截至目前已治疗尘肺病人 2220 余例，均未发生意外。越南、俄罗斯等国的患者也来我国接受灌洗疗法，取得较好的近期效果。其作用机理可能为消除肺内部分粉尘、吞噬细胞和有害因子，从而改善症状和肺功能。对有接触史和可疑尘肺工人进行灌洗可能防止其发病。

大容量全肺灌洗（WLL）的治疗机理是针对病人始终存在于肺部的粉尘和炎性细胞而采取的治疗措施，不但能消除肺泡内的粉尘、巨噬细胞及致炎症、致纤维化因子等，而且还可改善症状，改善肺功能，是一种去除病因的疗法，为其他方法所不能代替的。

大容量肺灌洗治疗尘肺及其他肺部疾病的适应证为：（1）各种无机尘肺，包括矽肺、煤工尘肺、水泥尘肺、电焊工尘肺等，且无合并活动性肺结核、肺大泡、严重肺气肿、支气管畸形及严重心脏病、高血压、血液病等，年龄一般 60 岁以下；（2）重症和难治性下呼吸道感染，如难治的喘息性支气管炎、支气管扩张症；（3）肺泡蛋白沉积症；（4）慢性哮喘持续状态；（5）吸入放射性粉尘的消除。

双肺同期大容量灌洗治疗尘肺的方法介绍如下。患者在全身麻醉下采用双腔气管插管。大容量灌洗装置插管到位后，将气管导管套囊充气膨胀至完全封闭气道，左右侧完全隔开，使一侧肺通气，另一侧肺灌洗。灌洗前以 100%纯氧通气至少 20min，以充分冲洗肺内氮气，提高氧储备。然后将患者置于患侧卧位，使通气肺在上，灌洗肺在下，用血管钳阻断灌洗肺的通气，观察单侧肺通气情况，调节呼吸参数，使脉搏容积血氧饱和度（SPO_2）达到 90%以上。将三通管一端连接于双腔气管插管的灌洗侧肺的接口上，一端连于 1000mL 装的灌洗瓶，另一端与负压引流瓶相连，灌瓶高度距离手术床 100cm 左右。以 100mL/min 左右的速度向肺内注入加温至 37℃ 的生理量水，每次灌洗量为 500mL，采用 80～100mmHg（1mmHg = 0.133kPa）负压吸引，观察回收液的颜色，反复灌洗直至回收液颜色完全变清，记录回收量，总量可达 20~40L。

灌洗过程中监测患者的心电图，血压、SPO_2及通气侧肺的呼吸音。由于受重力影响，通气侧肺的血流激注减少，注入混洗液后，灌洗侧内压增加，可使通气侧的血流灌注增加，从而改善通气血流比，可使 SPO_2略有上升。若术中发现通气侧肺出现湿啰音，或术中一旦 SPO_2下降至 90%以下，需考虑是否有气管套囊渗漏或出现肺水肿，应立即停止灌洗，改双肺通气，静注呋塞米，待情况稳定后再予灌洗。出现上述情况的病例，灌洗结束后应在术后复苏室继续机械通气约 1h，再拔除双腔管。若经处理 SPO_2仍不能维持在 90%以上，应换单腔气管导管，送监护病房，予机械通气，并监测动脉血气，电解质，复查胸片，12h 后拔管。在灌洗结束后，继续间断负压吸引，以尽可能减少灌洗液残留在肺内；灌洗后继续机械通气约 1h，若术中给予 20mg 呋塞米静注，可大大减少术后发生肺水肿的可能，使灌洗侧肺在短时间内恢复通气。患者可于灌洗后 48h 内症状和生理指标得到改善，但对病情的控制尚难以定论。大容量同期双肺灌洗所需技术条件较高，具有一定危险性，其主要并发症为：（1）肺内分流增加，影响气体交换；（2）灌入的生理量水流入对侧肺；（3）低血压；（4）液气胸；（5）支气管痉挛；（6）肺不张；（7）肺炎等。

参 考 文 献

[1] 金龙哲，李晋平，孙玉福，等，矿井粉尘防治理论［M］. 北京：科学出版社，2010.

[2] 傅贵，等 . 矿尘防治［M］. 北京：中国矿业大学出版社，2002.

[3] 陈卫红，邢景才，史延明，等 . 粉尘的危害与控制［M］. 北京：化学工业出版社，2005.

[4] 陈国山，王洪胜 . 矿井通风与防尘［M］. 北京：冶金工业出版社，2010.

[5] 蒋仲安，杜翠凤，牛伟 . 工业通风与除尘［M］. 北京：冶金工业出版社，2010.

[6] 李云初 . 粉尘防治与尘肺病研究［M］. 太原：山西科学技术出版社，1992.

[7] 王洪胜 . 矿山安全与防灾［M］. 北京：冶金工业出版社，2011.

[8] 浑宝炬，郭立稳 . 矿井粉尘检测与防治技术［M］. 北京：化学工业出版社，2005.

[9] 费雷德 · N · 基赛尔 . 采矿粉尘控制手册［M］. 张敏，译 . 北京：中国科学技术出版社，2014.

[10] 李德鸿 . 尘肺病［M］. 北京：化学工业出版社，2011.

[11] 金泰廙 . 职业卫生与职业医学［M］. 北京：人民卫生出版社，2003.

[12] 孙贵范 . 职业卫生与职业医学［M］. 7 版 . 北京：人民卫生出版社，2016.

[13] 孙文武，马金良 . 金属矿山环境保护与安全［M］. 北京：冶金工业出版社，2012.

[14] 赵书田 . 煤矿粉尘防治技术［M］. 北京：煤炭工业出版社，1987.

[15] 刘尚军，王治国，李方平 . 煤矿职业卫生与职业病［M］. 北京：化学工业出版社，2010.

[16] 宋大成 . 职业事故分析［M］. 北京：煤炭工业出版社，2008.

[17] 赵金垣 . 临床职业病学［M］. 北京：北京大学医学出版社，2010.

[18] 国强 . 职业健康监督管理指南［M］. 2 版 . 西安：西安交通大学出版社，2013.